藏南冈底斯晚中生代沉积岩物源及大地构造背景研究

孟元库 等 著

科学出版社
北京

内 容 简 介

晚中生代是新特提斯洋与青藏高原演化的关键时期,而拉萨地体南缘的冈底斯带则是研究新特提斯洋演化和青藏高原形成的理想天然实验室。本书以冈底斯带中段弧后盆地中形成的晚中生代沉积岩为主要研究对象,运用系统的野外地质调查、碎屑矿物年代学和同位素特征综合分析方法,构建并恢复了冈底斯带中段晚中生代以来的综合地层框架与古地理格局。研究结果显示,弧后盆地的演化由多种动力学过程共同驱动,既记录了俯冲带的构造演化,也反映了地幔动力学和区域构造背景的综合影响。本书成果对于揭示汇聚板块边缘俯冲带的深部动力学过程具有重要的科学意义与应用价值。

本书适合岩石学、构造地质学以及沉积学等专业的研究生、科技人员阅读,也可作为地质工作者和相关领域学习者的参考用书。

审图号:藏 S(2025)015 号

图书在版编目(CIP)数据

藏南冈底斯晚中生代沉积岩物源及大地构造背景研究 / 孟元库等著. -- 北京:科学出版社,2025.6. -- ISBN 978-7-03-082731-9

Ⅰ.P588.2

中国国家版本馆 CIP 数据核字第 20251PB232 号

责任编辑:孟美岑 李亚佩 / 责任校对:高辰雷
责任印制:吴兆东 / 封面设计:无极书装

科学出版社 出版
北京东黄城根北街 16 号
邮政编码:100717
http://www.sciencep.com

北京厚诚则铭印刷科技有限公司印刷
科学出版社发行 各地新华书店经销

*

2025 年 6 月第 一 版 开本:720×1000 1/16
2025 年 7 月第二次印刷 印张:12 1/2
字数:252 000
定价:138.00 元
(如有印装质量问题,我社负责调换)

前　言

　　沟-弧-盆体系（Trench-arc-back arc basin system）是汇聚板块边界（活动大陆边缘）中极为重要的地质单元，其中弧后盆地的形成与演化是板块构造作用的直接产物，受俯冲带构造、弧后拉张以及地幔动力学过程的综合影响。弧后盆地通常分布于岛弧或大陆弧的后方，其演化过程不仅反映了俯冲板块的几何形态及俯冲速率，还与弧前楔的构造状态以及弧后区域地壳和地幔动力学环境密切相关。在地理位置上，弧后盆地又称边缘海盆地，是位于岛弧面向大陆一侧的深海盆地。弧后盆地的沉积记录了造山带在构造、折返、沉积等阶段的重要信息，是研究板块相互作用、火山活动和构造变形的关键窗口，对理解造山带的构造演化过程具有重要意义。通过考察弧后盆地的构造变形和沉积环境变化，并结合其与板块之间的相互作用，可更深入地揭示造山带的动力学过程。这不仅有助于厘清弧后盆地的内部地质演化机制，也能为阐明造山带形成与演化背后的深部动力学背景提供重要线索，从而推动板块构造理论和地球动力学研究的发展。在新特提斯洋向欧亚大陆的北向俯冲过程中，科希斯坦（Kohistan）-拉达克（Ladakh）弧（即冈底斯弧的西延部分）与冈底斯弧共同形成了典型的弧前盆地与弧后盆地。沉积在弧后盆地中的沉积岩，其物源主要来自空间上毗邻的大陆弧和大陆地体。通过系统研究弧后盆地的沉积岩，能够较好地约束邻近大陆弧及大陆地体的形成与演化过程。研究发育于拉萨地体南缘的弧后盆地，为认识冈底斯岩浆岩带（简称冈底斯带或南拉萨地体）的演化过程及藏南地区的古地理格局提供宝贵的科学启示。

　　本书以冈底斯带中段弧后盆地晚中生代沉积岩为研究对象，通过开展系统的年代学与岩相学分析，并结合碎屑岩地球化学指标，对拉萨地体晚中生代以来的大地构造演化以及沉积盆地的源汇体系变迁进行有效的综合约束。相关成果不仅为进一步理解拉萨地体的构造格局及其演化历史提供了可靠依据，也为揭示青藏高原地质演化的深层机制提供了新的研究视角。

　　冈底斯带位于欧亚大陆最南缘，记录了大量有关新特提斯洋演化、印度-欧亚板块碰撞以及青藏高原隆升等的关键信息，是国际地学研究的前沿热点区域。前人研究更多注重于印度-欧亚板块的碰撞时间、青藏高原地壳的生长与再造以及新特提斯洋演化的动力学机制等方面，并取得了重要的认识和进展，但对冈底斯带中段晚中生代沉积盆地构造演化的研究相对薄弱。一些关键的科学问题，比如冈底斯带晚中生代沉积盆地的性质（弧后盆地或前陆盆地）、沉积物源的转变因素以及弧后/弧背盆地和新特提斯洋板片俯冲之间的耦合关系等，仍然缺乏有效约束。基于上述原因，本书以藏南冈底斯带中段的晚中生代沉积岩为主要研究对象，旨在为全面理解南拉萨地体弧后盆地的形成与演化过程提供重要的基础资料，并为印度-欧亚板块碰撞前高原的古地理格局和古地貌形态提供关键信息。

本书重点研究了冈底斯带中段弧后盆地晚中生代的沉积岩，通过系统的野外调查与室内综合分析，深入探讨了这些沉积岩的成因及其沉积环境的演化过程。特别是，本书基于沉积时期的古环境特征及源汇体系的变化，对拉萨地体的古地貌和构造格局进行了有效约束，从而为理解大陆弧的形成与演化机制提供了重要的科学依据。从科学意义上看，本书以弧后盆地沉积岩为切入点，系统探讨了大陆弧的形成与演化机制，不仅对前人研究成果进行了重要补充和完善，还为解决和深化青藏高原演化过程中的若干关键科学问题提供了一种全新的研究视角。本书的主要研究进展如下。

（1）厘定了弧后盆地晚中生代沉积岩的沉积时间。本书在详细的野外地质调查基础上，结合区域地质资料及大地构造演化背景对冈底斯带中段弧后盆地晚中生代沉积岩开展了碎屑锆石 U-Pb 年代学研究，厘定了盆地中不同时期地层沉积的精确时间。这一研究成果为进一步揭示弧后盆地的沉积演化提供了科学依据，特别是在时间尺度上为构建该地区的地质历史提供了更为准确的框架。此外，本书首次对灰岩中的钙质双壳类化石开展了原位的方解石 U-Pb 定年工作，首次精确（定量）厘定了多底沟组的沉积时间。这一创新性的方法不仅为相关地层的沉积时间提供了更为精准的界定，同时也为今后类似研究提供了一定的数据支持。

结合碎屑锆石的 U-Pb 定年、原位方解石 U-Pb 定年结果以及前人的研究成果得出以下结论：却桑温泉组、多底沟组与林布宗组的沉积时间分别为 157 Ma、149 Ma、137 Ma；楚木龙组、塔克那组的沉积时间分别为 106 Ma、105 Ma；设兴组的沉积时间为 83 Ma。

（2）对弧后盆地沉积岩的风化历史及盆地性质进行了初步确定。冈底斯带中段弧后盆地在侏罗纪—早白垩世沉积的地层表现出较高的结构与成分成熟度，并经历了中—高强度的化学风化；而晚白垩世地层则显示结构与成分成熟度相对较低，化学风化作用较弱。对晚白垩世地层（设兴组）砂岩骨架颗粒的分析结果发现，其特征与弧后前陆盆地沉积物相当接近，并在整体上呈现出粒度向上变粗、砂岩层厚度增大、砂泥比上升的趋势，说明设兴组沉积于弧后前陆环境。

此外，弧后盆地碎屑沉积物的时空分布、沉降曲线以及古水流方向等迹象也说明该盆地具有与前陆盆地相似的沉积背景。古应力场的研究结果表明，设兴组之上不整合覆盖的林子宗群清楚地记录了晚白垩世冈底斯带中段弧后地区地壳的缩短增厚。类似的褶皱和断裂特征可在几乎所有的弧后前陆盆地系统中见到。由此可见，冈底斯带中段弧后盆地应被视作典型的弧后前陆盆地。

（3）阐明了弧后盆地晚中生代沉积岩的沉积环境与物源。弧后盆地晚中生代沉积岩的构造背景受到新特提斯洋板片北向俯冲及拉萨-羌塘地体碰撞等有关作用的综合影响，晚侏罗世—早白垩世弧后盆地的沉积环境经历了碰撞—拉张—碰撞的转变。本书对上侏罗统多底沟组的泥页岩夹层开展了碳氧同位素地球化学分析，结果表明该组地层沉积时处于典型的海相环境，与前人研究结果相一致（沉积于典型的滨浅海环境）。早白垩世地层（林布宗组、楚木龙组和塔克那组）的野外特征与镜下鉴定结果表明，这些地层沉积时水体环境的不断变化是导致碎屑颗粒的粒序分布特征明显变化的主要原因。此外，最新的研究证据表明塔克那组沉积时经历了一个从海侵到海退的过程，反映了海平面相对上升而后又下降的动态变化。上白垩统设兴组沉积末期，顶部红色砂岩沉积于陆相环境，该单元记录了拉萨地体由海相向辫状河流相的转变过程。晚中生代时，弧后盆地的沉积环境由海相逐渐过渡到陆相。

结合碎屑锆石原位 Lu-Hf 同位素特征以及前人的研究成果进一步表明，晚侏罗世—早白垩世地层（却桑温泉组、多底沟组、林布宗组、楚木龙组、塔克那组）的主要物质源区为中拉萨地体（central Lhasa sub-terrane）。冈底斯岩浆弧的主体形成于早白垩世晚期—晚白垩世早期，下白垩统林布宗组沉积时期，冈底斯岩浆弧开始作为次要物源区为冈底斯带弧后盆地提供物源。在晚白垩世早期（约 90 Ma），冈底斯岩浆弧为典型的安第斯型造山带，具有相对海拔最高的正地形特征，并成为冈底斯带弧后盆地上白垩统设兴组的主要物源区，此时弧后盆地的物源区已经发生了明显的转变，主要物源区由中拉萨地体转变为冈底斯岩浆弧。

（4）限定了南拉萨地体自晚中生代以来的构造背景。在新特提斯洋与班公湖-怒江洋双向俯冲作用下，藏南地区经历了较为复杂的构造演化过程。伴随着新特提斯洋的俯冲，拉萨地体在中侏罗世经历了地壳的挤压增厚并诱发了持续的岩浆活动，到晚侏罗世—早白垩世新特提斯洋板片的回转（rollback）导致拉萨地体的弧后伸展并形成了典型的弧后盆地，藏南地区的地壳发生了减薄。早白垩世新特提斯洋的持续北向俯冲以及拉萨-羌塘地体的碰撞导致拉萨地体中部和北部地壳增厚和大规模隆升，此时拉萨地体总体表现为北高南低的地势特征，来自北部的河流携带碎屑物质由北向南汇入冈底斯带弧后盆地。早白垩世末期至晚白垩世早期，新特提斯洋洋脊俯冲以及俯冲板片角度的变化，导致冈底斯岩浆弧快速隆升，并且改变了区域上古河流的流向，此时冈底斯岩浆弧成为弧后盆地的主要物质剥蚀区。随后，区域上南北向的持续挤压和地壳的缩短作用最终终结了弧后盆地的发育。到了晚白垩世晚期，冈底斯岩浆弧持续被剥蚀，地形降低，河流系统开始越过冈底斯岩浆弧，来自北拉萨地体甚至羌塘地体的碎屑物质被搬运到南侧新特提斯洋的弧前盆地中，为弧前盆地昂仁组上段/帕达那组下段（约 84 Ma）、曲贝亚组（约 78 Ma）的沉积提供了少量的碎屑物质。

本书研究成果是集体科研智慧的体现，孟元库组织了该项研究的实施和本书的编写，具体的分工如下。

第 1 章：王庆玲、孟元库、毛光周。

第 2 章：王庆玲、孟元库、魏友卿。

第 3 章：孟元库、王庆玲、魏友卿、毛光周。

第 4 章：孟元库、王庆玲、魏友卿。

第 5 章：王庆玲、孟元库、魏友卿、毛光周。

第 6 章：王庆玲、周京浩、孟元库。

全书由孟元库和王庆玲统稿。

在本书撰写过程中得到了南京大学教授许志琴院士、杨经绥院士和中国地质科学院地质研究所熊发挥研究员的大力支持和指导；山东科技大学地球科学与工程学院韩作振教授、高慧书记、常象春教授、魏久传教授、李旭平教授、杨仁超教授、尹会永教授、孟凡雪副教授以及王雪博士等人的支持。另外，特别感谢我们青创团队的带头人周长付教授，感谢他对我们工作的支持和无私帮助。中国地质大学（北京）王珍珍博士以及中国地质调查局陈希节博士在部分数据的测试和分析方面给予了指导和建议，在此一并表示感谢！本书的科研成果得到了山东科技大学地球科学与工程学院出版基金、国家自然科学基金（项目号 41902230）、山东省自然科学基金（项目号 ZR2019QD002、ZR2017BD033）和中国博士后科学基金会面上项目（项目号 2017M612220）的联合资助。最后，还要感谢科学出版社的辛勤付出！

由于笔者水平有限，书中不妥之处在所难免，欢迎广大读者批评指正。

孟元库、王庆玲、魏友卿、毛光周、周京浩

2024 年 10 月于青岛小珠山下

目　　录

前言

第 1 章　引言 ·· 1
　1.1　弧后盆地的基本概念及发育特征 ·································· 1
　1.2　弧后盆地研究的最新进展和存在的主要科学问题 ············ 5
　1.3　冈底斯带弧后盆地的研究进展及存在的主要科学问题 ······ 6
　1.4　冈底斯带弧后盆地晚中生代碎屑岩的研究进展及概况 ······ 10

第 2 章　区域地质背景 ··· 17
　2.1　青藏高原的地质格架 ·· 18
　2.2　冈底斯带弧后盆地的发育特征 ·································· 31

第 3 章　冈底斯带弧后盆地沉积岩的沉积特征及大地构造环境 ···· 42
　3.1　却桑温泉组沉积岩的沉积特征及大地构造环境 ·············· 44
　3.2　多底沟组沉积岩的沉积特征及大地构造环境 ·················· 46
　3.3　林布宗组沉积岩的沉积特征及大地构造环境 ·················· 47
　3.4　楚木龙组沉积岩的沉积特征及大地构造环境 ·················· 51
　3.5　塔克那组沉积岩的沉积特征及大地构造环境 ·················· 60
　3.6　设兴组沉积岩的沉积特征及大地构造环境 ····················· 64

第 4 章　冈底斯带弧后盆地沉积岩的研究方法与样品特征 ········ 72
　4.1　沉积岩定年手段 ·· 72
　4.2　锆石原位 Lu-Hf 同位素分析手段 ······························· 87
　4.3　碳氧同位素特征 ·· 94

第 5 章　冈底斯弧后盆地晚中生代沉积岩的时代限定、物源识别及沉积环境探讨 ·· 96
　5.1　地层沉积时代限定与物源区探讨 ································ 97
　5.2　晚中生代沉积岩的沉积环境探讨 ······························· 124

第 6 章 拉萨地体晚中生代的大地构造演化模式 ·················· 133
  6.1 弧后盆地对青藏高原隆升史的响应 ·················· 133
  6.2 拉萨地体古地理位置与拉萨-羌塘地体碰撞时间 ·················· 139
  6.3 拉萨地体晚中生代构造演化模式分析 ·················· 143
参考文献 ·················· 156

第1章 引　　言

1.1 弧后盆地的基本概念及发育特征

沉积盆地（sedimentary basin）是指地球表面或者岩石圈表面长期相对沉降并接受沉积物充填的地区，是基底表面相对于海平面长期洼陷或拗陷的区域。在时间尺度上，沉积盆地的形成和演化是一个长期的过程，可以持续数百万年乃至数千万年。按照盆地的形成背景，沉积盆地可以划分为克拉通盆地（大陆沉积盆地）、拉张型盆地（裂谷沉积盆地）、汇聚型盆地、碰撞型盆地（前陆盆地）和走滑-拉分型盆地。其中，汇聚型盆地根据盆地与火山弧的位置关系不同又可以划分为海沟、增生盆地、弧前盆地、弧内盆地等地质构造单元（图 1.1）。在火山弧与大陆板块之间的弧后地区通常形成弧后盆地（back-arc basin），或称弧后边缘盆地或边缘海盆地（marginal basin）（王剑等，2015）。弧后盆地的基底多为过渡壳，部分为洋壳（如南海盆地中心），部分则为拉张变薄的大陆地壳，布格重力异常为正值（如南海中央为+300 mGal 左右，西沙-中沙群岛为+40～+179 mGal，冲绳海槽为+100～+160 mGal），盆地热流值一般大于大洋和大陆。弧后盆地与其他类型的盆地相比，其成因上的典型特征是伸展速率高，可从每年数厘米至数十厘米不等。快速伸展往往导致弧后盆地发育玄武岩，类似于洋中脊。在动力学机制方面，由于大洋板块的俯冲速率在垂直分量上大于水平分量，隐没脊轴会逐渐远离海沟，为上覆板块向海沟侧运动提供空间，再加之地幔热对流的共同作用，使上覆板块发生侧向扩张，从而形成弧后盆地。

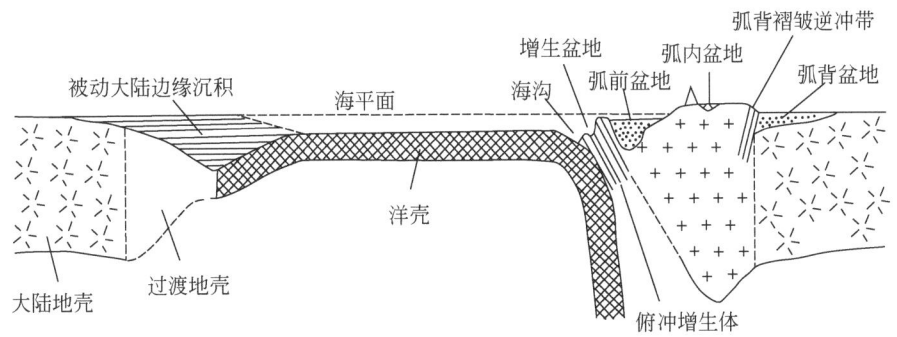

(a) 大洋板块与大陆板块之间的俯冲作用

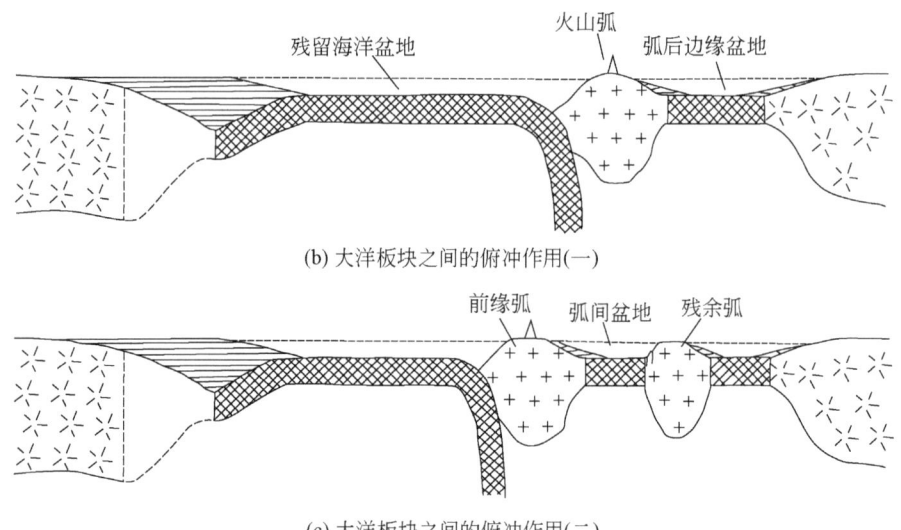

(b) 大洋板块之间的俯冲作用(一)

(c) 大洋板块之间的俯冲作用(二)

图1.1 与汇聚板块有关的盆地类型及其构造位置（修改自Dickinson，1976）

弧后盆地是汇聚型大陆边缘海沟-岛弧-弧后盆地体系的重要组成部分（图1.2），存在于岛弧地体远离海沟一侧的拉张应力区域，常以裂谷作用的形式存在，

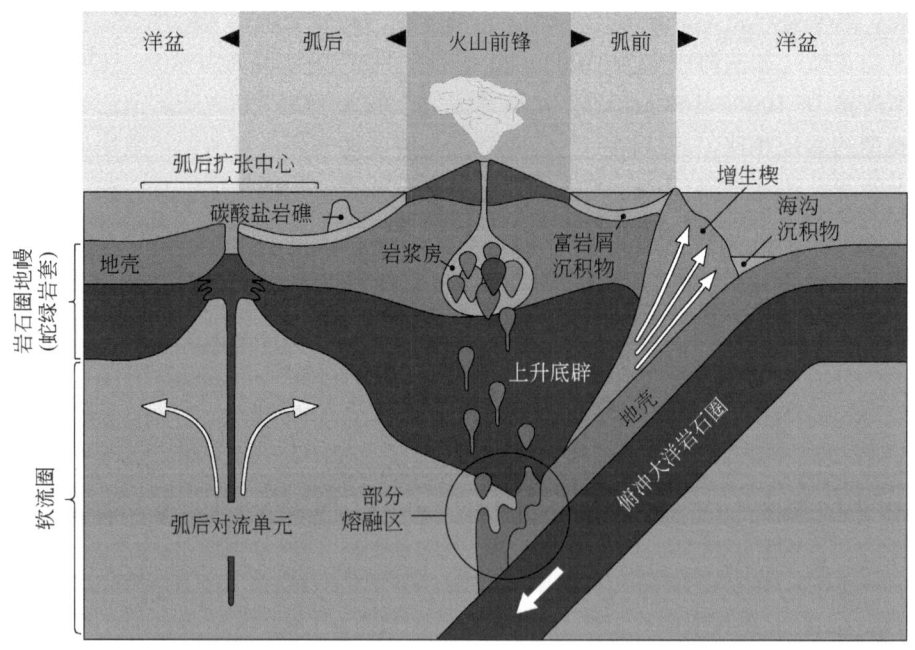

图1.2 典型的沟-弧-盆（弧后盆地）剖面图（以IBM岛弧为例）

某些情况下还会伴随俯冲带上盘的洋盆扩张（Sdrolias and Muller，2006）。弧后盆地记录了丰富的地质历史和复杂的构造过程，对研究板块构造、地球动力学、造山带演化具有重要意义。通过对弧后盆地深入研究，可以更全面地理解全球地壳运动和地球内部的动态过程。现代弧后盆地主要分布于太平洋北部和西部，也见于大西洋西部和地中海。全球75%以上的弧后盆地分布在环太平洋地区，大部分集中在太平洋西侧（如日本海海盆、马里亚纳海槽、劳海盆）（图1.3）。

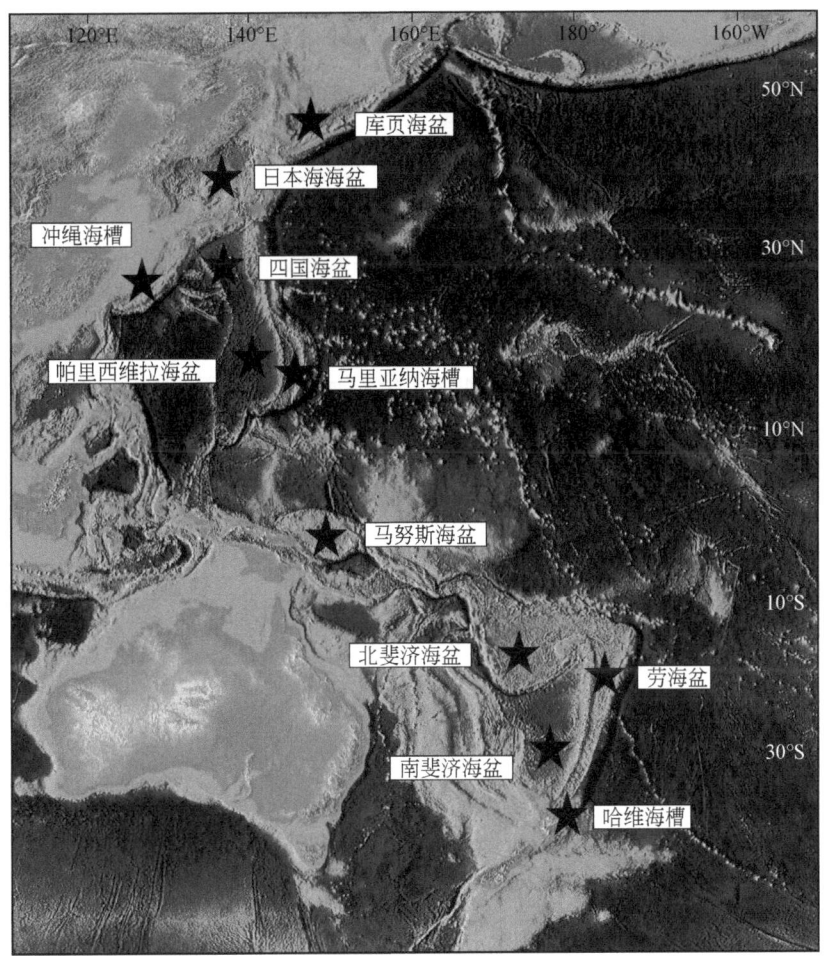

图1.3 西太平洋弧后盆地分布概况（底图据 https://www.nesdis.noaa.gov/）

沉积盆地作为造山带的重要组成部分，记录了造山作用的重要信息。增生造山和碰撞造山是造山带形成的两种基本方式（Dewey and Bird，1970；Cawood et al.，2009；李继亮，2009；肖文交等，2019）。在增生造山作用过程中，沉积作用主要表现为弧前、弧内、弧间和弧后盆地以及弧后前陆盆地填充序列的形成和演化（闫臻等，2018）。其中，弧后盆地填充物通常富含火山弧碎屑物质，同时还包含丰富的火山弧凝灰岩或熔岩流。在靠近火山弧一侧，盆地内填充物以粗火山碎屑流和陆相沉积为特征，而远离火山弧一侧为相对缺乏火山碎屑的浅海相、深海相组合（闫臻等，2018）。

增生造山作用相关的弧后盆地沉积系统根据构造背景的不同又可划分为弧后盆地和弧后前陆盆地。绝大多数弧后盆地是在弧后伸展与海底扩张作用下形成新生洋壳的基础上发展而来的，同时伴随着强烈的构造活动和岩浆作用（Taylor and Karner，1983）。作为受到盆地基底构造作用严格控制的弧后盆地，盆地的沉积物主要由弧火山物质组成。大陆弧后边缘海盆地相对富含陆缘碎屑组分，由浅海相、河流—湖泊相、深海相及火山碎屑群共同组成（闫臻等，2018）；而大洋岛弧相关的弧后盆地以火山碎屑群沉积为主，并有部分碎屑沉积来自残余弧（Marsaglia，1995）。空间上，这些沉积物的形成时代具有靠近火山弧方向逐渐变年轻的特点（闫臻等，2018）。大陆边缘弧后盆地的碎屑物质主要来源于大陆边缘弧和临近的大陆块体，盆地内的火山岩主要表现为与弧相关的钙碱性岩浆过渡到与伸展作用相关的拉斑质岩浆的地球化学性质（如岛弧玄武岩、板内玄武岩和洋中脊玄武岩过渡）（Allen and Gorton，1992）。特别是弧后盆地玄武岩（back-arc basin basalt，BABB）是弧后盆地扩张过程中岩浆作用的主要产物，其地球化学组成是认识弧后盆地演化的关键（俞恂和陈立辉，2020）。与弧前盆地相比，弧后边缘海盆地有大量不同类型的陆缘物质注入，因此沉积作用类型更为复杂。总体来看，沉积物表现出显著的横向变化，沉积类型复杂多变，通常大陆一侧多半发育浅水碎屑岩和碳酸盐岩沉积，而岛弧侧则发育大量的火山碎屑岩与火山熔岩，并与碎屑流、浊积沉积和深水沉积共生，沉积作用方式多，沉积速率较高（王剑等，2015）。

弧后盆地的另一种重要类型为弧后前陆盆地，其填充物的特征明显不同。弧后前陆盆地填充物的厚度在靠近岩浆弧一带明显较大，呈现明显的非对称性结构特征。垂向上，弧后前陆盆地的下部为海相沉积，上部为河流相沉积，二者之间通常为不整合接触。弧后前陆盆地内的碎屑物质主要来源于弧后前陆褶皱逆冲带，砂岩以富石英（Q）和岩屑（L）、贫长石（F）为主要岩相学特征（Ingersoll et al.，1987；DeCelles and Hertel，1989）。另外，造山带内部的变质岩和火山岩也是盆地内主要碎屑物质的重要来源（闫臻等，2018）。通常情况下，靠近沉积物源区的位置形成相对完整的地层序列，而远离物源区的盆地内部常缺少部分地层。

1.2 弧后盆地研究的最新进展和存在的主要科学问题

汇聚型板块边缘是全球板块构造体系中的重要组成部分，与板块俯冲作用密切相关，俯冲板片的后撤作用在岛弧后形成了一系列典型弧后盆地。在板块俯冲过程中形成的俯冲带和沟-弧-盆体系是全球火山、地震等地质灾害与矿产资源及能源的交汇区，也是认识地球内部物质运输、交换、循环和改造作用的交叉结合带（郑永飞等，2015；丁巍伟和李家彪，2019）。汇聚背景下陆缘沉积作用主要集中在弧前、弧内、弧间、弧后和前陆盆地（Dickinson and Suczek，1979；Ingersoll，1988；闫臻等，2018）。其中，弧后盆地因其复杂的地质过程及地球动力学演化特征（图1.4），特殊的地质环境和丰富的资源环境效应逐渐成为全球研究热点（方鹏高，2020）。

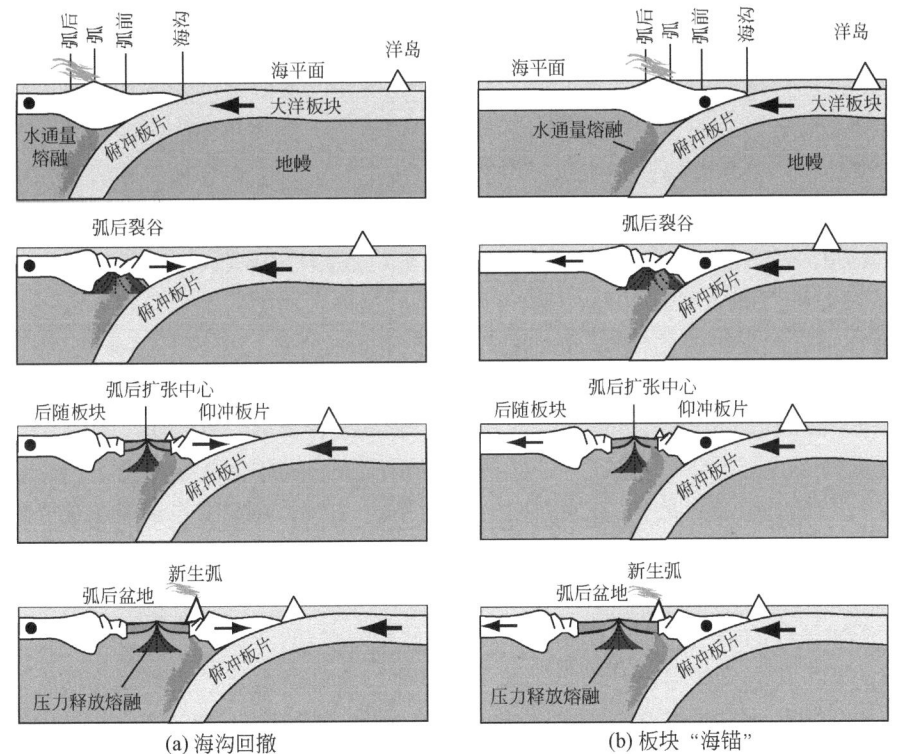

图1.4 弧后盆地形成及演化模式图（修改自 Martinez et al.，2007）

作为汇聚板块边缘的重要标志，大陆弧岩浆岩带通常记录了从大洋早期俯冲到陆陆晚期碰撞以及造山后演化的深部动力学过程及相关的地质记录，而这些地质记录的解析也是进一步了解汇聚板块边缘基本科学问题的金钥匙。研究俯冲增生造山过程中的增生岛弧和弧后盆地，对于深入理解汇聚板块边缘的弧岩浆系统及俯冲带动力学过程具有重要意义。然而，弧后盆地的形成和演化过程以及机制仍然缺乏有效约束，特别是弧后盆地如何打开（动力学机制），以及弧后盆地演化的全过程和俯冲板块之间的关系始终是耦合（coupling）的还是解耦的（decoupling）。

对于汇聚背景下形成的弧后盆地前人已有广泛的研究。研究表明，沉积盆地会在地壳运动的影响下发生沉降，其岩石圈均衡状态发生变化，盆地基底会沿着重力方向产生高程变化（方鹏高，2020）。早期的研究对沉积盆地的沉降演化模式及控制因素提出了多种可能的机制（Sleep，1980；Artyushkov and Baer，1990；Driscoll and Karner，1998；Morley and Westaway，2006；Leier et al.，2007a；Wang et al.，2020），然而对盆地内多期次沉降的时空分布特征以及影响其沉降方式的控制因素（如断裂、海山/洋脊的俯冲碰撞）都尚不明确。

此外，弧后盆地中火成岩的地球化学性质也是了解弧后盆地演化的关键因素之一，这些特性揭示了岩浆的起源、演化过程以及与俯冲带的相互作用（俞恂和陈立辉，2020）。与此同时，与俯冲作用密切相关的大陆弧相邻的沉积盆地也为解释汇聚板块边缘的复杂历史提供了宝贵的地质记录。对弧后盆地沉积岩的研究通常具有三个方面的重要意义：①作为弧岩浆活动、构造和地形演化的记录（Ingersoll，1979；Wu et al.，2010；Barth et al.，2013；Silva et al.，2015；Capaldi et al.，2021；Zhu et al.，2023）；②为弧与弧后盆地之间的古地理重建和区域水系/源汇体系格局提供信息（Sharman et al.，2015；Finzel et al.，2016；Hao et al.，2022）；③填补了因地形抬升和剥蚀作用或年轻岩浆活动和变质作用对大陆弧记录造成的破坏（Surpless，2015；Dobbs et al.，2021；Schwartz et al.，2021）。

1.3 冈底斯带弧后盆地的研究进展及存在的主要科学问题

位于青藏高原南部的冈底斯岩浆岩带（简称冈底斯带）是新特提斯洋岩石圈长期俯冲导致的中生代岩浆作用的产物，而且在印度-欧亚板块碰撞过程中叠加了强烈的新生代岩浆作用，是世界上典型的复合型大陆岩浆弧，也是研究增生与碰撞造山作用和大陆地壳生长与再造的天然实验室（Patriat and Achache，1984；Rowley，1996；Hu et al.，2016；张泽明等，2019）。根据最新的统计结果，冈底斯带最老的弧型岩浆岩形成于中三叠世晚期（245～237 Ma），最年轻的岩浆岩可以追溯到中新世中晚期（10～8 Ma），该地区的岩浆事件可大致分为四个阶段：245～152 Ma、109～80 Ma、65～38 Ma 和 33～8 Ma。其中 109～80 Ma 和 65～

38 Ma 是冈底斯带目前公认的岩浆活动最为剧烈的时期（Ji et al.，2009a，2009b；Wang J G et al.，2016）。经研究发现，冈底斯带岩浆演化具幕式侵位特征（图 1.5）。在弧岩浆活动的峰期阶段，冈底斯地区地壳厚度有显著增加，表明弧岩浆的峰期侵位对地壳的加厚有重大贡献（马绪宣等，2021）。然而，冈底斯带白垩纪岩浆的成因机制及其大地构造背景尚不明确，弧岩浆的属性问题仍存在异议（孟元库等，2022）。冈底斯带经历了中生代沟-弧-盆体系、俯冲-碰撞转换阶段的大规模火山岩浆活动，完整地记录了印度-欧亚板块碰撞前和碰撞后的地球动力学演化过程（马元等，2017）。与冈底斯带中广泛分布的火成岩相比，与俯冲相关的冈底斯弧后盆地及其晚中生代沉积岩受到的关注较少，研究程度相对薄弱。

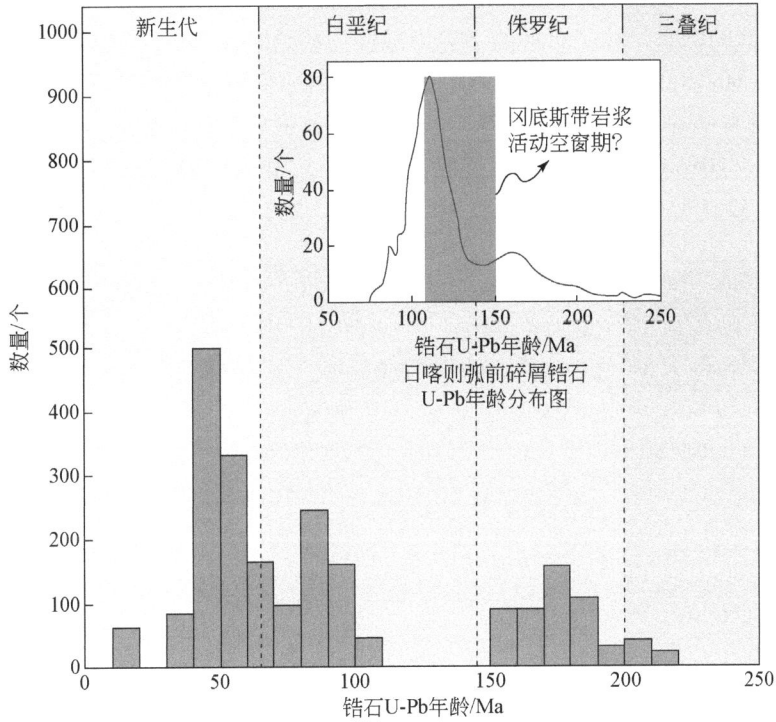

图 1.5　冈底斯带花岗岩类年代学格架图（修改自孟元库等，2022）

与大陆弧比邻的沉积盆地为追溯汇聚板块边缘的地质历史提供了重要的证据（Dickinson，1995；Einsele，2000；Hao et al.，2023）。在时空上与俯冲带相邻的弧后盆地内沉积的碎屑物质很好地记录了（增生）造山带演化的历史过程，并为古地理重建和源汇系统的演化提供了关键信息。尽管前人对汇聚型边缘盆地的构造-沉积模式进行了广泛研究，但更为细致、精细的研究是迫切的，特别是沉积作用对构造环境事件的响应，亟待进一步更为详细地解剖（Romans et al., 2016; Hao et al., 2023）。

冈底斯带北部发育了一系列受强烈褶皱与地壳缩短作用影响的弧后盆地（Zhang, 2004; 叶丽娟等, 2015; 马元等, 2017）。冈底斯带中段晚中生代弧后盆地的基底为叶巴组中—基性火山岩（ca.190~174 Ma）（Zhu et al., 2011a），盆地广泛出露白垩系（一套浅海相-河湖相沉积产物），并且大部分已经发生变形。在强烈变形的白垩纪弧后盆地之上，古新世的林子宗群火山岩覆盖在弧后盆地的沉积岩之上，两者之间为典型的角度不整合接触关系（图 1.6）。对于该不整合形成的意义有两种不同的认识：①与冈底斯带有关的挤压性造山（科迪勒拉型）形成的构造不整合（Burg and Chen, 1984; England and Searle, 1986）；②是印度-欧亚板块碰撞的标志，林子宗群的下界为碰撞的初始时代（莫宣学等, 2003; He et al., 2007; Mo et al., 2008）。前人的工作显示，林子宗群火山岩的形成时间为 66~47 Ma（莫宣学等, 2003; 周肃等, 2004; He et al., 2007; Kapp et al., 2007a; 陈贝贝等, 2016）。而最新的研究表明，林子宗群火山旋回时间依次为 62.8~57.0 Ma、52.0~50.2 Ma、49.7 Ma（黄永高等, 2024）。

图 1.6　马乡不整合

不整合面之下为褶皱变形的上白垩统设兴组碎屑岩，不整合面之上为林子宗群火山岩

对白垩纪弧后盆地的成因机制，前人取得了丰硕的成果，并得出了白垩纪以来藏南冈底斯带弧后盆地的构造演化历史（Zhang, 2000; Kapp et al., 2004, 2007b; 马元等, 2017）。马元等（2017）将冈底斯带弧后盆地的变形和隆升历史总结为以下三个阶段：①90~62 Ma，冈底斯山脉形成并快速隆升和剥蚀，筑成 65 Ma 之

前的俯冲型高原雏形；②62～45 Ma，形成典型的近水平的冈底斯玄武-安山岩高原地貌；③中新世以来，在印度-欧亚板块进一步汇聚下，冈底斯南缘快速挤出隆升、冷却，并形成制约冈底斯南部大量的逆冲断裂系（Yin et al.，1994）。此外，前人研究将冈底斯带弧后盆地的形成历史总结为以下三种观点：第一种观点是由冈底斯弧间及弧后的伸展作用所造成的（Zhang et al.，2004；朱弟成等，2008；Ding et al.，2014）；第二种观点是由于形成安第斯型弧后褶冲带所引起的（Murphy et al.，1997；Wu et al.，2015；Wang J G et al.，2017a）；第三种观点是羌塘地体和拉萨地体发生碰撞从而引起南向逆冲，并出现了周缘前陆盆地的显著特征（Murphy et al.，1997；Kapp et al.，2003a，2004，2005，2007a；Leier et al.，2007a）。

而对冈底斯带弧后盆地的性质也存在几种不同的认识，主要包括以下几种观点：一种观点认为，冈底斯带弧后盆地是在新特提斯洋板片俯冲作用下形成的弧后拉张盆地（Zhang，2000；Zhang et al.，2004，2007；马元等，2017），或是受弧后的褶皱-逆冲作用而形成的弧后前陆盆地（Kapp et al.，2004，2007a）。另一种观点是与拉萨-羌塘地体的碰撞所形成的周缘前陆盆地有关（Yin and Harrison，2000；Kapp et al.，2005，2007a）。此外，也有学者提出该盆地受新特提斯洋俯冲与拉萨-羌塘地体碰撞的共同作用，是一个"双前陆盆地"（Ding and Lai，2003）。另外，也有学者认为印度板块与欧亚板块碰撞之前，在西藏中部冈底斯带以北已经形成了一个弧后前陆盆地（Kapp et al.，2005；Leier et al.，2007a），在晚中生代西藏中部持续的冲断作用导致大量的碎屑物质沉积在弧后前陆盆地中（Sun et al.，2015a），而后发生的印度板块和欧亚板块碰撞进一步加剧了西藏中部的缩短，大量的逆冲断层和构造抬升将弧后前陆盆地的构造格架破坏，形成了多个小型的弧后盆地。Wang 等（2020）对林周盆地的塔克那组与设兴组进行了地层沉降分析与物源分析，结果表明在塔克那组与设兴组下段、中段沉积时期，盆地受到构造快速沉降与高沉积速率的影响，白垩系厚度大于 4 km。与林周盆地的地层沉降、沉积与物源特征相对应，盆地背景应为弧后伸展（拉张）环境，因此弧后盆地的性质可能为弧后拉张盆地。

综上所述，白垩纪冈底斯带系统的生长与演化机制整体上缺乏详尽的约束。冈底斯带中—南部在中侏罗世—早白垩世的动力学过程及大地构造背景尚不明确，白垩纪弧后盆地的构造格架、变形过程及隆升时限等关键问题也存在诸多疑问，有待进一步深入研究（马元等，2017）。如上所述，冈底斯带附近弧后盆地中保存的晚中生代沉积岩，可为当时的古地貌与古地理格局提供重要约束。通过对这些沉积岩开展系统性研究，可进一步厘清与其相邻的大陆弧及大陆块体的构造演化过程。

冈底斯带弧后盆地中的晚中生代沉积地层很好地记录和保留了冈底斯弧及邻

区遭受剥蚀的碎屑产物。尽管前人对冈底斯带晚中生代弧后盆地进行了大量的地质调查与研究工作，但弧后盆地的分布较为零散，盆地之间具有较大的地形差和较低的地形地貌差，导致不同盆地之间形成了不同类型的沉积体系和源汇系统。因而，前人的研究工作在全面刻画冈底斯带整个弧后盆地的构造背景和演化方面仍然存在一些遗憾和问题。除此之外，冈底斯带弧后盆地的上侏罗统—上白垩统的精确沉积时代主要通过化石组合进行定性确定，而古生物化石（特别是非标准化石）通常具有穿时性，且无法精确到具体年龄，仅能大致限定到阶（徐仁等，1979；林妙琴，2020）。因此，各个地层准确的沉积时代未能获得良好的约束。

目前对冈底斯带弧后盆地晚中生代沉积地层的研究主要集中于拉萨周缘的林周盆地附近（Leier et al.，2007c；Wang et al.，2020；Wei et al.，2020）。林周盆地横跨南拉萨地体与中拉萨地体，盆地南部受冈底斯带的控制，北部则受一系列北倾逆冲断层的控制（Meng et al.，2019b；Wang et al.，2020；Xu et al.，2022）。林周盆地的地层主要包括两部分，分别是塔克那组下部浅海相 Orbitolinid-bearing 灰岩，相当于澎波组（Leier et al.，2007a）以及上部的设兴组碎屑红层。盆地内晚侏罗世—白垩纪沉积物主要包括碳酸盐岩、碎屑岩以及部分典型的河流湖相沉积物（Leeder et al.，1988；Yin et al.，1988；西藏地质矿产局，1993；Leier et al.，2007a）。弧后盆地中的沉积地层普遍经历了不同程度的构造变形，部分地层中可见明显的面理和拉伸线理，形成了规模不等的褶皱，如向斜和背斜等，并被古近纪的林子宗群中—基性火山岩角度不整合覆盖。

在前人工作的基础上，本书通过系统的年代学研究及沉积物源和沉积环境的综合分析，总结了晚中生代以来研究区各个沉积地层的物源特征（从却桑温泉组到设兴组），这些成果对全面理解拉萨地体的构造演化、剥蚀隆升史的约束以及进一步完善拉萨地体晚中生代以来的大地构造属性具有重要的科学意义。此外，对南拉萨地体冈底斯带弧后盆地开展深入研究，还可以更进一步刻画拉萨地体不同时期造山带的大陆动力学构造应力、古地形地貌、岩石圈性质等要素的演化过程。

1.4 冈底斯带弧后盆地晚中生代沉积岩的研究进展及概况

西藏全区中生代地层出露面积大，分布广泛，岩石类型复杂，以海相沉积岩为主，还有少量陆相和海相交互地层（夏代祥和刘世坤，1997；胡修棉等，2021）。而海陆交互相侏罗系—白垩系在拉萨地体上发育较为完整（王乃文等，1983）。白垩纪是新特提斯洋演化和青藏高原不同板块汇聚的关键时期（吴福元等，2020；孟元库等，2022），详细的地层框架和古地理格局是开展新特提斯洋演化和青藏高原形成研究的基础。冈底斯带（南拉萨地体）位于新特提斯洋板块与欧亚板块的构造结合部位，记录了大量的关键地质过程，包括大陆拼合、裂谷-漂移、板块俯冲、碰撞及与碰撞有关的构造作用、岩浆作用和变质作用（Zhu et al., 2011b），因此受到了地质学家广泛的关注。冈底斯带与俯冲相关的大陆弧相邻的晚中生代沉积盆地记录了造山带的剥蚀和埋藏过程，可为了解西藏大陆动力机制提供独特的见解（He et al., 2007; Hao et al., 2023）。对冈底斯带弧后盆地中的白垩纪地层、古生物、古地理和重大地质事件开展系统分析有助于建立综合地层框架、恢复古地理格局，探讨重大地质事件的响应和耦合关系。

与大洋岩石圈俯冲相伴随的活动大陆边缘弧岩浆岩带的弧后盆地的形成与演化是非常重要的地质过程（马元等，2017），而目前中生代冈底斯带演化的动力学机制与大地构造背景仍然需要开展更多工作，以便更加清晰地刻画南拉萨地体的演化。尽管前人对南拉萨地体部分弧后盆地进行了大量基础调查，然而盆地的构造背景以及多阶段演化的成因机制仍然缺乏有效的约束，主要表现为关键地质数据的缺乏。冈底斯带的弧后盆地主要记录了拉萨地体和与之相邻的冈底斯大陆弧的物源信息，通过盆地中广泛分布的晚中生代沉积地层开展系统性的研究，不仅可以很好地反演盆地沉积时的大陆构造的应力状态（弧后伸展与弧后拉张）、深部和浅部相互耦合过程，还可以反演当时沉积物沉积时的古水系、古气候和古地貌等。因此，对冈底斯岩浆弧周缘沉积盆地的晚中生代沉积地层进行系统性的构造、岩相学和年代学研究，对揭示青藏高原的构造演化历史与重塑高原的构造格架来说具有重要的科学意义。

南拉萨地体中生代地层发育相对较为完整，主要包括中三叠统—上白垩统桑日群、下侏罗统叶巴组、上侏罗统却桑温泉组、上侏罗统多底沟组、上侏罗统—下白垩统林布宗组、下白垩统楚木龙组和塔克那组、上白垩统设兴组。其中，桑日群可划分为下部麻木下组与上部比马组。麻木下组正层型剖面位于山南桑日县西南，主要为一套安山质与英安质熔岩夹板岩、粉砂岩及灰岩，火山岩多具有埃达克质特征，喷发于早白垩世（约 137 Ma）（Zhu et al., 2009a）。比马组主要为一套滨浅海相的火山-沉积地层，其中火山岩主要为一套中—酸性的安山质—英安质的火山熔岩，但在局部层位夹有中—酸性火山岩、板岩、灰岩、泥灰岩、粉砂岩以及砂岩和大理岩，这些地层中往往含有丰富的珊瑚、层孔虫和藻类以及海百合等化石。

叶巴组整体位于桑日群以北，主要出露于拉萨市达孜区一带，向东经墨竹工卡县、桑日县至加查县。地层顶部被上侏罗统多底沟组逆冲覆盖，底部不明，多被冈底斯岩基花岗岩侵吞。叶巴组发育有巨厚层的火山岩，厚度变化较大，呈透镜状展布于南拉萨地体，中部宽约 30 km，东西两侧尖灭，具有双峰式特点。沉积层位主要出现在叶巴组上部，包括变质砂岩、粉砂岩、硅质岩、板岩和大理岩。

却桑温泉组与下伏查曲浦组火山岩呈不整合接触，与上覆多底沟组灰岩呈整合接触关系。却桑温泉组主要由灰—灰褐色页岩、砂岩互层组成，产双壳类、腹足类及植物化石碎片（夏代祥和刘世坤，1997）。根据却桑温泉组的化石组成，1：25万区域地质调查报告将该组的沉积时代定为晚侏罗世（谢尧武等，2005）。然而，由于却桑温泉组地层露头较少且分布零星，主要出露于拉萨市却桑村附近，所以目前该套地层的分析资料较为匮乏，缺少明确的地层时代约束，且物源特征尚不明晰。

多底沟组是整合伏于林布宗组砂板岩夹煤层的岩石地层之下且逆冲覆盖于叶巴组之上的一套碳酸盐岩地层，产植物化石及双壳类、腹足类化石（夏代祥和刘世坤，1997）。多底沟组的主要岩石类型为中厚层状灰岩、含生物碎屑灰岩、大理岩夹板岩等，地层出露较为零星。前人研究多注重于构造解析与控矿规律（Zheng et al.，2016），而对于多底沟组沉积岩的物源区与沉积时代研究则较为薄弱。

林布宗组与上覆楚木龙组和下伏多底沟组灰岩均呈整合接触。接触面处见沼泽相的碳质板岩，顶部发育风化壳，接触处存在沉积间断。林布宗组整体沉积于弱的水动力环境，地层显示出正粒序（姚培毅等，1992），主要岩性为灰色砂岩、板岩、碳质板岩。林布宗组的基本层序可划分为两种类型：下部为三角洲平原相微粒砂岩-粉砂岩-碳质板岩，为退积式地层结构；上部为沼泽相碳质板岩-细粒砂岩，为进积式地层结构。林布宗组沉积物以陆源碎屑为主，成分及结构成熟度均较高。林布宗组沉积早期为三角洲平原相分流河道海湾沉积环境，主要岩性为细粒石英砂岩、灰黑色粉砂岩、碳质板岩夹煤线，见砂纹层理、平行层理、板状交错层理，处于氧化环境下，成煤条件较差；沉积中期水体进一步加深，为浅海大陆架相沉积，位于海湾相沉积之上，岩性为灰黑色、灰色碳质板岩夹薄层粉砂岩，产菊石及双壳类化石，为低速沉积产物；沉积晚期海平面相对上升，为沼泽相沉积，沉积物为灰黑色碳质板岩夹深灰色细砂岩及粉砂岩，处于潮湿还原环境，成煤性较好（谢尧武等，2005）。

楚木龙组正层型剖面位于拉萨林周楚木龙，主要岩性组合为灰—灰白色中厚层细粒石英砂岩、泥质粉砂岩、粉砂质泥岩夹杂色厚层中—细粒复成分砾岩及灰色中层含砾粗砂岩，与下伏林布宗组、上覆塔克那组均呈整合接触。该组地层在区域上变化较大，东部拉萨市林周县一带板岩、页岩夹层较发育，并产植物、双壳类、腹足类化石；在西部拉嘎乡一带，则以石英砂岩为主，夹泥质粉砂岩和粉砂质泥岩，化石较少。自东向西沉积厚度逐渐增加，东部地区普遍夹煤层，西部未见煤系发育。楚木龙组基本层序可分为四种类型：底部为河口沙坝相石英砂岩—粉砂岩、海滩相粉砂岩—细粒砂岩，下部为三角洲相粉砂质泥岩—粉砂岩—细砂岩，底部与下部共同组成退积式地层结构；上部为潮坪相泥质粉砂岩—细砂岩，顶部为河口相砂砾岩—粗砂岩—细砂岩，上部与顶部共同组成进积式地层结构。楚木龙组沉积物以陆源碎屑岩为主。楚木龙组沉积早期为三角洲前缘河口沙坝、海滩砂及前三角洲相沉积，岩性主要为石英砂岩、细砂岩、粉砂泥岩，发育砂纹层理，生物化石较少；沉积中期随着海水进一步加入，沉积一套浅海大陆架相泥岩，为低速沉积物；沉积晚期水体相对下降，海水变浅，为潮坪相沉积，沉积物为粉砂泥岩夹细粒砂岩，发育板状交错层理。最终，进入陆相沉积阶段，河口沙坝相沉积，沉积物为砾岩、砂砾岩（谢尧武等，2005）。

塔克那组最初由西藏地质三队罗中舒于1973年命名，主要包括两个岩性段，下部为杂色海相砂页岩和灰岩组合，上部为非海相紫红色砂泥岩段（刘航宇等，2022）。塔克那组正层型剖面位于林周县澎波地区塔克那，主要岩性为灰色结晶灰岩、角砾灰岩、砂质灰岩、生物碎屑灰岩夹粉砂质泥岩、泥质粉砂岩、灰色钙质板岩等。与下伏楚木龙组及上覆设兴组紫红色细碎屑岩区分，塔克那组以连续出现的灰色灰岩为特征。区域上塔克那组出露厚度比较稳定，从东向西厚度保持在300 m左右，碳酸盐岩逐渐增多，碎屑岩则逐渐减少。在拉嘎一带，灰岩较为发育，并出现角砾状灰岩，说明沉积环境动荡。塔克那组基本层序可划分为两种类型：下部为开阔台地相灰岩—生物碎屑灰岩，中部为灰岩—角砾状灰岩，两者共同构成退积式地层结构。塔克那组为一套碳酸盐岩夹陆源碎屑岩沉积组合，沉积物厚度较大。地层沉积早期发生了一次规模较大的海侵，沉积一套开阔台地相沉积物，环境位置在近滨—滨外，伴随海侵的推进，晚期沉积转为台盆相，沉积物为灰绿色、灰色泥质粉砂岩、泥灰岩，产丰富的化石（谢尧武等，2005）。

前人对设兴组的研究大多集中于南拉萨地体的拉萨市堆龙德庆区马乡及林周盆地，研究内容多为年代学、沉积物的物源区与沉积大地构造背景等（邢莉圆等，2020）。野外调查显示，设兴组经历了强烈的褶皱变形，属于一套沉积-变质地层（井天景，2014）。设兴组正层型剖面位于堆龙德庆区马乡设兴村。其岩性组合主要分为两段：一段主要为杂色砂岩段，包括紫红色泥质粉砂岩、粉砂质泥岩夹灰绿色薄层泥质粉砂岩、薄层泥灰岩，产丰富的圆笠虫化石，与下伏塔克那组整合接触。该段以紫红色为主，岩性稳定，区域上可作为标志层。二段为生物碎屑灰岩段，灰色中厚层状生物碎屑灰岩、灰绿色薄层粉砂质泥岩、泥质粉砂岩呈互层出露，产丰富的双壳类、圆笠虫化石。该段在拉萨市堆龙德庆区卓巴果与日喀则市拉嘎地区一带有出露，其他地区未见。设兴组二段与下伏设兴组一段整合接触，与上覆林子宗群典中组呈角度不整合接触。该岩段顶部出现一层具有风化壳性质的紫红色薄层状含铁质粉砂质泥岩。设兴组在堆龙德庆区设兴村一带砂岩增多，产圆笠虫、介形虫、双壳类及孢粉化石，海相及陆相生物化石共生。西部日喀则市谢通门县拉嘎村出露设兴组一段、二段，见生物碎屑灰岩层，砂砾岩层不发育，陆源碎屑粒度相对层型剖面处变细。设兴组的基本层序可划分三种类型：一段为潮坪相页岩—粉砂岩，粉砂岩中发育交错层理、楔形交错层理，层序向上变粗，为进积式地层结构；二段下部为潮间带粉砂质泥岩—微晶灰岩，层序向上变细，为退积式地层结构；二段上部为潮上带页岩—生物碎屑灰岩夹砂岩、粉砂岩—泥岩，向上变细层序，为加积式地层结构。设兴组为一套陆源碎屑沉积物，岩层厚度较薄。设兴组沉积早期，海水退却后沉积一套紫红色泥岩、粉砂岩组合，发育交错层理、板状斜层理，沉积于潮坪相（氧化环境）；沉积中期发生海侵，相对海平面上升，但水体仍较浅，处于氧化环境，潮间带沉积物随着海水的不断涌动而沉积；随后相对海平面上升到最大，沉积一套深灰色泥灰岩、泥岩，为低速沉积物，且富含化石。随后海水退却，相对海平面下降，沉积一套灰紫色泥岩夹粉砂岩，处于氧化环境，水体较浅，具暴露标志，为潮上带沉积环境（谢尧武等，2005）。

然而，设兴组的剥露历史尚不明确且存在较大争议。首先，设兴组沉积时代存在争议。王乃文等（1983）最早在设兴组底部发现晚白垩世海相双壳类化石；纪占胜等（2002，2005，2006）通过设兴组黑色泥岩中的孢粉研究，认为其时代接近始新世—渐新世；Leier 等（2007b）对设兴组砂岩中的碎屑锆石进行 U-Pb 定年，得到最年轻的锆石峰值年龄在 105~100 Ma；Sun 等（2012）对设兴组上部安山岩夹层进行 U-Pb 定年，得到（72.4±1.8）Ma 的谐和年龄；而目前对设兴组的最晚沉积时代限定约为 70 Ma（李晓雄等，2015）。可以看出，前人认为的设兴组沉积时代跨度较大（从早白垩世晚期到渐新世）。其次，对于设兴组物源和沉积充填序列也不明确。Leier 等（2007a，2007b）认为设兴组的物源仅来自拉萨地体的石炭纪砂岩和早期冈底斯带岩浆岩。然而，不可忽视的问题是，在设兴组沉积时期，拉萨地体与羌塘地体已经拼合（Yin and Harrison，2000；Zhu et al.，2016），因此是否存在来自北部羌塘地体的物质输入尚未确定；拉萨地体同样存在二叠纪—侏罗纪石英砂岩、泥岩和灰岩等沉积岩（Kidd et al.，1988），除了石炭纪砂岩再旋回沉积到设兴组中，其他古老地层是否也对其物源做出贡献同样不清楚。最后，设兴组发生了强烈的褶皱变形，这一变形的时间与机制尚不明确。设兴组与上覆林子宗群火山岩之间存在明显的角度不整合，这一角度不整合一直以来都被认为是印度-欧亚板块碰撞的标志（England and Searle，1986；Ratschbacher et al.，1992），设兴组及更古老地层的褶皱变形被认为发生在角度不整合之前，然而目前仅能给出一个时间范围，褶皱变形的准确时间并不明确，而低温热年代学可以很好地解决这一问题（张佳伟，2018）。尽管如此，目前针对拉萨地体南缘低温热年代学的研究仍主要集中于冈底斯岩基（Pan et al.，1993；Copeland et al.，1995；Yuan et al.，2002；Dai et al.，2013a；Tremblay et al.，2015；Li Z et al.，2016；Ge et al.，2017），而关于设兴组碎屑物质的低温热年代学研究尚属空白。

此外，前人关于晚中生代沉积岩沉积环境的研究成果也较多，且已有一定程度的共同认知。基于沉积相与沉积环境的研究，傅德荣等（1990）认为拉萨地体弧后盆地在晚侏罗世的沉积以海相碳酸盐岩为主，而在早白垩世—晚白垩世早期则发展为滨浅海相，主要沉积碎屑岩与碳酸盐岩，在晚白垩世晚期则发展为混合潮坪沉积、陆相沉积。多底沟组为一套局限海湾沉积，却桑温泉组则代表了一次明显海侵作用。此外，研究表明，冈底斯带弧后地区在早白垩世曾经历大规模的海侵，海侵面下部发育了一套双峰式火山岩（约 115 Ma）（Zhang，2000）。同时，地层由下至上出现由海相碳酸盐岩相—海陆交互相—陆相的过渡及转变，这些证据表明欧亚大陆南缘在白垩纪早—中期的盆地构造类型属于西太平洋型大陆边缘，与之相伴生的还有强烈的弧后裂谷作用，同时促成了一系列边缘海盆地的发育（Kapp et al.，2007b）。根据林周盆地内楚木龙组、塔克那组、设兴组碎屑沉积岩的岩相学特征与前人研究成果，Wang 等（2020）认为楚木龙组底部砂岩沉积于近岸浅水环境中，顶部泥岩和砂质灰岩沉积于滨岸与内大陆架过渡带的下滨岸环境中；塔克那组底部的黑色层状泥岩层段沉积于相对平静的内大陆架浅海环境中，中部的泥灰岩、碎屑岩沉积于潟湖环境中，顶部则沉积于洪泛平原环境中；楚木龙组和塔克那组的顶段记录了一个海进—海退旋回，反映了从滨岸到内大陆架，而后从碳酸盐潟湖到海岸平原的沉积环境的转变；设兴组下段为河流相砂泥岩沉积，古水流向南，上段为典型的河流相砂岩夹泥岩，古水流主体向西（Leier et al.，2007a），顶部则沉积于辫状河环境。

冈底斯带中段晚中生代沉积岩的物源区研究也已取得一定进展。冈底斯带弧后盆地的碎屑物源区可能有六个，分别是南部的喜马拉雅地体、南拉萨地体的冈底斯岩浆弧、南拉萨地体、中拉萨地体、北拉萨地体以及位于班公湖-怒江缝合带北侧的羌塘地体。而现有的研究证据表明，冈底斯带弧后盆地沉积时，拉萨地体本身为冈底斯带弧后盆地的物源区（见第五章，此处不做更多陈述）。拉萨地体可以为中生代弧后盆地提供碎屑物源的岩石（母岩）类型主要有石炭系的泥岩与石英砂岩，二叠系的灰岩，三叠系的灰岩、玄武岩与火山碎屑岩，下白垩统的石英砂岩、泥岩、灰岩、花岗岩与花岗闪长岩等（潘桂棠等，2004）。魏友卿（2017）认为拉萨地体南缘设兴组晚白垩世锆石（约 88 Ma）的物源主要来自南拉萨地体的弧火山岩，是风化剥蚀后近距离搬运沉积的产物，其中磨圆度较好的石英颗粒可能来源于石炭纪石英岩的再循环（Kidd et al.，1988）。Wei 等（2020）通过对林周盆地塔克那组与设兴组碎屑岩的锆石年代学与 Hf 同位素分析后认为，其物源主要为冈底斯岩浆弧的岩浆岩，且记录和保留了新特提斯洋北向俯冲的相关证据。Leier（2005）通过将塔克那组的碎屑锆石定年数据与石炭纪砂岩年龄分布趋势进行对比后发现，两者具有非常好的亲缘性，表明石炭纪地层至少在白垩纪时曾抬升出露于地表并遭受剥蚀,为临近的盆地提供了物源(塔克那组的碎屑物质来源)。Meng 等(2019b)通过对林周盆地林布宗组的碎屑锆石开展 U-Pb 年代学及 Lu-Hf 同位素分析后认为,林布宗组主要物源来自中拉萨地体,少量碎屑物质来源于南拉萨地体的冈底斯岩浆弧,并限定了林布宗组的沉积时间为(148.9±4.0)Ma。最新的研究结果显示,北拉萨地体是塔克那组的主要物源供给区,少部分物源来自南拉萨地体的冈底斯岩浆弧(李成志,2020),然而也有学者认为塔克那组的碎屑物质以拉萨地体南缘的冈底斯岩浆弧为主要物源区(陈贝贝,2017)。前人对分布于林周盆地的楚木龙组进行了研究,认为其主要物源为中—北拉萨地体中部分基底和表壳物质的再循环,次要物源区为南侧的冈底斯岩浆弧(苏鑫,2020)。与其他地层相比,却桑温泉组、多底沟组由于地层露头少且研究资料缺乏,其碎屑物质物源区尚不明晰,有待进一步研究。

第 2 章 区域地质背景

印度-欧亚板块的碰撞是地球上新生代早期最为壮观的地质事件之一（Yin and Harrison，2000；许志琴等，2007；孟元库等，2022）。这一碰撞促成了现今世界上面积最大、平均海拔最高且最年轻的高原——青藏高原的形成，该高原也被誉为"世界屋脊"或"地球第三极"（Kapp and DeCelles，2019）。它地处阿尔卑斯-喜马拉雅巨型山系的东段，是特提斯构造域的重要组成部分（孙卫东等，2018）。从特提斯洋的演化到青藏高原的形成经历了一个长期而复杂的地质演化进程，前人对青藏高原开展了许多研究并取得了重要的进展和认识（Yin and Harrison，2000；许志琴等，2007，2016；Zhu et al.，2011a，2011b，2013；Hou et al.，2015a，2015b；Hu et al.，2016；Kapp and DeCelles，2019；Huang et al.，2021；Li et al.，2021；刘德民等，2024）。新特提斯洋的开启、俯冲及闭合在青藏高原的构造演化中起到了至关重要的作用。这一过程不仅促成了冈底斯岩浆弧的形成，也对新生代印度-欧亚板块碰撞之前青藏高原的初始生长起到了重要推动作用（Ji et al.，2009a，2009b；Zhang et al.，2012；Zeng et al.，2019a；Li et al.，2021；孟元库等，2024）。关于新特提斯洋早期的构造演化研究，学者提出了多种模式（Meng et al.，2016a；Wang B D et al.，2016；Zhang and Zhang，2017），但对新特提斯洋开启与俯冲时代的精确限定仍然存在争议。此外，班公湖-怒江洋的打开时代与俯冲极性、拉萨地体与羌塘地体的碰撞时代也尚存分歧。目前大部分学者认为班公湖-怒江洋的打开时代为早侏罗世早期（约 201 Ma），在早—中侏罗世班公湖-怒江洋开始俯冲消减（Shui et al.，2018）。Kapp 等（2003b）认为班公湖-怒江洋首先北向俯冲，导致后续拉萨地体北向俯冲到羌塘地体之下，而潘桂棠等（2004）与朱弟成等（2008）则认为班公湖-怒江洋首先南向俯冲，导致了羌塘地体俯冲到拉萨地体之下。此外，也有学者提出班公湖-怒江洋可能经历了双向俯冲（Zhu et al.，2011b；Wei et al.，2020；Huang et al.，2021）。前人对青藏高原的生长机制也提出了不同的地球动力学模型，如亚洲岩石圈的陆内俯冲（Meyer et al.，1998；Tapponnier et al.，2001）、印度岩石圈的注入（Zhao and Morgan，1987）、下地壳流（Bird，1991；Fielding et al.，1994；Royden et al.，1997）等。这些模型为理解青藏高原的形成和演化提供了重要理论依据，但仍有许多问题有待进一步研究。

2.1 青藏高原的地质格架

青藏高原被誉为"世纪屋脊",总面积约 $2.5×10^6$ km^2,平均海拔超过 4000 m。高原的隆起和抬升不仅促进了亚洲季风的产生与增强(An et al.,2001),其侵蚀作用还对全球气候和海洋地球化学循环产生了深远影响(Raymo and Ruddiman,1992;Richter et al.,1992)。传统观点认为,青藏高原的形成主要归因于印度-欧亚板块碰撞所引发的晚新生代地貌演化(Harrison et al.,1992;Molnar,2005)。然而,越来越多的研究证据表明,高原的核心区域不仅在古近纪印度-欧亚板块碰撞的早期阶段经历了显著的地壳缩短、隆升和剥蚀活动,而且在早白垩世也发生了类似的构造活动(Murphy et al.,1997;Liu et al.,2003;Kapp et al.,2005,2007b;Leier et al.,2007a;Volkmer et al.,2007;Hetzel et al.,2011;Rohrmann et al.,2012;Sun et al.,2015a)。基于这些研究,学者提出了"原始青藏高原"模型。该模型认为,现代青藏高原是在新生代通过核心区域的横向扩展与垂直增生逐步形成的(Wang E et al.,2012;Jiang et al.,2013;Ding et al.,2017b)。这一模型为理解青藏高原的形成与演化提供了新的视角和理论框架。

青藏高原由北向南划分为五个地体:昆仑地体、松潘-甘孜地体、羌塘地体、拉萨地体和喜马拉雅地体(图2.1)。前人研究认为,拉萨地体早期是古特提斯洋

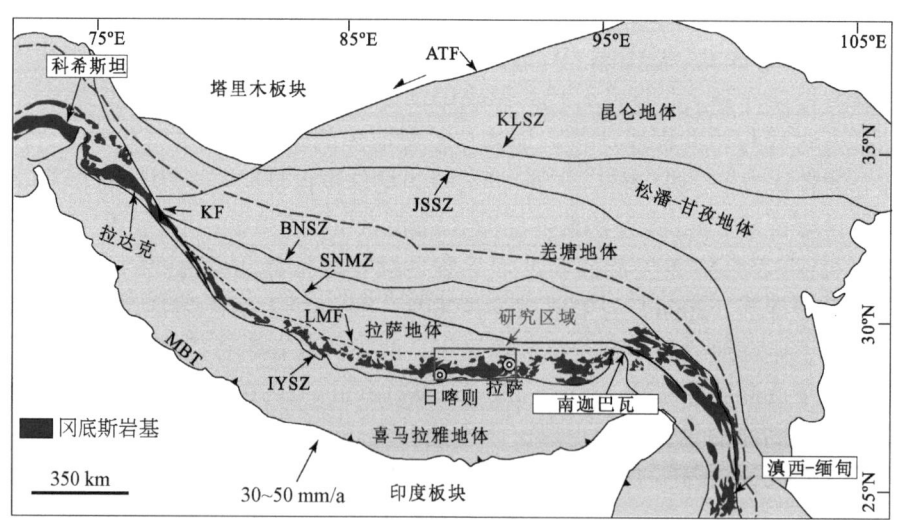

图 2.1 青藏高原大地构造单元图(修改自 Meng et al.,2019b)

ATF-阿尔金断裂带,BNSZ-班公湖-怒江缝合带,IYSZ-印度河-雅鲁藏布江缝合带,JSSZ-金沙江缝合带,KF-喀喇昆仑断裂带,KLSZ-昆仑缝合带,LMF-洛巴堆-米拉山断裂带,MBT-主边界逆冲断层,SNMZ-狮泉河-纳木错混杂岩带

南部被动大陆边缘的一部分（Yin and Harrison，2000；Metcalf，2002），北接羌塘地体，南接喜马拉雅地体；二叠纪—三叠纪，羌塘地体与拉萨地体从被动大陆边缘分离出来；早白垩世，班公湖-怒江洋的关闭导致拉萨-羌塘地体碰撞，而在新生代早期（60~55 Ma）新特提斯洋的闭合导致了印度-欧亚板块的碰撞（Hu et al.，2015，2016），最终形成了现今青藏高原的地体格局。构造分析表明，拉萨地体近60%的地壳缩短发生在白垩纪（Murphy et al.，1997；Kapp et al.，2007b；Volkmer et al.，2007）。因此，有研究推测，青藏高原可能在古近纪就已经达到约4 km的海拔（DeCelles et al.，2007；Ding et al.，2014；Ingalls et al.，2017）。

拉萨地体记录和保留了大量有关印度-欧亚板块碰撞的关键地质信息，是了解和研究板块构造最佳的天然实验室，也是青藏高原地学研究中最为重要的块体之一（许志琴等，2007；孟元库等，2018a，2022，2024）。通过对不同构造单元的时空结构特征和相关火山岩浆作用记录的分析，潘桂棠等（2006）提出，拉萨地体并不是一个简单的地块/地体，而很可能是一个以隆格尔-念青唐古拉为主轴，经历了石炭纪—二叠纪、早—中三叠世、晚三叠世、早—中侏罗世、晚侏罗世—早白垩世以及晚白垩世—始新世共六次造弧增生作用和相关的弧-陆、陆-陆碰撞作用并最终定型于新生代晚期的复合造山带。而松多榴辉岩的发现也证明了拉萨地体不是一个完整的块体（杨经绥等，2007），而可能是一个后期形成的复合地体。此外，拉萨地体的构造演化很可能受班公湖-怒江洋向南、新特提斯洋（如无特别说明，后文所指的新特提斯洋均为雅江洋）向北俯冲到拉萨地体之下的双向俯冲系统的制约（Zhu et al.，2011b；Wei et al.，2020；Huang et al.，2021）。

根据区域性断裂，拉萨地体由北向南可以分为三个亚带。北拉萨地体，位于班公湖-怒江缝合带以南，狮泉河-纳木错蛇绿混杂岩带以北；中拉萨地体，位于狮泉河-纳木错蛇绿混杂岩带以南，洛巴堆-米拉山断裂带以北；南拉萨地体，即狭义的冈底斯带，位于洛巴堆-米拉山断裂带以南，印度河-雅鲁藏布江缝合带以北，是拉萨地体中岩浆岩分布最为集中的区域（莫宣学等，2009；Zhu et al.，2013）。

本书研究区位于唐古拉山系中段，冈底斯带中段，紧邻印度河-雅鲁藏布江缝合带，属于南拉萨地体。研究区所处的南拉萨地体与前人研究的广义上的冈底斯岩基不同，它主要由冈底斯岩浆弧、少量弧后盆地及部分变质岩组成，是狭义的南拉萨地体。与研究区的弧后盆地密切相关的构造单元为羌塘地体、喜马拉雅地体和南拉萨地体的冈底斯岩浆弧。班公湖-怒江缝合带将拉萨地体与羌塘地体区分开来。羌塘地体在二叠纪主要发育浅海相—滨海相的碳酸盐岩与碎屑岩，在早三叠世发育陆相沉积碎屑岩，在侏罗纪羌塘地体的大部分地表都沉入海平面，发育广泛的中酸性火山岩，在白垩纪又被大范围抬升并剥蚀夷平。羌塘地体主要出露地层为晚古生代—中生代的沉积岩（耿全如等，2011）。以印度河-雅鲁藏布江缝合带为界线，拉萨地体与喜马拉雅地体比邻而居。喜马拉雅地体又被称为喜马拉雅造山带，内部可进一步划分为四个次级构造单元，由北向南分别为特提斯喜马拉雅地体、高喜马拉雅地体、低喜马拉雅地体、次喜马拉雅地体（Yin and Harrison，2000；许志琴等，2007；Meng et al.，2016a，2016b）。其中特提斯喜马拉雅地体的地层主要包括元古宙—始新世的碎屑岩、古生代与中生代的火成岩，其上覆盖了大量显生宙的沉积盖层，也被认为是自晚三叠世以来位于印度被动大陆边缘的最具代表性的构造单元（Garzanti et al.，1999；Yin and Harrison，2000；侯增谦和王二七，2008）。与上述构造单元不同，冈底斯岩浆弧直接展布在南拉萨地体之上，并且是冈底斯带弧后盆地中"弧"的来源。冈底斯岩浆弧主要由大规模分布的大型岩基与岩株构成，并伴有大量的中酸性火山岩（莫宣学和潘桂棠，2006）。冈底斯岩浆弧的活动历史较为复杂，主要分为晚三叠世—白垩纪、古新世—始新世、渐新世—中新世三个时期。

2.1.1 拉萨地体的地质概况

拉萨地体位于青藏高原中南部，呈东西向展布，是夹持于班公湖-怒江缝合带和印度河-雅鲁藏布江缝合带之间的巨型岩浆-构造-成矿带，其东绕过南迦巴瓦大拐弯与波密八宿-然乌-察隅中酸性岩浆岩带相连接（Zhu et al.，2013）。拉萨地体，也称为广义的冈底斯造山带，长约 2000 km，宽为 100～300 km，以发育冈底斯中—新生代岛弧及活动陆缘火山带为主要特征，是西藏地区岩浆岩最为集中的区域，也是我国最为重要的矿产资源储备基地（潘桂棠等，2006；张泽明等，2009，2019；唐菊兴等，2017）。

在大地构造上，拉萨地体位于欧亚板块最南缘。中生代以来，拉萨地体经历了班公湖-怒江洋俯冲消减、拉萨-羌塘地体碰撞、新特提斯洋俯冲以及印度-欧亚板块碰撞等一系列地质过程，形成了大量的中—新生代岩浆岩，这些岩浆岩能够完好地记录拉萨地体的构造演化过程，为研究拉萨地体中—新生代岩石圈构造和演化提供了重要证据（Yin and Harrison，2000；Kapp et al.，2005，2007a；朱弟成等，2008）。中生代新特提斯洋板片持续北向俯冲，在拉萨地体南缘形成了典型的安第斯型活动大陆边缘，此外该地体也是新生代印度-欧亚板块碰撞造山的最前锋（孟元库等，2024）。因此，拉萨地体是青藏高原中新生代火成岩分布最为集中的区域，其中以冈底斯带分布数量最多。在冈底斯带及林子宗群火山岩的北部出露有中元古代变质基底——念青唐古拉群，主要岩石组合为二长片麻岩、黑云斜长片麻岩、斜长角闪岩、石英岩、花岗片麻岩、大理岩等。拉萨地体中段可以划分为四个基本的构造单元：①花岗岩和火山岩；②以中下地壳为主的前寒武纪结晶基底；③沉积盖层；④弧前复理石沉积及蛇绿混杂岩带（Pan et al.，2012；Zhu et al., 2013)。杨经绥等（2006）在松多-工布江达一带发现一条相当规模的榴辉岩带，变质温度为 650～750℃，压力为 2.58～2.67 GPa，其原岩为大洋玄武岩，变质年龄为（267±17）Ma。结合榴辉岩带北侧出露的石炭纪——二叠纪火山岛弧带，杨经绥等（2006）认为该榴辉岩可能是古特提斯洋俯冲的产物，代表板块俯冲的边界，表明拉萨地体内部可能存在一个古大洋。在侏罗纪——白垩纪，由于新特提斯洋的不断扩张及北向俯冲，在其南缘形成了岛弧及活动陆缘弧的构造环境。中——新生代火山岩大致分布在走向东西向古生代褶皱带的南北两侧。侏罗纪火山岩的岩性以酸性——基性岩石组合为主，其中可见大套的海相安山质岩石，最大厚度可达 3000 m。晚侏罗世——晚白垩世的火山岩为以钙碱性为主的基性——酸性组合，主要岩石类型为玄武岩、安山岩、英安岩以及流纹岩。其中玄武岩和安山岩的微量元素显示出岛弧火山岩的特征，稀土元素具有陆缘岛弧的特征（许志琴等，2007；徐旺春，2010）。

如前所述，拉萨地体由南向北可分为南拉萨地体、中拉萨地体和北拉萨地体三个亚带。其中，北拉萨地体主要由侏罗纪——白垩纪的火山沉积地层及侵入岩组成（朱弟成等，2009，2012），其地壳在晚白垩世——古新世经历了明显的缩短（Kapp et al., 2003b；Volkmer et al., 2007）。锆石 U-Pb 年龄与 Hf 同位素特征显示该地体以新生地壳为特征（潘桂棠等，2006；Zhu et al., 2011a；Hou et al., 2015a），局部地区分布有老的结晶基底。在沉积地层方面，北拉萨地体主要分布有规模较大的中——上侏罗统接奴群和拉贡塘组类复理石（Lai et al., 2022）。在中——上侏罗统之上，发育有下白垩统多尼组砂岩夹灰岩。在晚白垩世，北拉萨地体沉积了巨厚的郎山组生物灰岩（潘桂棠等，2006）。海侵结束后，北拉萨地体一直处于陆相环境，直到新生代都以陆相红层夹火山岩为主。在岩浆作用方面，北拉萨地体在早侏罗世及白垩纪发育了少量的侵入岩，其中早侏罗世侵入岩的岩石类型为 I 型花岗岩；早白垩世侵入岩的岩石类型主要为花岗岩类，多出露于中西部地区，并且普遍具有亏损锆石 Hf 同位素的特征，显示新生地壳物质来源，前人推测其可能与班公湖-怒江洋的南向俯冲有关（Zhu et al., 2011a；Zeng et al., 2019b；Niu et al., 2023）；中东部出露的岩浆岩则显示富集 Hf 同位素特征，表明其源自古老地壳物质的熔融（Zhu et al., 2011a, 2016；Sun et al., 2015b）。总体上，北拉萨地体的岩浆作用主要集中于白垩纪（最老的岩浆记录主要集中于 139～130 Ma），约 125 Ma 时北拉萨地体迎来第一次岩浆爆发期（以中钾中酸性深成侵入岩和火山岩为主），直到 116 Ma 时迎来第二次岩浆爆发期（主要为中酸性深成侵入岩和火山岩）（Zhu et al., 2011a；Li et al., 2018）。早白垩世晚期至晚白垩世早期，一些高 Sr/Y 的埃达克岩和 A 型花岗岩在北拉萨地体开始广泛出现。晚白垩世（90～80 Ma），北拉萨地体广泛分布有增厚下地壳成因的中酸性岩浆岩（Yi et al., 2018）。

中拉萨地体是一个具有古元古代甚至太古宙结晶基底的条带状微陆块，主要由下白垩统则弄群、少量中—晚侏罗世及晚白垩世火山沉积地层组成（朱弟成等，2012）。中拉萨地体发育有大规模的酸性火山岩、火山碎屑岩及其相关的侵入岩（朱弟成等，2009），早白垩世火山岩的覆盖面积达 2 万 km^2。中拉萨地体的基底主要为新元古代的念青唐古拉岩群，以发育巨厚的大理岩和混合岩为主，另外发育有少量的新元古代蛇绿岩和麻粒岩（胡道功等，2005；张泽明等，2010；张修政等，2013；胡培远等，2016；Hu P Y et al.，2018a），且该地体存在以古元古代物质为特征的古老基底。在念青唐古拉岩群之上，广泛发育埃迪卡拉纪至寒武纪的石英片岩、大理岩夹流纹质火山岩（Hu P Y et al.，2013，2018b）。下古生界总体以浅海相灰岩、页岩沉积为主，整体上连续到上志留统（程立人等，2002）。上古生界主要为一套浅海相碎屑岩和碳酸盐岩，其中发育一套石炭系—二叠系海相砾岩（程立人等，2002；张予杰等，2013）。中生代地层以措勤盆地的中—上侏罗统碳酸盐岩为主（赵兵等，2005）。中拉萨地体侵入体的年代为二叠纪—晚白垩世，其中早白垩世侵入体的规模最大。早白垩世侵入体以则弄群火山岩为代表（康志强等，2008；Chen et al.，2012；贺娟等，2020），东西延伸 1000 km，平均厚度超过 1 km，主要岩石类型为安山岩、英安岩、流纹岩等中酸性火山熔岩，以及英安质、流纹质凝灰岩等火山碎屑岩和火山角砾岩。此外，则弄群火山岩的地球化学性质普遍为准铝质到过铝质，具有锆石 Hf 同位素富集特征，表明其物质来源为古老地壳物质的熔融/再造（Chu et al.，2006；张宏飞等，2007；Zhu et al.，2011a），被认为是班公湖-怒江洋南向俯冲的产物（Zhu et al.，2011a，2016；Cao et al.，2016，2019；冷秋锋等，2022），也有学者认为与新特提斯洋北向俯冲有关（Coulon et al.，1986；Matte et al.，1996）。则弄群火山作用结束后，中拉萨地体又发育了以火山沉积地层为主的多尼组，覆盖在则弄群之上（Sun et al.，2017）。早白垩世花岗岩在中拉萨地体上广泛分布，东部地区包含的花岗岩在地球化学上属于强过铝质 S 型花岗岩；中、西部地区包含 I 型花岗岩和 S 型花岗岩，从 S 型花岗岩到 I 型花岗岩地球化学性质转变，很可能与岩浆中所含不同数量的地幔物质组分有关。前人在那茶淌地区测得的下白垩统花岗岩具有高的 SiO_2、Al_2O_3 和(Na_2O+K_2O)含量，低的 TiO_2 含量，并表现出 I 型准铝—弱过铝质的高钾钙碱性系列特征，花岗岩类锆石 $\varepsilon_{Hf}(t)$ 为较大的负值，表明其岩浆可能来源于古老下地壳物质的重熔，其形成的构造背景与班公湖-怒江洋南向俯冲有关（冷秋锋等，2022）。到晚白垩世，中拉萨地体主要发育陆相红层沉积和中新世火山作用（Sun et al.，2015a；Zhu et al.，2016；Lai et al.，2019a，2019b）。中拉萨地体主要有三期岩浆事件，分别为寒武纪双峰式岩浆岩（510～490 Ma）、晚三叠世—早侏罗世中酸性岩浆岩（230～183 Ma）和晚侏罗世—早白垩世中酸性岩浆岩（Zhu et al.，2011a，2012；Zeng et al.，2022）。

本书研究区域主要位于拉萨地体南部，属于南拉萨地体，即狭义的冈底斯带（Zhu et al.，2011a，2013），岩性以花岗质侵入岩、火山岩和部分同时代的火山沉积岩为主（详见 2.1.2 节）（莫宣学等，2009；Zhu et al.，2013，2015；孟元库等，2022）。中生代—新生代早期岩浆岩的大量锆石 Hf 同位素数据表明，南拉萨地体发育大量的中新生代火成岩。锆石的 Hf 同位素分析结果显示，南拉萨地体以新生的地壳物质为主（Hou et al.，2015a；Mo et al.，2008；Ji et al.，2009a；Zhu et al.，2011a），局部地区可能存在前寒武纪结晶基底。在盖层方面，南拉萨地体还发育有少量的中新生代火山-沉积地层（叶巴组、桑日群）。南拉萨地体上广泛分布中生代—新生代的侵入岩和火山岩，岩石成分种类繁多，但主要为晚三叠世—始新世钙碱性花岗岩类（Chung et al.，2005；Ji et al.，2009a，2009b）、白垩纪—新近纪陆相火山岩（Chung et al.，2005；He et al.，2007）以及零星分布的晚三叠世—早侏罗世弧岩浆岩（Kang et al.，2014）。

最新的 Hf 同位素填图（图 2.2）显示，拉萨地体从北向南呈现出不同的 $\varepsilon_{Hf}(t)$ 分布特征。其中，拉萨地体北部和南部以正的 $\varepsilon_{Hf}(t)$ 为主，反映了新生地壳的特征（亏损的同位素组成）（Zhu et al.，2011a，2023；孟元库等，2022）；而中拉萨地体则以负的 $\varepsilon_{Hf}(t)$ 为主，指示古老地壳或者基底的重熔/深熔作用（Leier et al.，2007a；Zhu et al.，2011a；Chapman and Kapp，2017）。这一特征表明，中拉萨地体可能代表了一个古老的微陆块（张立雪等，2013；Hou et al.，2015a）。

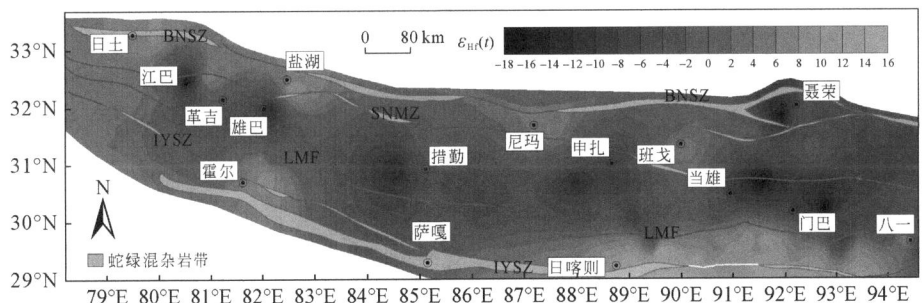

图 2.2 拉萨地体火成岩锆石 Hf 同位素等值线分布示意图（修改自张立雪等，2013；Hou et al.，2015a）

BNSZ-班公湖-怒江缝合带，IYSZ-印度河-雅鲁藏布江缝合带，LMF-洛巴堆-米拉山断裂带，SNMZ-狮泉河-纳木错混杂岩带

此外，拉萨地体发育了浅海相、海陆过渡相和陆相沉积。拉萨地体的主要出露地层为石炭系至古近系，前寒武纪地层的出露极为有限，但 Hu 等（2005）曾有所报道。中拉萨地体与北拉萨地体广泛分布二叠系—石炭系的变质沉积地层以

及侏罗系—白垩系的火山-碎屑沉积地层,此外还零星分布有奥陶系、志留系和三叠系的灰岩。南拉萨地体的沉积盖层分布较为有限,主要由上三叠统—白垩系的硅质岩和碳酸盐岩组成(Zhu et al.,2011a,2011b,2013)。三叠系在拉萨地体南缘广泛出露,下部以灰岩为主,上部则以砂岩夹砂质页岩为主(Yin et al.,1988),记录了拉萨地体从冈瓦纳大陆裂解的过程(Leeder et al.,1988)。侏罗系沉积物包括深水灰岩、砂岩、页岩、泥岩以及局部的玄武岩夹层(Yin et al.,1988)。上侏罗统—下白垩统主要由泥岩、砂岩和局部的砾岩组成,这些沉积物形成于边缘海和沿海平原环境(Leier,2005)。在白垩纪,拉萨地体与羌塘地体的碰撞导致班公湖-怒江洋最终闭合,并引发了拉萨地体的早期地形隆升。此外,作为白垩纪海相地层的主要出露区,南拉萨地体的白垩纪地层中记录了一系列重要的地质事件,如大洋缺氧事件和大洋富氧事件等(Hu X M et al.,2005,2012;Li Y X et al.,2017;席党鹏等,2019)。

2.1.2 南拉萨地体的构造特征及地质概况

南拉萨地体又称为冈底斯带,以新生地壳为主。冈底斯岩浆弧是南拉萨地体的主要组成部分,此外,南拉萨地体还分布有少量的前寒武纪古老基底物质(莫宣学等,2005;Ji et al.,2009a;Zhu et al.,2011a)。冈底斯带是新特提斯洋俯冲和印度-欧亚板块碰撞的产物,为典型的复合型大陆岩浆弧,是研究板块增生、大陆地壳生长再造和碰撞造山的天然实验室。南拉萨地体发育了大规模花岗岩,年代学研究显示,这些岩浆岩主要的形成时代为晚三叠世—晚侏罗世(226~150 Ma)、早白垩世—晚白垩世(100~80 Ma)、古新世—始新世(65~40 Ma)、渐新世—中新世(33~13 Ma)四个时期(Ji et al.,2009a,2009b;Zhu et al.,2013)。

作为南拉萨地体上最主要的地质单元,冈底斯岩浆弧在印度-欧亚板块碰撞之前是一个科迪勒拉型岩浆弧,是新特提斯洋岩石圈北向俯冲到南拉萨地体之下的产物(Wen et al.,2008b;Chapman and Kapp,2017;Zhu et al.,2023)。三叠纪—中新世(240~10 Ma)以来,冈底斯岩浆弧的岩浆活动一直十分活跃。冈底斯岩浆弧的岩浆活动主要分为以下几个期次:185~170 Ma、100~80 Ma、55~45 Ma(Ji et al.,2009a,2009b;Chapman and Kapp,2017;Zhu et al.,2019,2023;Ma et al.,2022)。其中,晚三叠世—晚侏罗世的岩浆岩分布较少,主要岩石类型为花岗岩、辉长岩等,具有轻稀土元素富集,重稀土元素亏损的特征(徐旺春,2010;Dong et al.,2011a;Meng et al.,2016b)。晚三叠世岩浆岩具有弧型岩浆特征,一种观点认为其与新特提斯洋早期俯冲有关(Meng et al.,2016a;Wang B D et al.,2016),另一种观点认为它们是班公湖-怒江洋南向俯冲的产物(潘桂棠等,2006;Zhu et al.,2013)。晚白垩世(95~80 Ma)岩浆岩广泛分布于南拉萨地体的中东段，主要岩石类型为辉长岩、闪长岩、英云闪长岩、花岗闪长岩、二长花岗岩等，而高分异花岗岩和超基性岩鲜有出露，前人研究普遍认为，这些岩浆岩的形成与新特提斯洋的北向俯冲有关（Ma et al.，2013a，2013b；Xu et al.，2015b；Guo et al.，2020），此时印度板块和欧亚板块还没有发生碰撞，属于碰撞前的典型大陆弧岩浆作用（Ma et al.，2013a，2013b；Wang J G et al.，2017b；Wang C et al.，2017；Wang Y F et al.，2019）。古近纪岩浆岩主要分布于拉萨地体南部，以大型花岗岩岩基的形式产出。在古新世—始新世发育了大规模的冈底斯岩浆作用和林子宗群火山岩作用。在印度板块和欧亚板块的碰撞早期（65～41 Ma），发生了印度板块和欧亚板块从接触碰撞到完全碰撞事件，新特提斯洋洋壳在俯冲消减过程中也发生了动力学转变，这个动力学转变过程包含了早期的大洋板片向南回撤或回转和晚期的板片断离消失，这些深部动力学转变过程导致了深部热的软流圈地幔上涌，造成了大规模的岩浆作用（Chung et al.，2005；莫宣学等，2005）。

尽管前人对冈底斯带（南拉萨地体）开展了大量研究工作，并取得了重要的认识和进展，但关于新特提斯洋的形成和演化以及冈底斯带火成岩岩浆源区的属性、精细的成岩过程等方面仍存在激烈的争议（孟元库等，2022）。在大地构造背景方面，拉萨地体及与其密切相关的新特提斯洋和班公湖-怒江洋的形成与构造演化仍然存在异议。关于南拉萨地体地壳生长机制的研究也仍然不足，前人提出了不同的生长模式。例如，有研究认为南拉萨地体可能是在中生代通过岩浆底侵作用和岛弧侧向加积作用形成的（朱弟成等，2009），也有学者提出冈底斯带地壳生长的"弧后增生模式"（Taylor，1967）。此外，关于冈底斯岩浆弧的形成时代也存在两种观点：大部分研究者认为，冈底斯岩浆弧形成于晚三叠世—中侏罗世，是新特提斯洋北向俯冲的产物（Ji et al.，2009a；Meng et al.，2016b；Wang C et al.，2016）；也有学者认为冈底斯岩浆弧形成于早白垩世，晚三叠世—侏罗纪冈底斯带的岩浆活动与新特提斯洋的俯冲无关，此时冈底斯带处于典型的弧后伸展背景，而非活动的大陆边缘环境（Zhu et al.，2011a；宋绍玮等，2014；王程等，2014；Shui et al.，2018）。

此外，部分学者认为冈底斯带弧后地区在早白垩世地形较为平缓，直至印度-欧亚板块碰撞以后才逐渐抬升（Chang et al.，1986；余光明和王成善，1990；钟大赉和丁林，1996），而也有学者认为白垩纪该区已经强烈隆升，类似于现今的安第斯型山脉（England and Searle，1986；Mattauer，1986；Murphy et al.，1997）。目前的研究对晚中生代弧后盆地的挤压变形控制因素的观点也有所不同，一种观点认为是受新特提斯洋板片的北向俯冲所控（Zhang et al.，2004，2007）；另一观点认为是拉萨-羌塘地体碰撞的结果（Murphy et al.，1997；Yin and Harrison，2000；Kapp et al.，2003c，2007b）；还有部分学者认为，弧后盆地的变形与新特提斯洋板片北向俯冲到拉萨地体之下及冈底斯岩浆弧的形成相关。在南北方向的挤压作用下，弧后盆地内部形成大型的滑脱断裂系统，随着滑脱带的剪切滑移，盆地上部的白垩纪地层形成了褶皱构造（马元等，2017）。

2.1.3 冈底斯带的岩石类型及构造特征

南拉萨地体即狭义的冈底斯带，位于印度河-雅鲁藏布江缝合带和洛巴堆-米拉山断裂带之间，主要由中晚三叠世—中新世的复式花岗岩基和同时代的火山-沉积地层组成（叶巴组、雄村组、桑日群等）（Chung et al.，2003；Ji et al.，2009a；Tafti et al.，2014；Kang et al.，2014；Wang J G et al.，2017a；Wang R Q et al.，2019；Wang Y F et al.，2019；Wei et al.，2017，2020；Lang et al.，2018；Liu et al.，2018；Meng et al.，2019a）。花岗质岩石是冈底斯带的主要岩石类型（Ji et al.，2009a；纪伟强，2010；徐旺春，2010），冈底斯带花岗质岩的主体分为俯冲期（>55 Ma）和碰撞期（<45 Ma），而冈底斯岩浆弧主要由侏罗纪—白垩纪的岩体和同时代的火山岩序列、古新世—始新世林子宗群火山沉积地层组成（Ji et al.，2009b；Zhu et al.，2019，2023）。冈底斯带弧后盆地晚侏罗世—晚白垩世主要发育的沉积地层有却桑温泉组（J_3q）、多底沟组（J_3d）、林布宗组（J_3K_1l）、楚木龙组（K_1c）、塔克那组（K_1t）和设兴组（K_2s）。

1. 冈底斯带岩浆岩

冈底斯带主要由中酸性侵入岩和火山岩构成，是新特提斯洋长期俯冲的中生代岩浆作用的产物，而且在印度-欧亚板块碰撞过程中叠加了强烈的新生代岩浆作用，是世界上非常典型的复合型大陆岩浆弧。在大地构造上，冈底斯带紧邻印度河-雅鲁藏布江缝合带，北界为狮泉河-隆格尔-措麦断裂带，主要出露大型岩基和岩株构成的花岗岩带以及大规模同碰撞的中酸性火山岩带（林子宗群火山岩）。晚三叠世—早中侏罗世的岩浆岩在冈底斯带分布较为零星，尤其是晚三叠世的火成岩目前仅在日喀则市的打加错、大竹卡、南木林、曲水，山南市的昌果以及林芝市等少数地区有所报道。冈底斯带晚三叠世—侏罗纪的岩石类型以花岗岩、花岗闪长岩、辉长岩和花岗-闪长杂岩体为主，它们的地球化学特征较为相似，普遍表现为典型的富集轻稀土元素，亏损重稀土元素，富集大离子亲石元素，亏损 Nb、Ta、Zr、P 和 Ti 等高场强元素（纪伟强等，2009；徐旺春，2010）。对于其成因，不同的学者持有不同的观点，部分学者认为与冈底斯带在早白垩世以前的岩浆作用和班公湖-怒江洋的演化有关，形成于弧后伸展环境（耿全如等，2006；宋绍玮等，2014），而其他学者认为该时期的岩浆作用是新特提斯洋向拉萨地体北向俯冲的产物（张宏飞等，2007；纪伟强等，2009；邱检生等，2015）。此外，少部分学者认为与冈底斯带地区晚三叠世—早侏罗世的岩浆作用和古特提斯松多洋板片的俯冲（李奋其等，2012）或者后撤、断离有关（董昕和张泽明，2013）。

南拉萨地体在晚白垩世经历了大规模的岩浆作用，这个时期同时也是新特提斯洋板片向欧亚板块俯冲消减时期，对该岩浆作用的研究有助于了解新特提斯洋板片俯冲的演化过程。晚白垩世岩浆岩分布在米林、朗县、泽当、曲水、大竹卡、南木林等地区，该期岩浆岩类型复杂多样但都属于幔源，这些幔源岩浆岩主要分为两种类型：正常的弧岩浆岩和埃达克质岩石（Ma et al.，2013a，2013b；Xu et al.，2015b）。目前对晚白垩世岩浆作用的动力成因机制也存在较多争议。Ma 等（2013b）在米林地区发现了晚白垩世埃达克质岩石，并将其成因归于新特提斯洋板片发生回转而引发软流圈上涌的结果；Wen 等（2008a，2008b）在里龙-朗县地区发现了晚白垩世埃达克质含绿帘石花岗闪长岩，并将其成因解释为由新特提斯洋板片的平板俯冲作用所引起；Zhang 等（2010）在里龙-米林地区发现了晚白垩世埃达克质紫苏花岗岩，将其解释为新特提斯洋洋脊俯冲的结果。这些争议反映了晚白垩世岩浆活动的成因机制仍然是一个复杂且有争议的问题，并且对这一时期岩浆活动的研究仍显得较为薄弱，需要进一步的研究证实。

白垩纪—古近纪花岗岩类在冈底斯岩基中广泛分布，为冈底斯带中的主体（纪伟强等，2009；徐旺春，2010；马林，2013）。其岩体规模巨大，多呈现岩基或者大型岩株产出，以复式岩基分布为主。在冈底斯带内最大的复式岩体为曲水岩基，该岩基展布于印度河-雅鲁藏布江缝合带北侧的南木林-尼木-曲水一带，主要侵位于中生代的火山沉积地层中。前人对曲水岩基开展了很多研究工作，结果表明曲水岩基形成时代主要为 53~47 Ma（纪伟强等，2009；莫宣学等，2009；马绪宣等，2021），与冈底斯带中广泛分布的林子宗群火山岩年龄相近，是印度-欧亚板块碰撞事件的岩浆产物。曲水岩基的岩性以花岗闪长岩、石英闪长岩、二长花岗岩以及正长花岗岩等为主。从谢通门到曲水岩基以西的地区，花岗岩类中普遍分布有镁铁质包体，Mo 等（2005）和 Dong 等（2005）对这些包体进行了详细的地质年代学和地球化学研究，结果表明岩浆底侵作用与花岗岩的成因具有密切的关系（镁铁质包体和花岗岩类时代相同）。在冈底斯带东段，波密县察隅地区也发育有大量的白垩纪—古近纪的花岗岩类侵入体，主要由闪长岩、石英闪长岩、英云闪长岩、花岗闪长岩、二长花岗岩、正长花岗岩等组成，此外也分布有少量的中新世侵入体，主要岩性为石英二长岩、石英二长闪长岩等（莫宣学等，2009）。

始新世侵入岩将白垩世侵入岩又分为了东南和西北两部分，该地区的主要岩石组成为花岗岩和闪长岩。通过 U-Pb 年代学测试结果表明，这些侵入岩的形成年代主要集中在 54~47 Ma（Wen et al.，2008b；Ji et al.，2009a；林蕾，2019）。前人研究认为，该侵入岩的形成与印度-欧亚板块碰撞后俯冲新特提斯洋板片与印度陆壳的断离作用有关（Wen et al.，2008b；Ji et al.，2009a；林蕾，2019）。晚渐新世—中新世侵入岩主要分为两类，一类是钾质—超钾质火山岩（Zhao et al.，2009；Liu et al.，2017），另一类是埃达克质火山岩（Chung et al.，2003；Hou et al.，2004；Qu et al.，2004）。埃达克质火山岩在区域上分布十分广泛，西起狮泉河东到林芝地区，岩性主要是闪长岩、花岗闪长岩和花岗岩（Hou et al.，2004；Yang et al.，2015），并且通常以岩墙或岩脉的形式侵入到其他岩层中。年代学测试结果表明，埃达克质侵入岩的形成时代主要为33～13 Ma，岩浆作用的活跃期为中新世，约18 Ma（Hou et al.，2004）。对于埃达克质火山岩的成因主要包括以下几种观点：①基性幔源岩浆与加厚的镁铁质下地壳部分熔融形成不均匀混合（Hou et al.，2004；林蕾等，2018）；②大洋岩石圈板片的部分熔融形成（Qu et al.，2004；Hu et al.，2015；Hu Y et al.，2017）；③该期的包体为粗玄质，可能是富集的岩石圈地幔的部分熔融形成（Gao et al.，2007）；④印度板块下地壳的部分熔融形成，熔融产生的岩浆在上升过程中加入了富集地幔和拉萨下地壳成分（Xu et al.，2010）。

除了大规模分布的白垩纪和古近纪岩体，在冈底斯带谢通门-尼木-曲水-墨竹工卡一带广泛分布有规模较小的花岗岩体及花岗斑岩体。这些岩体的主要侵位时期为中新世早中期，时代集中在20～10 Ma，现已经发现的大规模铜多金属矿产资源和这些花岗斑岩体具有密切的关系。侯增谦等（2003）、侯增谦和王二七（2008）、Chung等（2003）、Hou等（2004）、陈希节等（2014）和孟元库等（2018b）对中新世的花岗斑岩体进行了岩石学、地球化学分析，研究结果显示这些中新世的斑岩体具有埃达克质岩石特征。关于该时期岩浆的成因，Wang等（2015）进行了综述，认为该时期岩浆作用与板片断离引起的上地幔软流圈物质上涌有关。通过^{187}Re-^{187}Os等时线，确定了成矿年龄为16.0～13.5 Ma，证明了冈底斯带中新世的花岗岩和花岗斑岩与成矿具有密切的关系，并且具有同时性的特点（Wang et al.，2015）。林子宗群火山岩在冈底斯带沿巨型区域不整合面展布达1500 km以上。整个林子宗群火山岩厚度超过5000 m，从上到下可以分为三个组：帕那组（2200 m）、年波组（700 m）、典中组（2400 m）。林子宗群火山岩形成于古近纪，林周盆地林子宗群火山岩的同位素测年（^{40}Ar-^{39}Ar测年）结果显示其年龄为65～40 Ma。其中典中组为65～60 Ma，年波组为60～50 Ma，帕那组为50～40 Ma（莫宣学等，2009）。林子宗群火山岩形成于俯冲到碰撞的转换时期。此外冈底斯带还分布有部分钾质—超钾质火山岩类，沿狮泉河、邦巴-雄巴、扎布耶茶卡、贡木潭、当日雍错-许如错、打加错、南木林的乌郁盆地、羊八井-羊应地热区、麻江一线分布，其形成时代由西向东逐渐年轻（25 Ma到10 Ma）（赵志丹等，2006；莫宣学等，2009；莫宣学，2011）。

2. 冈底斯带的火山-沉积岩

叶巴组火山岩主要分布于拉萨地体东部的拉萨-墨竹工卡-工布江达一带,由浅海相钙碱性火山岩组合夹变质砂板岩组成,火山岩主要为浅变质玄武岩、玄武质熔结凝灰岩、英安岩、酸性凝灰岩及火山角砾岩等。叶巴组大致可划分为3个岩性段,一段以含火山角砾岩、火山集块岩为特征;二段以中酸性安山岩、英安岩、流纹岩、晶屑岩屑凝灰岩为主;三段则由沉凝灰岩、变质砂岩、粉砂岩及硅质岩、板岩、结晶灰岩组成(王全海等,2002;耿全如等,2005;黄丰等,2015)。

雄村组是一套火山-沉积岩,岩性以安山岩、英安岩为主,可分为三个岩性段,下段主要由长英质及安山质火山集块岩和火山角砾岩组成,含薄层凝灰岩和砂岩;中段主要由中细粒安山质凝灰岩、少量玄武质凝灰岩和砂岩夹层组成;上段主要由砂岩、粉砂岩、碳质板岩、灰岩和凝灰岩夹层组成(何青等,2023)。锆石U-Pb定年结果显示,雄村组形成于早侏罗世(195~176 Ma),并且显示出典型的弧状地球化学特征,富含大离子亲石元素(Lang et al.,2019)。

桑日群主要分布在拉萨地体南缘,紧贴印度河-雅鲁藏布缝合带北侧,呈东西向带状展布。桑日群大致可划分出12个以上的韵律层,主要由灰白色角砾状灰岩、条带状泥质灰岩、泥灰岩、砂岩夹安山岩、火山角砾岩等组成。其中,角砾状灰岩由大小不等的灰岩砾块堆积而成,砾块一般为3~4 cm,大者可达1 m,无分选性,杂基支撑;砾块由含浅水生物的礁块灰岩和少量泥灰岩、砂岩组成(黄丰等,2015)。桑日群可分为下部麻木下组与上部比马组。麻木下组主要为一套安山质与英安质熔岩夹板岩、粉砂岩及灰岩;其中,火山岩多具有埃达克质特征,喷发于早白垩世(约137 Ma)(Zhu et al.,2009a)。比马组火山岩的岩石组合呈现出典型的岛弧火山岩特征,以安山岩最为常见,伴有玄武岩、玄武安山岩及少量酸性火山碎屑岩。比马组岩性变化不大,东西向延伸较稳定,其划分标志为灰白色大理岩。与麻木下组不同的是,比马组火山岩的喷发时代目前尚有争议。魏友卿(2017)综合现有报道,发现比马组火山岩的跨度可能早至中三叠世(约245 Ma),晚至晚白垩世(约91 Ma);并且有中—晚三叠世(237~211 Ma)(Wang C et al.,2016)和早侏罗世(195~189 Ma)(Kang et al.,2014)的喷发年代报道。另外,Wang C等(2017)最新报道了雅鲁藏布江北岸贡嘎县昌果地区比马组内一套早白垩世双峰式火山岩组合(137~130 Ma)。以上研究表明桑日群火山岩喷发时代跨度非常大,组成成分复杂,可能由新特提斯洋多期俯冲形成的岛弧-盆岩浆活动叠加而成(魏友卿,2017)。

却桑温泉组以陆源碎屑岩占绝对优势,且碎屑岩的岩石类型丰富多样,包括灰—浅灰色中厚层细粒石英砂岩、岩屑石英砂岩、长石岩屑砂岩、细粒岩屑砂岩、含生物碎屑细粒石英岩屑砂岩、细砂岩、粉砂岩夹黏土岩、钙质泥岩、页岩及少量的含砾砂岩。砂岩普遍发育平行层理，有时见水平层理、微砂纹层理、低角度交错层理、微角度斜层理、正粒序层理。其中，黏土岩、钙质泥岩、页岩的共同特点均具水平层理，反映形成于静水环境。在砂岩的底层面，即黏土岩的顶层面上有时可见凹凸不平的冲刷构造，在其面上可见芝麻大小的砂石（周豫，2021）。从沉积层序的变化来看，却桑温泉组下部为细粒级的各类砂岩夹黏土岩，向上逐渐递变为互层状的细砂岩和粉砂岩，中上部为粉砂岩夹细砂岩及少量的钙质泥岩、页岩，局部地段偶夹含砾砂岩，总体反映其整个岩石层序具有向上变细的特点，表明沉积水体经历了一个由浅入深的演化过程（周豫，2021）。

林布宗组正层型剖面位于拉萨市北郊林布宗，主要岩性为灰色砂岩、板岩、碳质板岩（魏友卿，2017）。从层序上看，林布宗组底部主要为紫红色、灰绿色薄—中层泥质粉砂岩、深灰色中—厚层粗粒岩屑石英砂岩、灰黑色薄层砂质板岩及薄层凝灰岩；顶部主要为灰黑色中—厚层细粒石英砂岩夹浅灰黑色薄层泥质粉砂岩。林布宗组整体野外露头条件较好，其中石英砂岩发育水平层理、板状交错层理、槽状层理等，局部可见构造劈理化（李成志，2020）。

楚木龙组的岩石组合主要为一套灰色薄层泥质粉砂岩、灰—灰白色中厚层石英砂岩、灰白色复成分砾岩、杂砂岩等。地层顶部主要为灰红色、灰色长石石英砂岩夹泥质粉砂岩；地层上部主要为灰红色中—薄层（石英）杂砂岩夹不等厚薄层泥质粉砂岩以及灰白色、灰色中—厚层中粒石英砂岩；地层中部主要为薄层粉砂岩与薄层石英砂岩不等厚互层，以及灰色薄层粉砂岩；地层下部主要为一套深灰—灰黑色中薄层粉砂岩；地层底部以黄灰—灰绿色中层含砾粗砂岩、粗砂岩、灰黄色厚层砾岩为主。楚木龙组地层底部可见交错层理、粒序层理、平行层理等沉积构造（苏鑫，2020）。

塔克那组自下而上可划分为四个岩性段（刘航宇等，2022）。塔一段：由泥晶灰岩、泥页岩、生物碎屑砂岩组成，整体呈灰绿色，呈层理状，或显示常见的水平—近水平的穴道。塔二段：整体岩性以相对单一的深灰色泥灰岩为主，偶夹灰岩薄层，化石多为有孔虫类、棘皮类等，陆源碎屑颗粒很少。塔三段：灰绿色含粉砂纹层的生物扰动泥岩层，常与含鲕粒、双壳类或内碎屑的生物灰岩互层。石英和火山岩碎屑通常出现在灰岩中。塔四段：主要由泥岩组成，向上颜色变得斑驳，顶部为紫红色，其中夹多套薄层粉砂岩，可见小型的交错层理或水流波纹，该单元顶部的大块红色泥岩含有丰富的碳酸盐结核。

设兴组以突然出现的块状砂岩作为突变的地层边界（Wang et al.，2020）。前人研究将设兴组分为四个层段。设兴组下段：突现块状砂岩，下段厚约 900 m，上部受褶皱和断层变形的强烈影响，记录向上变细的序列。下段下部砂岩层一般厚 1~2 m，中粒结构，底部冲刷面常被改造的泥岩和碳酸盐结核组成的层内砾岩所覆盖；下段上部的砂岩为薄至厚层状（0.1~1 m），横向不连续，细粒结构，通常覆盖在被轻度侵蚀的基底上，可见槽状交错层理、平行纹层，局部有波纹层。覆盖在砂岩层上的红色泥岩含有碳酸盐结核，通常向上渐变为具有近垂直洞穴的绿色泥岩。设兴组中段：该层厚约 950 m，主要由红色黏性泥岩和粉砂岩组成，含少量砂岩、泥灰岩和石灰岩。碳酸盐结核仅出现在该段的中部，常见极细至细粒、中厚层至厚层（10~50 cm）砂岩。在该段的底部和上部出现薄至厚层的石灰岩以及灰色块状粉砂质泥灰岩。灰岩通常是重结晶或白云石化的，并且大多含有介形虫类化石。设兴组上段：该单元主要由块状砂岩夹红色泥岩组成。砂岩通常为中粒结构，并发育有交错层理。在该段顶部可观察到灰色粉砂质泥灰岩和生物碎屑灰岩。设兴组顶段：岩性多为厚层状（0.5~10 m）粗粒至含砾砂岩，显示微弱的槽纹；薄层状、细粒、平行层状或波纹状的红色砂岩和粉砂岩很少。棱角状至次圆状且分选不良的砾石包括红色泥岩或粉砂岩、石英砂岩、石英岩和火山岩（Wang et al.，2020）。

2.2 冈底斯带弧后盆地的发育特征

拉萨地体上白垩纪的沉积盆地主要形成于两种构造背景，第一种是拉萨地体南缘的日喀则弧前盆地，另一种是位于中—北拉萨地体上，冈底斯岩浆弧北侧的弧后盆地。在冈底斯岩浆弧的南侧，日喀则弧前盆地的沉积序列由两部分组成：下部为覆盖在日喀则蛇绿岩之上的致密的上阿普特阶放射虫燧石层段，上部为自阿尔布期开始快速堆积的浊积岩沉积，随后是三角洲和河流沉积（Wang C et al.，2012；Wang J G et al.，2017b；Orme et al.，2015）。冈底斯岩浆弧以北，白垩纪地层在不同区域出露，如改则盆地、措勤盆地、尼玛盆地、色林错盆地、当雄盆地和林周盆地（图 2.3）。这些沉积盆地都是建立在早白垩世火山岩之上，并被含有孔虫的灰岩和河流/冲积碎屑岩充填（Zhang et al.，2004；Zhang Q et al.，2011；Leier et al.，2007a；Sun et al.，2015a，2017）。

在革吉-班戈一带（以措勤盆地和色林错盆地为代表），自下而上沉积多尼组、郎山组和竟柱山组。措勤盆地位于南拉萨地体，盆地南邻冈底斯岩浆弧，北临改则-色林错断裂带。盆地内广泛出露白垩系，自下而上依次为则弄群火山岩、多尼组碎屑岩、郎山组灰岩和达雄组砂—砾岩等。在盆地南侧郭龙剖面，下白垩统多尼组整合于则弄群火山岩之上，岩石组成为以火山岩屑为主的细砾岩和砂岩夹粉砂岩、页岩和灰岩；而在盆地北侧祝康剖面和夏龙剖面中，多尼组主要为结构和成分成熟度较高的石英砂岩夹粉砂岩和页岩。沉积环境分析结果显示，北侧多尼组沉积于滨—浅海和大陆架环境，而南侧多尼组沉积于海陆过渡相的三角洲环境。

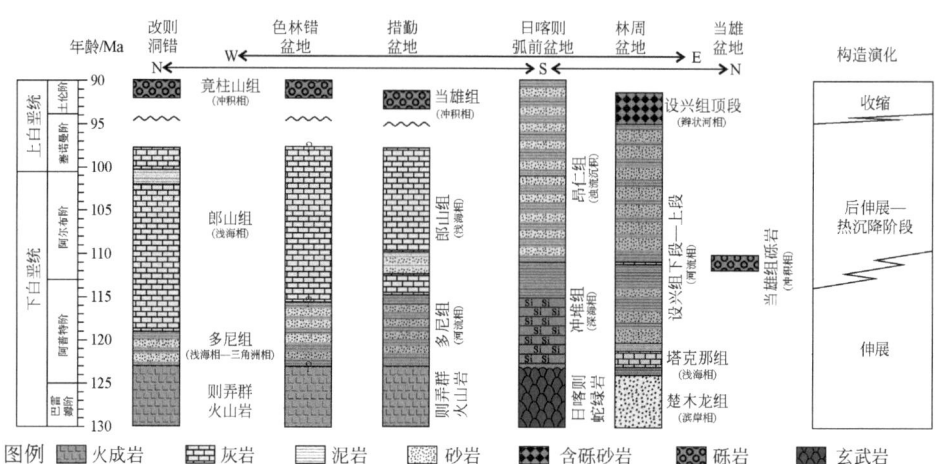

图 2.3　拉萨地体白垩纪盆地地层与岩相对比图解（修改自 Wang et al.，2020）

尼玛盆地内上白垩统竟柱山组、古新统—始新统牛堡组和渐新统丁青湖组均有出露，盆地边界被近东西走向的断裂控制，且断层活动表现出多期次不同性质的特点（DeCelles et al.，2007；Kapp et al.，2007a）。竟柱山组为冲积和河流相红、灰紫色砾岩、砂岩、粉砂岩，局部夹泥灰岩，产双壳类、圆笠虫等化石。该组地层不整合于下白垩统郎山组之上；并被上覆牛堡组呈角度不整合覆盖。牛堡组主要由冲积、河流及三角洲—湖泊相红色、土黄色砾岩、砂岩、粉砂岩和深色泥质岩、碳酸盐岩组成。丁青湖组主要由河流—三角洲—湖泊相砂泥岩及页岩、灰岩组成。

拉萨地体中部，拉萨-林周一带（以林周盆地为代表），自下而上发育林布宗组、楚木龙组、塔克那组和设兴组（Wang et al.，2020）（图 2.4）。林周盆地的白垩纪地层记录了从浅海相碳酸盐岩（塔克那组）到陆相红色碎屑岩（设兴组）的过渡。这种变化曾被解释为与拉萨-羌塘地体碰撞有关的周缘前陆盆地演化的一部分，或是与新特提斯洋板片俯冲相关的扩张型弧后盆地的一部分，或更近的冈底斯带弧后盆地的一部分（Leier et al.，2007a）。林布宗组与下伏多底沟组灰岩呈平行不整合接触，与上覆楚木龙组呈整合接触。林布宗组岩性以灰黑色砂岩、泥岩为主，含煤层，产植物、菊石、双壳类等化石，孢粉和植物大化石时代为早白垩世贝里阿斯期—瓦兰今期（杨德明等，2009；邓胜徽等，2012；杨小菊和李建国，2016；Lin and Li，2020）。楚木龙组以杂色砂岩、泥岩为主，含植物、双壳类、腹足类等化石，其中孢粉时代为早白垩世欧特里夫期（Lin and Li，2020）。塔克那组与下伏楚木龙组和上覆设兴组均为整合接触。塔克那组为一套以灰岩及砂岩、泥页岩为主的地层，产双壳类、圆笠虫、菊石、海胆、腹足类等化石。万晓樵等（2003）通过对塔克那组中部底栖大有孔虫的研究，将其时代限定为阿普特期—阿尔布期；BouDagher-Fadel 等（2017）进一步将底栖大有孔虫的时代确定为阿普特期早期；陈贝贝（2017）在该组上部的砂岩中获得了 95 Ma 的最年轻的碎屑锆石，指示其时代可延伸至塞诺曼期。设兴组为一套杂色碎屑为主的沉积岩，夹中酸性火山岩，该组双壳类的时代为塞诺曼期晚期至马斯特里赫特期（苟宗海，1985），火山岩的同位素年龄分别存在 90.6 Ma（李晓雄等，2015）和 69.75～73.75 Ma（Sun et al.，2012；Cao et al.，2017）两组数据。

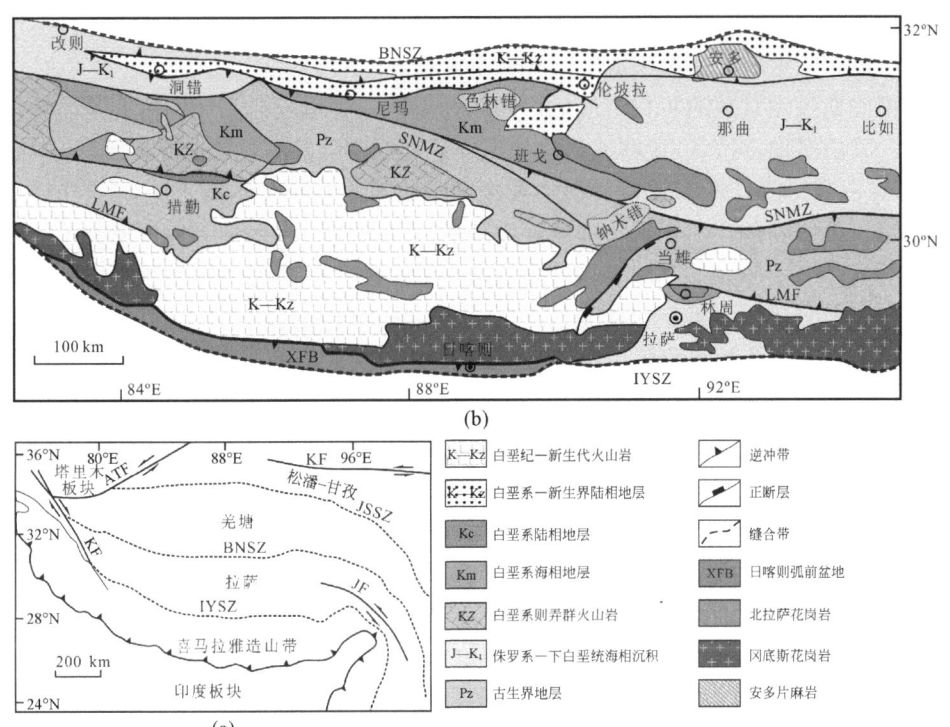

图 2.4　青藏高原大地构造格架（a）及林周盆地地质简图（b）（修改自 Wang et al.，2020）

ATF-阿尔金断裂带，BNSZ-班公湖-怒江缝合带，IYSZ-印度河-雅鲁藏布江缝合带，JF-嘉黎断裂带，JSSZ-金沙江缝合带，KF-喀喇昆仑断裂带，LMF-洛巴堆-米拉山断裂带，SNMZ-狮泉河-纳木错混杂岩带

藏南早白垩世古地理主要受羌塘地体与拉萨地体的碰撞和/或新特提斯洋板片北向俯冲到拉萨地体之下的控制（Murphy et al.，1997；Kapp et al.，2007a）。因此白垩纪拉萨地体沉积盆地的构造属性一直存在争论。通过对措勤盆地白垩纪地层的详细野外地质研究，并结合盆地内多尼组—郎山组的沉积过程、地层演化趋势及物源区的研究，孙高远（2015）综合分析后提出，早白垩世措勤盆地的构造演化可能存在两种模式：一是受南侧新特提斯洋板片北向俯冲作用的影响，在

拉萨地体中—北部发育弧背前陆盆地模式。在该模式下，则弄群火山岩是可能的岩浆弧，而措勤盆地则位于前隆朝向前渊的过渡带位置，从而沉积了以则弄群火山岩为主要源区的多尼组，之后受海平面变化的影响郎山组灰岩开始沉积；另一种构造模式是受南向俯冲的班公湖-怒江洋洋壳的影响，在拉萨地体中—北部发育则弄群岩浆弧，而多尼组—郎山组为该弧间盆地的沉积产物。在此背景下郎山组灰岩的形成可能受到动力沉降和海平面变化的控制。晚白垩世，措勤盆地仅在南侧有沉积地层出露，主要受到区域敖古拉断裂带的活动影响，在其下盘由于冲断负载引起挠曲沉降，形成沉积空间，从而接受来自冲断带上盘物质的快速搬运沉积，构成达雄组的陆相沉积地层，即属于前陆盆地的构造属性。

冈底斯弧后盆地的古构造演化可归纳为以下三种情况：第一种情况是，晚侏罗世—早白垩世，拉萨-羌塘地体碰撞形成了周缘前陆盆地（Leeder et al.，1988；Murphy et al.，1997），其陆源碎屑主要来源于北部的羌塘地体和班公湖-怒江缝合带。第二种情况是，由于新特提斯洋板片的俯冲作用，在南拉萨地体形成了一个弧后盆地（Leier et al.，2007a；Kapp et al.，2007a），其陆源碎屑物质主要来自南部的冈底斯岩浆弧。第三种情况是，由于新特提斯洋板片的俯冲折返作用，南拉萨地体上发育一个拉张型弧后盆地（Zhang，2000；Zhang et al.，2004），弧后地区广泛沉积灰岩。此外，张佳伟（2018）对林周盆地内设兴组的砂岩骨架颗粒分析表明，其特征与弧后前陆盆地沉积物十分接近，表明设兴组沉积于弧后前陆盆地背景。该组地层整体呈现向上变粗的特征，砂岩厚度逐渐增加，砂泥比也逐渐增大，这些特征均为弧后前陆盆地的地层典型表现（Willis，1993）。同时，碎屑沉积物的时空分布与前陆盆地一致，沉降曲线呈现上凸特征（Leier et al.，2007a），古水流方向的分析也支持这一观点。根据古应力场分析，设兴组褶皱地层上覆的林子宗群明确记录了晚白垩世冈底斯带弧后地区地壳短缩增厚的过程。这种褶皱和断裂的前陆盆地地层特征几乎出现在所有弧后前陆盆地系统中，进一步证实了该地区经历了典型的弧后前陆盆地演化过程。

2.2.1 冈底斯带弧后盆地火山-沉积地层的发育特征及形成环境

在藏南冈底斯岩浆弧北侧，发育了一个由白垩系碳酸盐岩—碎屑岩组成的弧后盆地，该盆地与其上覆地层林子宗群火山岩呈角度不整合接触（马元等，2017）。这个弧后盆地长约 2000 km，宽 600～700 km，经历过强烈的变形构造作用，盆地基底为叶巴组火山岩（Zhu et al.，2011a）。盆地内自上而下出露上中生界设兴组、楚木龙组、塔克那组、林布宗组、却桑温泉组、多底沟组海相地层。其中设兴组顶部红层砂岩为河流相沉积，年代学数据显示设兴组顶部砂岩年龄为 90 Ma（Kapp et al.，2007b）。弧后盆地下白垩统的显著特征为由自上而下的陆相—海陆交互相变为海相碳酸盐岩沉积（张开均等，2003）。砂岩组分研究结果表明，早白垩世早期弧后盆地的碎屑物质物源区主要为北侧中拉萨地体，而后逐渐被南侧冈底斯岩浆弧所控制，这一时期冈底斯带南缘的构造环境处于西太平洋型的活动大陆边缘环境（张开均等，2003；井天景，2014；马元等，2017；邢莉圆等，2020）。弧后盆地的构造活动非常活跃，经历了多期次的伸展与压缩变形活动，这一过程反映了该区域复杂的构造背景与演化历史。

本书以弧后盆地晚中生代沉积岩为主要研究对象，其研究现状如下所述。

却桑温泉组在1984年由王乃文命名。却桑温泉组是不整合覆于查曲浦组火山岩之上，整合伏于多底沟组灰岩之下的由灰—灰褐色页岩、砂岩互层组成的一套地层，产双壳类、腹足类及植物化石碎片（夏代祥和刘世坤，1997）。根据却桑温泉组超覆于三叠系岩体之上的这一证据，余光明和王成善（1990）认为却桑温泉组可能存在燕山运动导致的沉积间断。此外，却桑温泉组代表了三叠纪之后的第一次明显海侵，反映的活动构造背景为弧内断陷盆地。却桑温泉组的主要岩石类型包括细粒石英砂岩、长石岩屑砂岩、岩屑石英砂岩、细砂岩、粉砂岩、页岩等。由于却桑温泉组露头较少且分布零星，主要出露于拉萨市却桑村附近，该组地层现有研究资料较为匮乏，缺少明确的地层时代约束，且物源特征尚不明晰。

多底沟组在1961年由西藏地质局谌义睿命名，是整合伏于林布宗组砂板岩夹煤层的岩石地层之下且逆冲覆盖于叶巴组之上的一套碳酸盐岩地层，产植物化石及双壳类、腹足类化石（夏代祥和刘世坤，1997），出露厚度496~1741 m。余光明和王成善（1990）认为多底沟组（碳酸盐岩沉积）的沉积类型为正常盐度下的局限海湾沉积。多底沟组的主要岩石类型为中厚层灰岩、含生物碎屑灰岩、大理岩夹板岩等，地层出露较为零星。前人研究多注重于构造解析与控矿规律（Zheng et al.，2016），而对于多底沟组沉积岩的物源区与沉积时代研究则较为薄弱。

林布宗组由罗中舒在1973年创名于拉萨市以北林布宗，与下伏地层多底沟组灰岩及上覆地层楚木龙组砂岩均呈整合接触（夏代祥和刘世坤，1997），产植物、菊石、双壳类化石。林布宗组的主要岩石类型为石英砂岩、粉砂岩、灰黑色页岩，局部地区夹泥灰岩与绢云母英安岩，有些地区有薄的煤层与凝灰质砂岩夹层（图2.5），出露厚度在196~1741 m变化。余光明和王成善（1990）认为林布宗组为一套滨岸—滨岸沼泽—浅海大陆架沉积，在水体能量不高的沉积环境下形成，属海侵层序。

楚木龙组由罗中舒于1973年命名，与下伏地层林布宗组砂岩和板岩互层及上覆地层塔克那组灰岩均呈整合接触。楚木龙组的主要岩石类型包括中细粒石英砂岩、岩屑砂岩、粉砂岩和页岩，此外还包含板岩、砾岩、灰岩及少量粉砂质泥岩（图2.5）。余光明和王成善（1990）认为，楚木龙组是一套滨海环境沉积的产物，其沉积环境主要为滨海相。

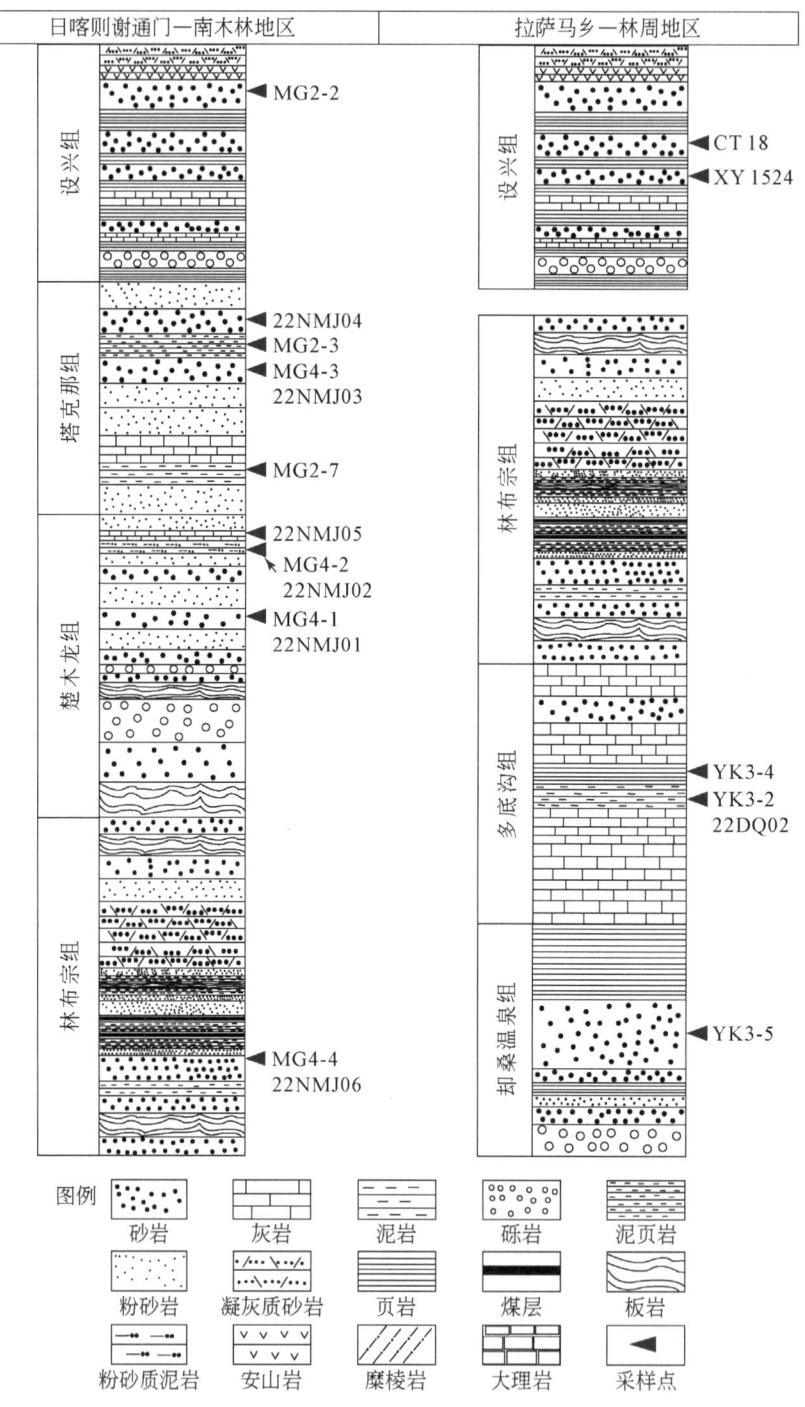

图 2.5　冈底斯带弧后地区白垩纪地层柱状图

塔克那组与其上覆地层设兴组火山岩及下伏地层楚木龙组页岩呈整合接触。地层中化石种类丰富，包含双壳类、腹足类及棘皮类等化石（夏代祥和刘世坤，1997）。塔克那组的主要岩石类型包括砾岩、含砾砂岩、中细粒砂岩、粉砂岩及灰绿色泥页岩，次要岩石类型为泥岩和灰岩（图 2.5）。余光明和王成善（1990）认为，塔克那组为一套海岸—海岸三角洲—浅海环境的沉积体系，其中灰绿色泥页岩为浅海环境沉积，粉砂质泥岩、粉砂岩和中细粒石英砂岩则为海岸近滨带沉积，整体形成于较为活动的构造背景之下。塔克那组主要由含早白垩世（123～119.5 Ma）有孔虫组合的潟湖碳酸盐岩和泥岩组成。林周盆地的沉降分析表明，在塔克那组至设兴组中部地层（125～108 Ma）沉积期间，沉降和沉积速率显著加快，而在设兴组上部地层沉积期间（108～96 Ma），沉降趋于稳定。

设兴组由王乃文于 1984 年命名，含腹足类化石，与下伏地层塔克那组呈整合接触，与上覆地层林子宗群（古近系）呈不整合接触。地层分界的标志为陆相红色碎屑岩的出现或下伏塔克那组海相灰岩夹层的消失（夏代祥和刘世坤，1997）。设兴组沉积构造发育（刘训等，1990），沉积环境为海陆交互相，其中底部砂岩为海相沉积，顶部砂岩通常为混合坪沉积（余光明和王成善，1990）。设兴组的主要岩石类型包括复成分砾岩、细砂岩、长石岩屑砂岩等，同时还含有少量的页岩、安山岩及凝灰质砂岩（图 2.5）。设兴组与上覆地层的不整合接触指示了一次重要的构造事件。根据岩性的变化，设兴组整体可划分为四段：下部砂泥岩段（河流相）、中部泥灰岩段（海岸平原相）、上部砂泥岩段（河流相）及顶部碎屑岩段（辫状河相）（Leier et al.，2007c）。相应地，不同段岩层的物源也有所差异。楚木龙组与设兴组中下部的碎屑物源主要来自北拉萨地体，而设兴组上部的碎屑物源则以冈底斯岩浆弧为主，少量物质来自北拉萨地体；顶部砂岩碎屑物则主要来源于北拉萨地体的再循环物质，少量来自冈底斯岩浆弧（Wang et al.，2020；胡修棉等，2021）。设兴组沉积期间物源的变化反映了晚白垩世北拉萨地体的隆升以及冈底斯岩浆弧的构造垮塌或剥蚀殆尽。林周盆地的构造沉降分析表明，在白垩纪该地区经历了四个沉降阶段：楚木龙组的慢速稳定沉降阶段、塔克那组至设兴组中部的快速沉降阶段、设兴组上部的中速沉降阶段以及设兴组顶部的构造抬升阶段（胡修棉等，2021）。其中，塔克那组至设兴组中部的快速沉降及相应的沉积记录表明，林周盆地此时处于区域拉张环境；设兴组上部的中速沉降则标志着伸展作用的结束；而设兴组顶部岩性的变化及粗碎屑岩的沉积则反映出林周盆地在晚白垩世经历了区域挤压作用（胡修棉等，2021）。

2.2.2　冈底斯带弧后盆地不同火山-沉积地层的时间约束

冈底斯带弧后盆地沉积岩由老到新分别为却桑温泉组、多底沟组、林布宗组、楚木龙组、塔克那组、设兴组。各组地层的年代学研究现状如下。

却桑温泉组由于零星出露和标准化石缺失，其沉积时代的约束较差。根据却桑温泉组的生物地层学和化石组成，王乃文等（1983）和谢尧武等（2005）认为该地层沉积于晚侏罗世。周豫（2021）对拉萨市堆龙德庆区德庆镇却桑温泉组碎屑锆石开展了定年分析工作，得到最年轻的碎屑锆石年龄为169 Ma，5颗最年轻锆石的加权平均计算年龄为173.5 Ma，因此他将却桑温泉组的沉积时代厘定为中侏罗世阿林期（约174 Ma），而非晚侏罗世。根据碎屑锆石年龄曲线的分布特征，周豫（2021）推测德庆地区却桑温泉组沉积岩的主要源区为中拉萨地体的唐加-松多造山带。此外，基于一颗中侏罗世碎屑锆石的定年结果和古生物化石特点，周豫等（2023）认为德庆地区却桑温泉组开始沉积于中侏罗世（169 Ma）。然而，前人研究已经证明，一颗碎屑锆石的年龄并不能约束沉积地层的最大沉积时代（Cawood et al.，2012；Meng et al.，2019b），因此该年龄可能并不能代表却桑温泉组的沉积时代。林妙琴（2020）在邱桑剖面多底沟组识别出的 *Cyathuidites-Classpollis* 孢粉组合中，孢粉化石共计14属，其中苔藓、蕨类植物的孢子占绝对优势地位。*Cyathuidites-Classpollis* 孢粉组合是当前拉萨地体剖面研究中已知的最古老的孢粉组合，该组合的时代为中—晚侏罗世（张望平，1995；宋之琛等，2000），考虑到王乃文等（1983）在低于邱桑剖面多底沟组孢粉样品的层位中报道了晚侏罗世的有孔虫和藻类化石，因此林妙琴（2020）认为 *Cyathuidites-Classpollis* 孢粉组合时代可能为晚侏罗世。

拉萨地体上侏罗统—下白垩统划分对比存在分歧，且主要集中在林布宗组的沉积时代问题。西藏自治区地质矿产勘查开发局将其时代置于晚侏罗世提塘期—早白垩世瓦兰今期。李佩娟（1982）、陈芬和杨关秀（1983）认为林布宗组的沉积时代为早白垩世，其与西藏昌都地区多尼组完全相当。王乃文等（1983）根据林布宗组下部的菊石和双壳类化石，则认为林布宗组含有晚侏罗世的沉积。根据林布宗组上部产出的早白垩世孢粉组合，周光第（1994）认为其综合沉积时代为晚侏罗世提塘期—早白垩世瓦兰今期。席党鹏等（2019）认为林布宗组的沉积时代为早白垩世贝里阿斯期—瓦兰今期，其仅相当于多尼组下部层段。目前有关林布宗组下部的化石记录仍十分匮乏，该层段尚未有孢粉化石产出。林妙琴（2020）在邱桑剖面林布宗组识别出的 *Classopollis-Cooksonites* 孢粉组合中，孢粉化石共计21属，其中裸子植物花粉占绝对优势地位（81.4%～81.9%）。*Classopollis-Cooksonites* 孢粉组合时代可能为早白垩世贝里阿斯期—欧特里夫期（张望平，1995；宋之琛等，2000）。林布宗组双壳类 *Freiastarte subcostata-Astarte formosa* 组合报道于该组上部，组合化石种属单调，个体小，以花蛤类为主（苟宗海，1985）。该组合中 *Freiastarte subcostata* 常见于欧洲地中海区和西北部阿普特阶中，*Astarte formosa* 层位高于前者，常见于阿尔布阶（Woods，1906）。该组合所体现的时代为阿普特期至阿尔布期，显示出与欧洲北部双壳类的相似性。但是该组合所指示的年龄与塔克那组双壳类组合时代相同，因苟宗海（1985）文中图版较为模糊，且标本可能已丢失，难以仅凭图版做化石分类的厘定，所以林布宗组双壳类需依据新材料做进一步研究，以确定该组双壳类属种和时代（席党鹏等，2024）。马元（2017）对林布宗组碎屑锆石进行 U-Pb 定年分析，发现该组地层最大沉积峰期年龄为（143±2）Ma，最小锆石年龄约 135 Ma，与早白垩世吻合（马元，2017）。此外，李成志（2020）对林周盆地林布宗组安山质沉凝灰岩、碎屑沉积岩开展了地球化学分析、碎屑锆石定年与 Hf 同位素分析测试工作，结果显示林布宗组最年轻的锆石年龄为（137±2）Ma，这也是目前研究所得到的林布宗组最年轻的沉积年龄，绝大多数碎屑锆石显负的 $\varepsilon_{Hf}(t)$ 特征，这表明物源区主要为中拉萨地体，少量碎屑物质来自南拉萨地体。

西藏自治区地质矿产勘查开发局将楚木龙组的沉积时代置于欧特里夫期至早巴雷姆期。而魏友卿（2017）通过对楚木龙组碎屑锆石定年结果与 Hf 同位素特征分析后认为，楚木龙组的沉积时间为 121～112 Ma，碎屑物质也并非单一物源的产物，横穿整个冈底斯带的古河流起到了搬运作用，将具有远源堆积特征的沉积物与冈底斯岩浆弧岩浆岩的风化产物保存下来，物源主要为风化的弧岩浆岩。此外，苏鑫（2020）在对林周盆地下白垩统楚木龙组中的碎屑锆石开展 U-Pb 定年与地球化学分析后发现，楚木龙组的主要物源来自拉萨地体中—北部物质的再循环，少部分来自冈底斯岩浆弧（图 2.6），原岩为上地壳再循环的长英质岩石，是大陆岛弧与活动大陆边缘过渡环境的产物，同时也是上地壳源区物质经风化剥蚀后搬运沉积的结果。

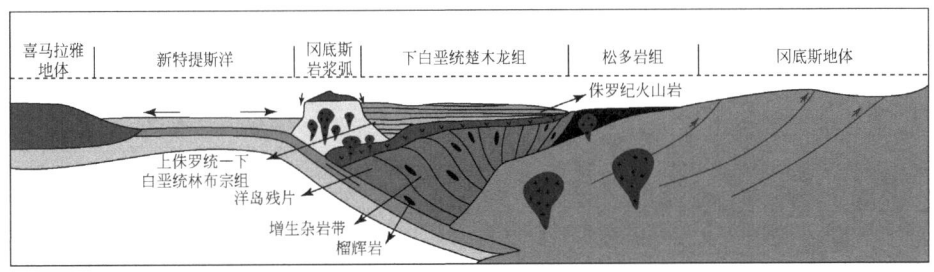

图 2.6 林周盆地楚木龙组构造模式图（修改自苏鑫，2020）

西藏自治区地质矿产勘查开发局将塔克那组的沉积时代置于巴雷姆期—阿尔布期。生物地层学的结果表明，塔克那组中段含有孔虫类石灰岩中的底栖有孔虫证据表明，岩层具有早白垩世的特征。而 *Praeorbitolina wienandsi*、*Praeorbitolina cormyi* 和 *Mesorbitolina lotzei* 在塔克那组上段的出现表明这些化石可能属于早白垩世晚期，根据零星出现的 *Blefuscuiana gorbachikae* 和 *Hedbergella* sp. 等浮游有孔虫的存在，也可以支持这一观点。根据 BouDagher-Fadel（2015）的研究，塔克那组的沉积时代可能与浮游有孔虫时代的阿普特期 1—2 阶段相对应（约 123~119.5 Ma）（Gradstein et al., 2012）。塔克那组双壳类较为丰富，为 *Pterotrigonia* cf. *hokkaidoana-Opis* (*Trigonopis*) *subolique* 组合（苟宗海，1985；蔡华伟，1998）。组合中大部分属种常见于欧洲北部、地中海和日本阿普特阶，也有少数属种有更为广泛的地质分布，如 *Neithea quinquecostata* 被报道于欧洲、北美和印度南部的巴雷姆阶至马斯特里赫特阶，*Goshoraia crenulata* 见于欧洲和日本阿普特阶至阿尔布阶。从塔克那组双壳类化石组合面貌来看，其沉积时代应为阿普特期至阿尔布期，并以阿普特期为主。而陈贝贝（2017）对林周盆地塔克那组岩屑石英砂岩开展了碎屑锆石 U-Pb 定年工作，得到的最年轻的碎屑锆石年龄为（95±1）Ma，物源区为冈底斯岩浆弧与北部的再循环造山带。此外，根据底栖有孔虫化石与地层中最年轻的碎屑锆石年龄，Wang 等（2020）则认为塔克那组的沉积时代应约束在 124~119 Ma。

早期的研究认为整个设兴组沉积时代始于晚白垩世，至晚白垩世晚期沉积结束（王乃文等，1983）。而部分学者通过设兴组火山岩夹层的年代学结果对该组地层的沉积时代有了更精确的厘定。Kapp 等（2007b）通过实验研究后发现设兴组中最年轻的红色砂岩形成于 90 Ma，Leier 等（2007a）研究得到的设兴组最年轻的碎屑锆石年龄为（105±2）Ma，而 Tan 等（2010）根据化石及 $^{40}Ar/^{39}Ar$ 年龄证据，认为设兴组的沉积下约为 110 Ma。井天景（2014）在马乡设兴组砂岩中得到最年轻的锆石年龄集中在 88~81 Ma，并认为设兴组的沉积下限为 81 Ma，其原岩形成于活动大陆边缘；李晓雄等（2015）通过对出露于林周盆地典中村设兴组顶部红层中的玄武岩夹层的研究，得到斜长石 Ar-Ar 年龄为（90±2）Ma，表明在 90 Ma 时设兴组仍处于沉积状态。陈贝贝（2017）对林周盆地上白垩统设兴组碎屑锆石进行了定年分析，结果表明设兴组发生强烈变形的时代为 78~72 Ma，碎屑物质物源主要来自冈底斯岩浆弧及早期沉积的变质沉积岩。而 Cao 等（2017）对设兴组红层中玄武岩夹层的年代学研究结果表明，其 K-Ar 年龄为 75~68 Ma，表明设兴组强烈变形的时代在 68 Ma 之后。此外，生物地层学的证据表明，林周盆地设兴组双壳类为 *Pycnodonte* (*Phygraea*) *vesicularis vesiculosa-Amphidonte ostracina* 组合（苟宗海，1985）。该组合以牡蛎类为主，其中 *P.* (*Ph.*) *vesicularis vesiculosa* 广泛分布于欧洲、非洲和印度南部上塞诺曼阶，也见于藏南岗巴村口组上段；*Amphidonte ostracina* 报道于欧洲和印度南部的坎潘阶和马斯特里赫特阶，也见于藏南宗山组下段和日喀则弧前盆地曲贝亚组，所以该组合延续时间可能较长，至少包括塞诺曼期晚期至坎潘期，可能延续至马斯特里赫特期。而后，邢莉圆等（2020）在对林周盆地设兴组砂岩进行地球化学分析后认为，设兴组顶部砂岩的原岩来自上地壳（长英质酸性源区），构造背景为活动大陆边缘的大陆弧，是冈底斯岩浆弧被剥蚀夷平时有北拉萨地体的物质注入，最年轻的锆石年龄峰值为 98 Ma。此外，Leier 等（2007b）对拉萨—旁多—马乡—纳木错地区的设兴组沉积岩开展了 Dickinson 图解分析工作，结果显示设兴组砂岩的物源为拉萨地体老的沉积盖层与冈底斯岩浆弧。而 Wang 等（2020）通过研究认为整个设兴组都记录了明显的物源变化。设兴组下段的沉积物全部来自北拉萨地体；来自冈底斯岩浆弧的碎屑首先出现在设兴组中段，并且向上逐渐增多，在设兴组上段中最占优势。顶段碎屑主要来自北拉萨古生代地层（Wang et al.，2020）。目前对设兴组的最晚沉积时代限定约为 70 Ma（Sun et al.，2012；李晓雄等，2015）。以上研究成果表明，不同学者对设兴组沉积岩的年代学研究结果与时代厘定不同，这很可能是由样品分布的区域范围较广或者部分研究区地层发生了倒转所导致的。

第3章 冈底斯带弧后盆地沉积岩的沉积特征及大地构造环境

藏南冈底斯带晚中生代弧后盆地的沉积岩从老到新依次包括却桑温泉组（J_3q）、多底沟组（J_3d）、林布宗组（J_3K_1l）、楚木龙组（K_1c）、塔克那组（K_1t）和设兴组（K_2s）。研究这些弧后盆地沉积岩对于恢复冈底斯带晚中生代以来的沉积环境演化具有重要意义。

研究区域主要位于南拉萨地体的日喀则谢通门—南木林地区。在该区域中，采集了14组共38个样品，涵盖设兴组、塔克那组、楚木龙组、林布宗组碎屑岩（图3.1）。主要采样位置见表3.1。

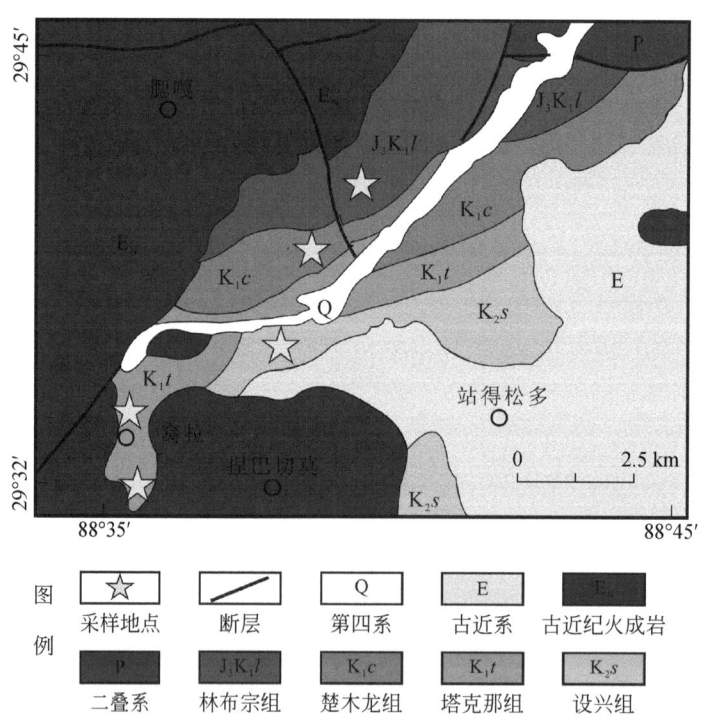

图3.1 日喀则弧后盆地区域地质图（修改自1:25万日喀则市幅）（胡敬仁等，2014）

此外，在拉萨市却桑村附近采集了两组样品（却桑温泉组和多底沟组），共计

4个样品；在拉萨市北部的林周盆地（拉萨-波密地层分区）采集了两组设兴组样品。其中，一组样品采自马乡不整合处，另一组样品采自林周县典中村附近（图3.2）。主要采样位置见表3.1。

表3.1 冈底斯带弧后盆地沉积岩采样位置

样品号	样品归属	采样点GPS位置	产状	海拔/m
CT18	K_2s 设兴组	29°57′6.53″N，1°11′59.35″E		
XY1524	K_2s 设兴组	29°52′24″N，90°42′23″E		4200
MG2-2	K_2s 设兴组	29.697111°N，89.242991°E	倾向145°，倾角58°	
22NMJ03	K_1t 塔克那组	29°38′27″N，88°36′40″E		4178
22NMJ04	K_1t 塔克那组	29°39′48″N，88°37′8″E	走向216°，倾角84°	4209
MG4-3	K_1t 塔克那组	29.640977°N，88.612325°E		
MG2-3	K_1t 塔克那组	29.672003°N，89.272789°E	倾向113°，倾角60°	
MG2-7	K_1t 塔克那组	29.665492°N，89.280927°E		
22NMJ01	K_1c 楚木龙组	29°33′57″N，88°34′28″E	倾向172°，倾角59°	4069
22NMJ02	K_1c 楚木龙组	29°36′5″N，88°35′19″E	倾向120°，倾角60°	4096
22NMJ05	K_1c 楚木龙组	29°40′22″N，88°39′43″E	倾向240°，倾角51°	4243
MG4-1	K_1c 楚木龙组	29°33′56″N，88°34′28″E		
MG4-2	K_1c 楚木龙组	29°36′3″N，88°35′20″E		
22NMJ06	J_3K_1l 林布宗组	29°41′10″N，88°40′25″E	倾向186°，倾角64°，含石英脉	4282
MG4-4	J_3K_1l 林布宗组	29°43′22″N，88°43′9″E		
DQ02	J_3d 多底沟组	29°59′40″N，90°44′38″E		
YK3-2	J_3d 多底沟组	29°59′40″N，90°44′38″E		
YK3-4	J_3d 多底沟组	29°59′40″N，90°44′38″E		
YK3-5	J_3q 却桑温泉组	30°0′18″N，90°44′59″E		

林周盆地被称为林周弧后-叠合盆地（胡修棉等，2021），位于拉萨地体东南部，是一个东西向延伸的狭长火山-沉积型盆地（He et al.，2007；陈贝贝，2017；胡修棉等，2021）。盆地内发育多种类型的中小型褶皱构造，白垩纪地层表现出强烈的褶皱作用，同时发育有不同级别的断裂构造。盆地基底为叶巴组火山岩，中生代地层在盆地内广泛出露，三叠纪至白垩纪地层均有分布。从老到新依次包括麦隆岗组、

查果切组、多底沟组、林布宗组（泥岩与砂质板岩）、楚木龙组（石英砂岩）、塔克那组（砂岩、泥灰岩、泥岩）和设兴组（砂岩、粉砂岩）。多底沟组与林布宗组主要出露于盆地南部，两者呈整合接触；楚木龙组出露广泛，与林布宗组呈整合接触；塔克那组则主要分布于盆地东部和北部，与楚木龙组呈整合接触。设兴组在林周盆地内出露较少，与上覆典中组和下伏塔克那组均呈不整合接触。

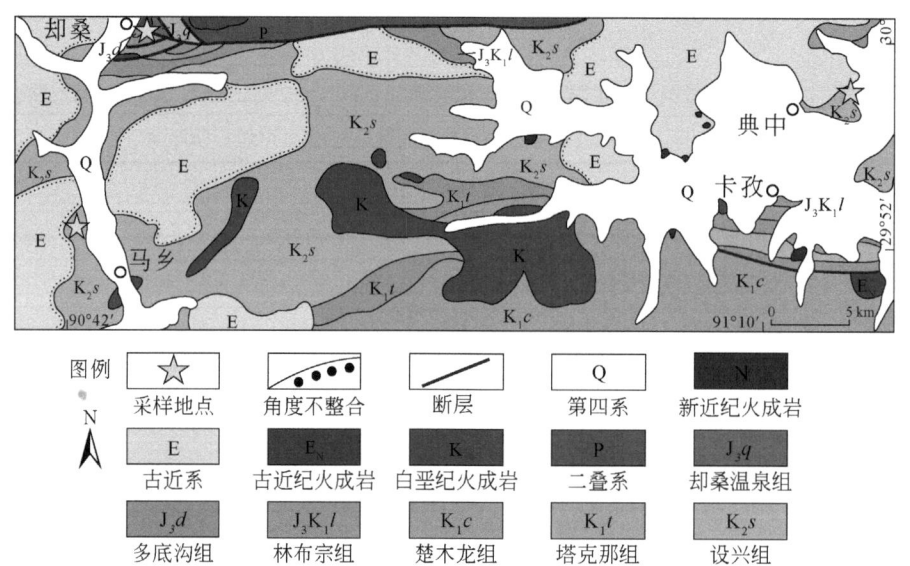

图 3.2 拉萨—马乡—林周地区区域地质图（修改自 1∶25 万拉萨市幅）（胡敬仁等，2014）

马乡不整合面位于拉萨市西北部的堆龙德庆地区，其建造类型主要为弧间盆地与陆缘火山弧（谢尧武等，2005）。该不整合因与上覆典中组呈角度不整合接触而得名。研究区内中—新生代地层发育较为完整，主要包括叶巴组、桑日群（砾岩、砂岩、安山岩）、却桑温泉组（石英砂岩）、多底沟组（灰岩、泥质灰岩）、林布宗组（粉砂岩、石英砂岩）、楚木龙组（石英砂岩、黑色页岩）、塔克那组（细砂岩、粉砂岩）以及设兴组（紫红色砂岩）等地层。马乡地区设兴组的主要岩性为岩屑长石砂岩和长石砂岩，其形成过程被认为是源区物质经剥蚀后，近距离搬运并快速堆积的结果（井天景，2014）。

3.1 却桑温泉组沉积岩的沉积特征及大地构造环境

却桑温泉组由砾岩、砂砾岩、砂岩、粉砂岩及钙质页岩组成，形成了明显的韵律层。周豫等（2023）在堆龙德庆区德庆乡邱桑村对却桑温泉组的实测剖面进行了系统研究（图3.3），并确定其形成时代为中侏罗世。在岩性组成上，却桑温泉组浅灰色黏土质胶结细粒岩屑砂岩单层厚度为10~15 cm，石英粒径多在0.1~0.3 mm，呈细粒砂状结构；碎屑颗粒含量约85%，主要呈细砂状，主要碎屑物为石英、岩屑及极少量长石。其中石英（约76%）的分选性一般，呈次棱角状，磨圆度较差；岩屑约占10%，呈细粒状，成分多为（石英）砂岩岩屑，含少量白云母；长石在样品中较少；填隙物约占14%，分为黏土质胶结物（9%）和少量杂基

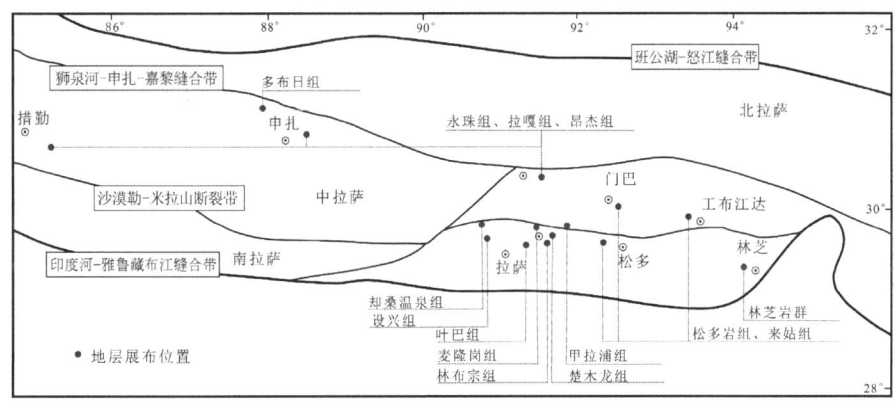

(a)大地构造图及地层展布位置

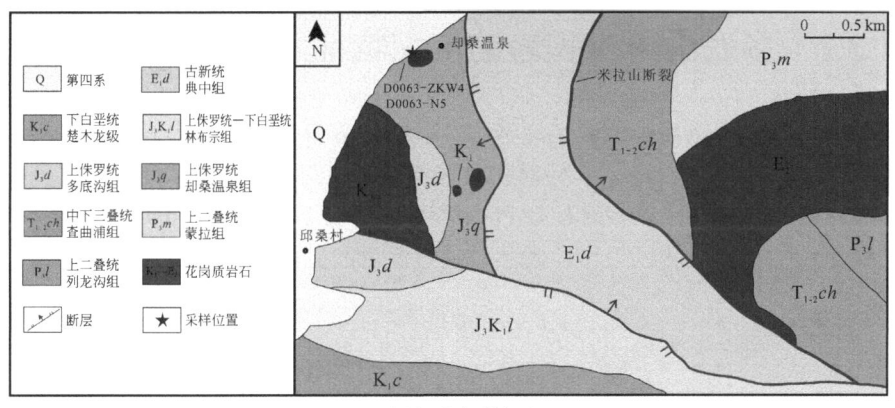

(b)研究区地质简图

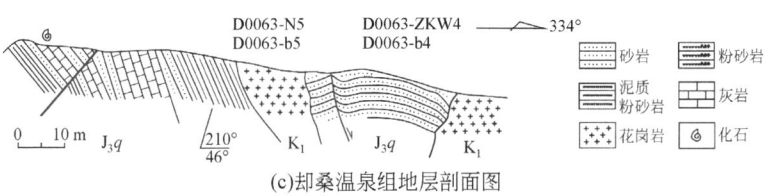

(c)却桑温泉组地层剖面图

图3.3 德庆却桑温泉组实测剖面（修改自周豫等，2023）

(5%)。黏土质胶结物充填于碎屑颗粒间,并经历了一定程度的蚀变,形成杂色、细小鳞片状的绢云母(周豫等,2023)。

研究区却桑温泉组的岩性主要为石英砂岩,成熟度较高,岩层中发育平行层理(图3.4)。层序性明显,自下而上粒度由粗变细,反映了水体由浅变深的演化过程。由于此次研究资料有限,仅对该组岩石进行了碎屑锆石U-Pb定年与Hf同位素分析测试工作,因此对该组石英砂岩的矿物组成不做更多探讨。

图3.4 却桑温泉组野外产出状态及分布特征

3.2 多底沟组沉积岩的沉积特征及大地构造环境

研究区多底沟组与其上覆地层呈整合接触,主要岩性为泥页岩,可见灰岩夹层(DQ02,YK3-4,YK3-2),碎屑物质粒度较细(图3.5)。由于此次研究资料有限,仅对该组岩石进行碎屑锆石U-Pb定年、方解石U-Pb定年、Hf同位素分析测试与碳氧同位素分析测试工作,因此对该组砂岩的矿物组成不做更多探讨。

图3.5 多底沟组灰岩及灰岩中分布的泥岩夹层野外产出状态及分布特征

3.3 林布宗组沉积岩的沉积特征及大地构造环境

李成志（2020）在墨竹工卡县唐加乡和林周县江热夏乡实测了三条林布宗组地层剖面，分别为墨竹工卡县曲果岗实测剖面 PM31（图 3.6）、林周县江热夏乡龙泉水库北侧实测剖面 PM38（图 3.7）、达孜区唐嘎乡穷达村实测剖面 PM16（图 3.8）。综合三条实测剖面得出以下结论：林布宗组实测剖面的岩性主要为一套青灰色中薄层粉砂岩、浅灰黑色薄层泥质粉砂岩、深灰色中厚层岩屑石英砂岩与薄层粉砂质泥岩互层、灰色中厚层中粗粒石英砂岩、深褐色砾岩、灰色中厚层泥质板岩及凝灰岩，局部可见砂岩透镜体，砂岩中发育水平层理、平行层理、槽状交错层理、波痕等原生构造。

李成志（2020）对以上三条实测剖面的研究结果显示，林布宗组的岩石组合如下。

林布宗组下部的岩石组合主要包括灰褐色岩屑石英细砂岩、灰绿色泥质粉砂岩、深灰色砂质板岩、泥质板岩夹煤线，野外观测发现其煤线厚度较薄，成煤条件较差。岩层局部可见交错层理、平行层理、槽状层理及波痕。这些沉积特征表明，林布宗组下部沉积时处于氧化环境下较弱的水动力环境，可能为三角洲平原相分流河道沉积。

林布宗组中部的岩石组合主要包括灰黑色砂质板岩、泥质板岩、深灰色粉砂岩、细粒石英砂岩。板岩表面可见黄铁矿晶粒，粒径 1～3 cm 不等，板岩表面局部可见绢云母，重结晶不明显，可见平行层理、斜层理、小型槽状层理、变余层理。这些沉积特征表明，林布宗组中部的沉积环境为相对较弱的水动力环境，可能为浅海大陆架沉积。

林布宗组上部的岩石组合主要包括深灰色中厚层中粗粒石英砂岩夹深灰色薄层板岩，局部可见平行层理、小型槽状层理、板状交错层理，砂岩中可见细小石英脉纵横交错。这些沉积特征表明，林布宗组沉积晚期水体深度变浅，同样表现为较弱的水动力环境，可能为潮坪沉积环境，与上覆楚木龙组的陆源碎屑沉积岩滨浅海沉积环境渐变，可反映古环境的变化。

Meng 等（2019b）在拉萨市周边地区采集的林布宗组碎屑岩样品的野外观测结果显示，林布宗组中上部由黑色页岩和粉砂岩组成，与细粒砂岩互层，富含碳质和黄铁矿晶体。林布宗组下部由黑色板岩、碳质板岩、砂质板岩（弱变质的粉砂岩）及薄的煤层组成（Meng et al.，2019b）[图 3.9，图 3.10（a）、（b）]。区域地质特征和沉积相特征共同表明，该套地层为海陆交互沉积作用的结果。

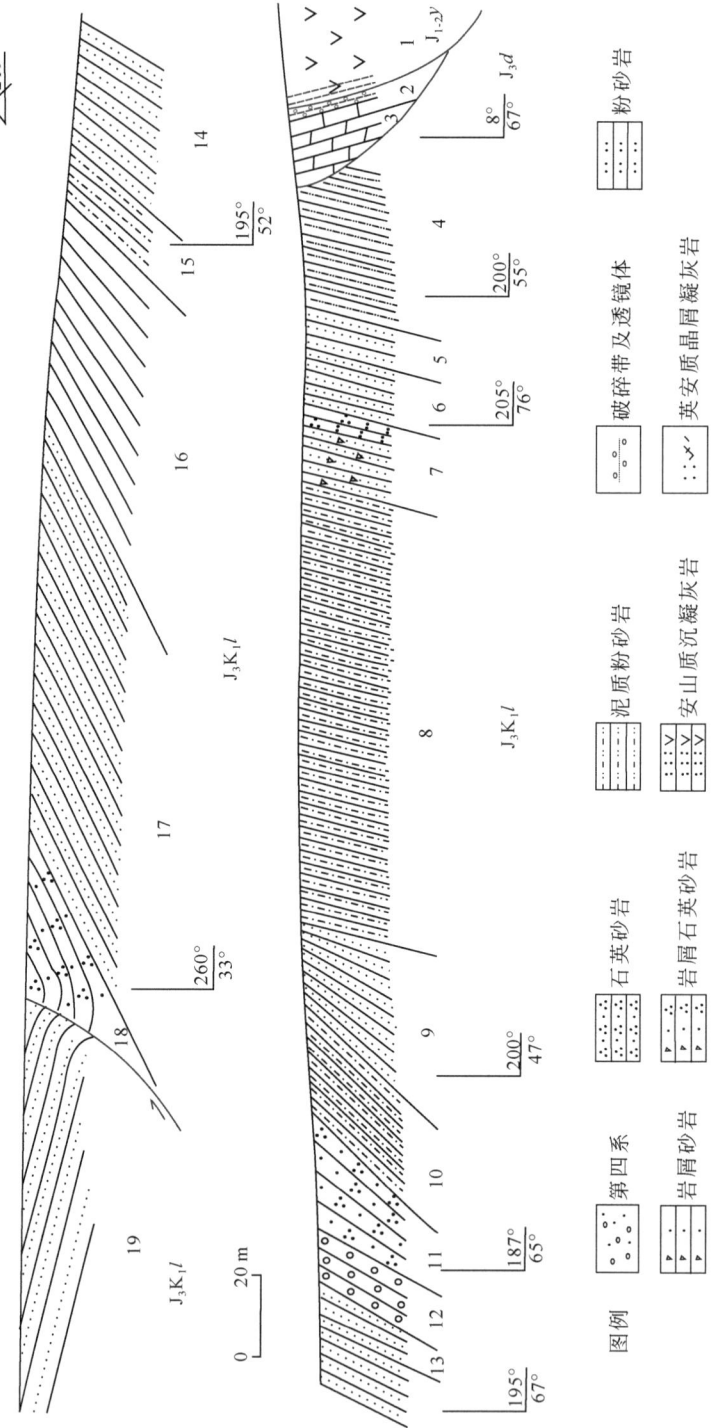

图3.6 墨竹工卡县曲果岗林布宗组实测剖面PM31（修改自李成志，2020）

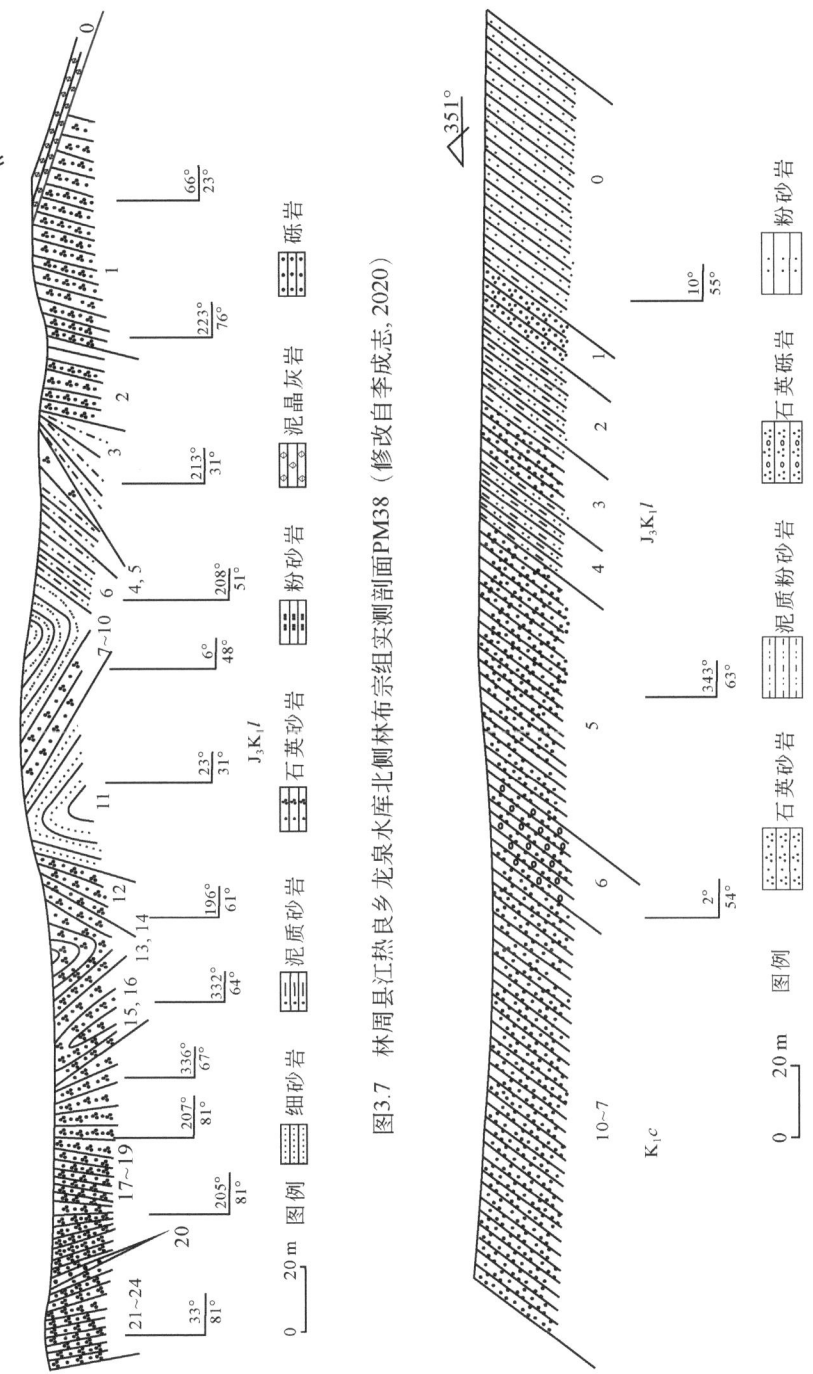

图3.7 林周县江热良乡龙泉水库北侧林子宗组实测剖面PM38（修改自李成志，2020）

图3.8 达孜区甫嘎乡努达村林子宗组实测剖面PM16（修改自李成志，2020）

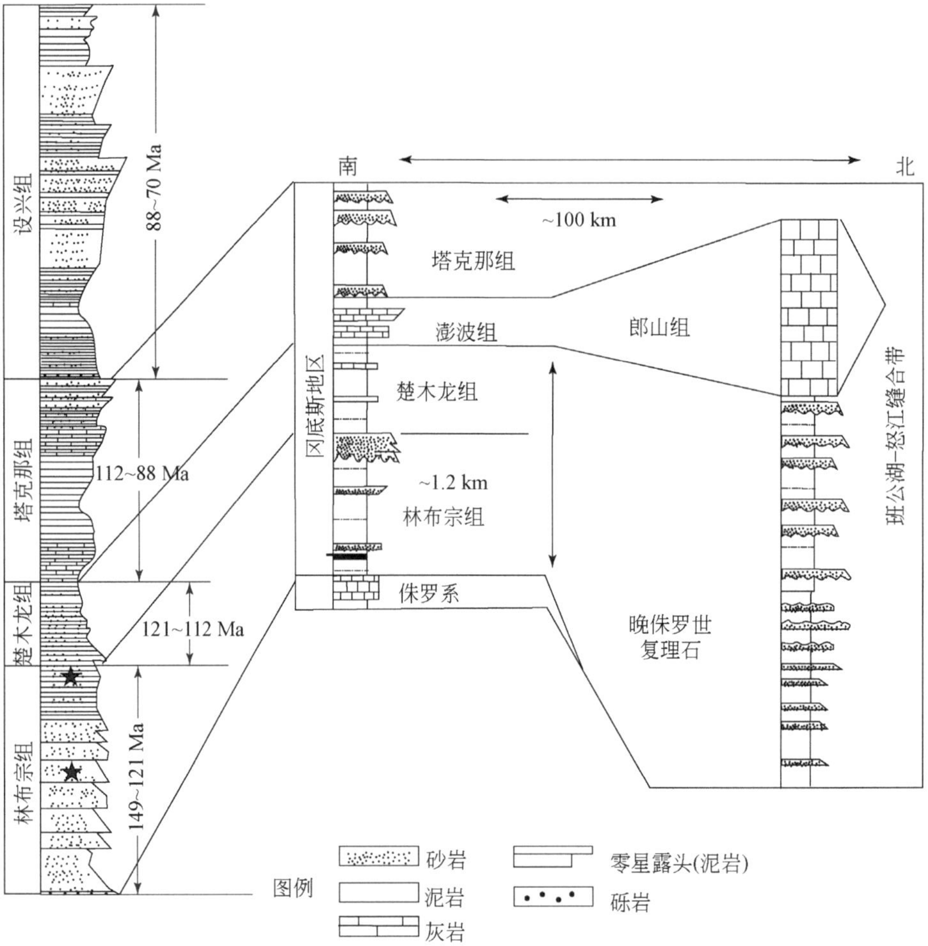

图 3.9 拉萨北部中生代沉积岩岩性柱状图（据 Meng et al.，2019b）

(a)　　　　　　　　　　　　　　(b)

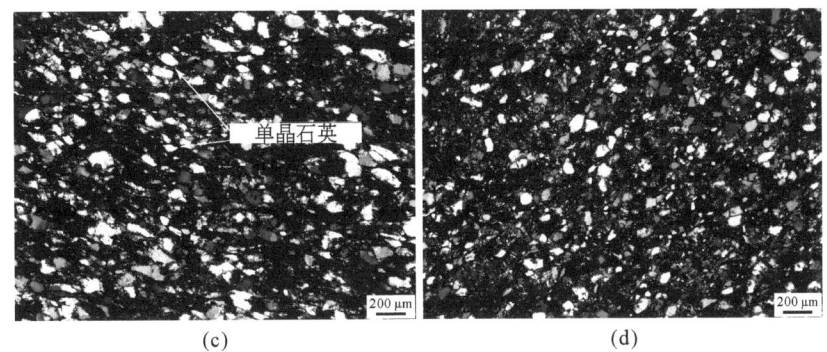

图 3.10 拉萨北部林布宗组碎屑岩野外及镜下显微照片（据 Meng et al.，2019b）

（a）、（b）为碎屑岩野外照片；（c）、（d）为碎屑岩镜下照片

研究区林布宗组长石英砂岩具有中粒砂状结构。碎屑物质为石英（约 84%）、长石（约 9%）、岩屑（约 4%），伴有少量金属矿物。石英颗粒磨圆度中等，长石可见条纹结构，杂基含量少，呈颗粒支撑结构，孔隙式胶结（图 3.11）。与样品 22NMJ06 相比，样品 MG4-4 砂岩的粒度较粗。碎屑颗粒的粒度变化也说明林布宗组沉积时水体环境与水动力强度有变化。

图 3.11 林布宗组砂岩野外产出状态及镜下显微照片

（a）、（d）为林布宗组野外照片；（b）、（c）为样品 MG4-4 的显微照片；（e）、（f）为样品 22NMJ06 的显微照片

3.4 楚木龙组沉积岩的沉积特征及大地构造环境

前人对冈底斯带的楚木龙组沉积岩进行了一定程度的研究。Wang 等（2020）对林周盆地内的楚木龙组顶部石英砂岩（图 3.12 P1）开展了详细的研究工作，结

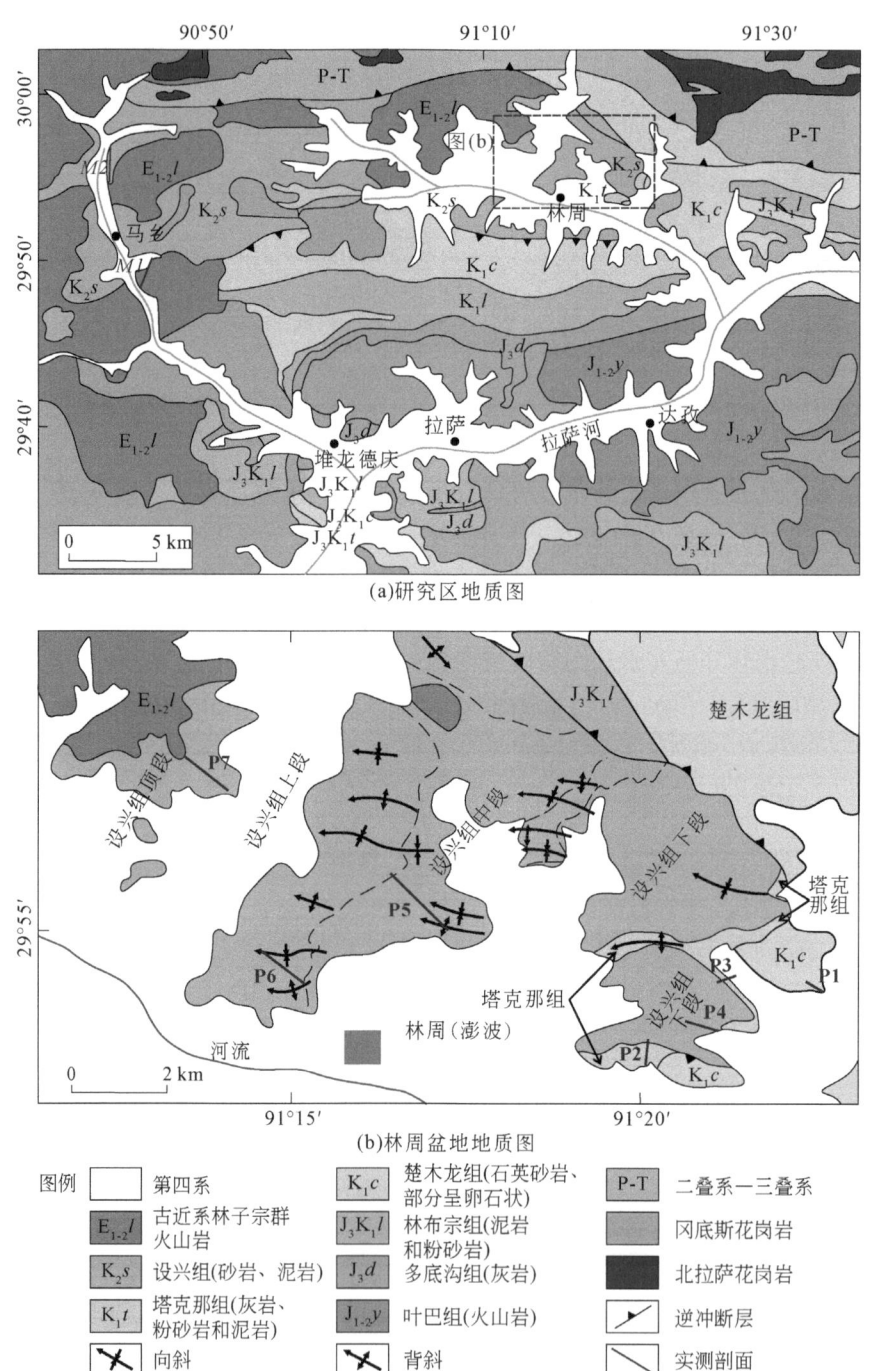

图 3.12 林周盆地质图（修改自 Wang et al., 2020）

果显示，该地区楚木龙组（约 143 Ma）地层厚约 500 m，由浅海相和河流相的泥岩、石英砂岩和次生石英砾岩组成。在该地层的顶部，砂岩、粉砂岩、泥岩和砂质灰岩记录了一个厚 150 m 的向上变细的层序。楚木龙组砂岩呈薄至厚层，粒度细，分选良好，上部的钙质胶结物增加，且常见槽状交错层理和波动或单向流动的波痕。此外，地层中块状泥岩和层状泥岩向上厚度增加，颜色由绿灰色变为黑色，富有机质。这些特征反映了沉积环境从浅海环境逐步向深海环境过渡，并且可能与古环境中的水深变化和沉积速率变化有关。

楚木龙组的最顶部砂岩层通常被含双壳类或有罕见刺的有孔虫类的砂质灰岩层所覆盖（图 3.13），常见生物扰动。沉积在下部的分选良好的砂岩具有交错层理或平行层理，形成于近岸浅水环境（Walker and Plint，1992）。在该地层的上部，可见强烈生物扰动并富含有机质的泥岩夹极细-细粒钙质砂岩和砂质灰岩，表明它们沉积于滨岸与内大陆架过渡带的下滨岸环境中（Johnson and Baldwin，1996）。

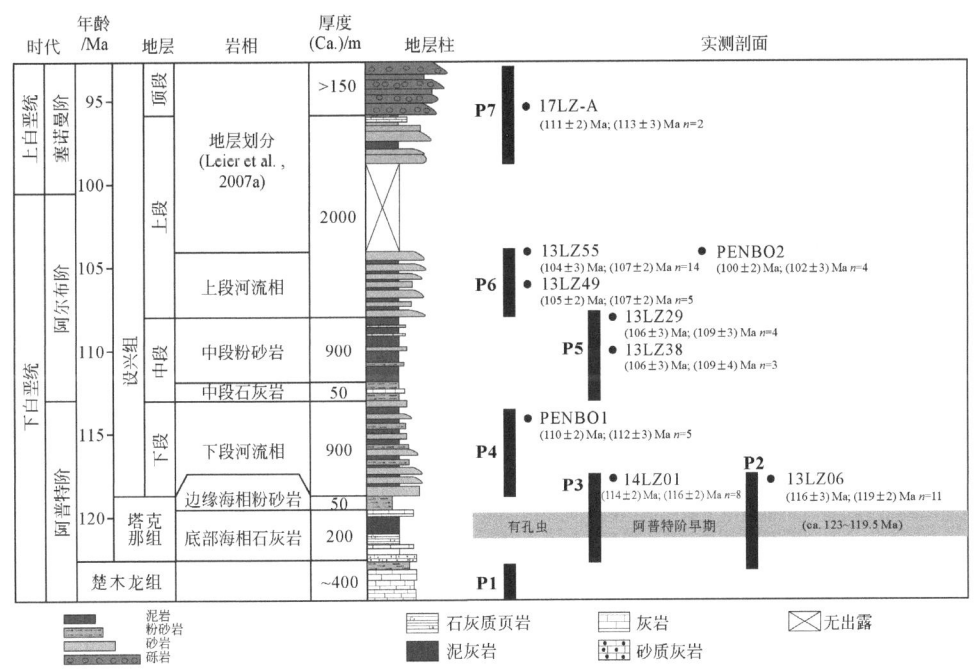

图 3.13　林周盆地白垩系柱状图（修改自 Wang et al.，2020）

Wei 等（2020）在山南市北部采集了五组楚木龙组泥岩样品。山南楚木龙组的深灰色泥岩与含有牡蛎碎片与木屑化石的极细粒生物扰动砂岩互层（图 3.14）。前人研究认为这种岩相组合为潟湖环境的产物（Leier et al.，2007a）。

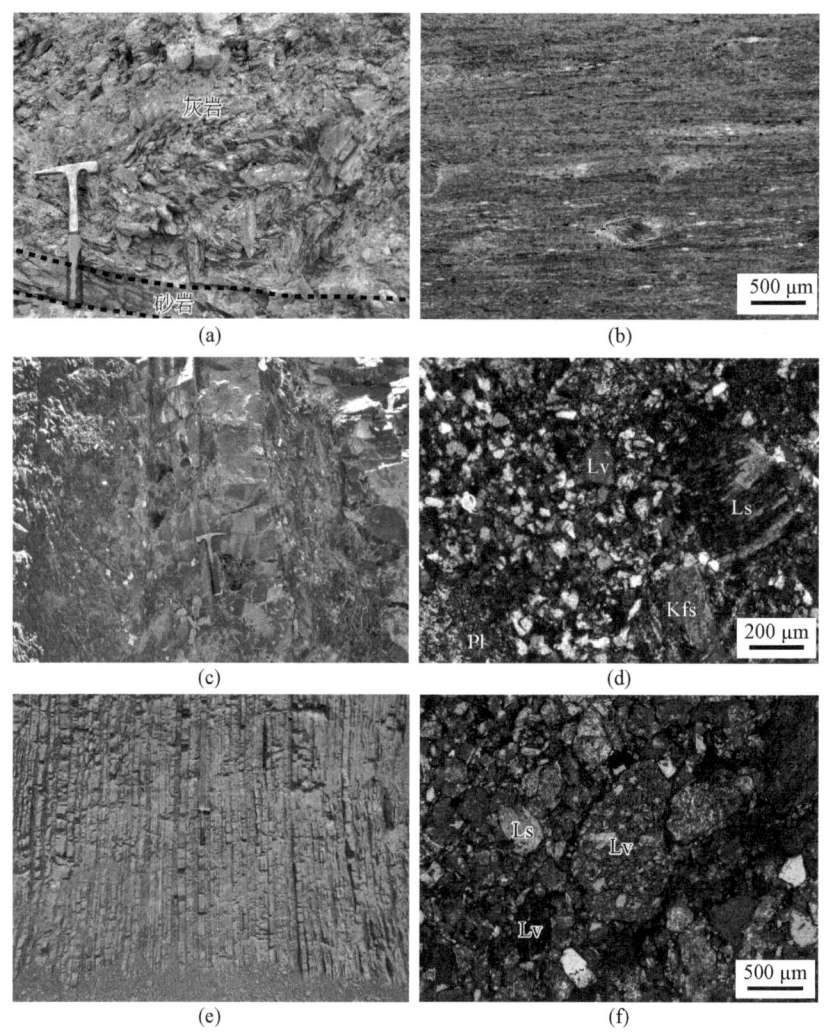

图 3.14 山南市北部楚木龙组样品野外及显微照片（据 Wei et al., 2020）

(a)、(c)、(e) 为楚木龙组样品野外照片；(b)、(d)、(f) 为楚木龙组样品显微照片；Q-石英，Pl-斜长石，Kfs-钾长石，Lv-火山岩岩屑，Ls-沉积岩岩屑

地球化学证据表明，山南市北部楚木龙组泥岩的 SiO_2 含量（63.82%±5.90%）与上陆壳的平均 SiO_2 含量（66.3%）相近，但 Al_2O_3 含量（19.06%±2.26%）高于上陆壳的平均 Al_2O_3 含量（14.9%）。楚木龙组样品显示出中度至高度的化学风化，化学蚀变指数（chemical index of alteration，CIA）为 71~81。此外，碎屑锆石样品的 Zr/Sc 随 Th/Sc 的变化而变化 [图 3.15（a）]。通常情况下，页岩、泥岩等细粒碎屑岩沉积于低能环境中，因此它们不太容易积累锆石。在这种情况下，水动

力的分选控制了楚木龙组样品中 Zr/Sc 的变化。考虑到锆石的高度抗风化特性，Wei 等（2020）认为这种沉积过程中的分馏作用是碎屑物质长距离搬运的结果。

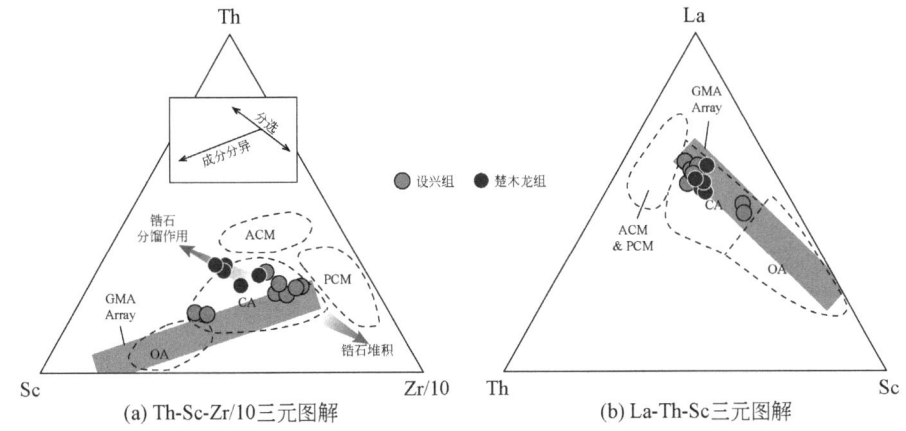

图 3.15　下白垩统沉积物三元图解（修改自 Wei et al.，2020）

PCM-被动大陆边缘，CA-大陆弧，ACM-活动大陆边缘，GMA Array-冈底斯岩浆弧，OA-洋弧

苏鑫（2020）在南拉萨地体实测了三条楚木龙组地层剖面，分别为林周县江热夏村实测剖面 PM11、达孜区唐嘎乡穷达村实测剖面 PM16 和达孜区洛普村实测剖面 PM18（图 3.16～图 3.18）。通过对三个实测地层剖面的研究对比，苏鑫（2020）得出以下结论。

楚木龙组为一套碎屑岩沉积建造，岩性主要为碎屑岩。地层由上至下可划分为楚木龙组顶部、上部、中部、下部与底部五个小的岩性段。楚木龙组顶部岩性主要为灰红色、灰色长石石英砂岩夹泥质粉砂岩；上部岩性主要为灰红色中薄层石英杂砂岩夹不等厚薄层泥质粉砂岩和灰白色、灰色中厚层中粒石英砂岩；中部岩性以薄层粉砂岩与石英砂岩不等厚互层、灰色薄层粉砂岩为主，下部岩性主要为一套深灰—灰黑色中薄层粉砂岩；底部岩性以黄灰—灰绿色含砾粗砂岩、粗砂岩、灰黄色厚层砾岩为主。

楚木龙组与上覆塔克那组以及下伏林布宗组均呈整合接触，林布宗组为滨岸砂泥建造，塔克那为一套大陆架—浅海—滨岸建造。其中，楚木龙组岩性组合主要分为两段，一段为滨岸碎屑岩建造，二段为陆内河湖碎屑岩建造。整体而言，林布宗组—楚木龙组—塔克那组构成了向上变细的半旋回，对应的是一次海进过程。达孜区洛普村实测剖面 PM18 可划分为上下两个部分，下部为河口沙坝相与三角洲相的石英砂岩、泥质粉砂岩，上部为河口相的砂岩、石英砾岩，这些沉积特征总体反映了楚木龙组一段沉积时期较强的水动力环境，表明该段沉积时水流作用较为强烈。

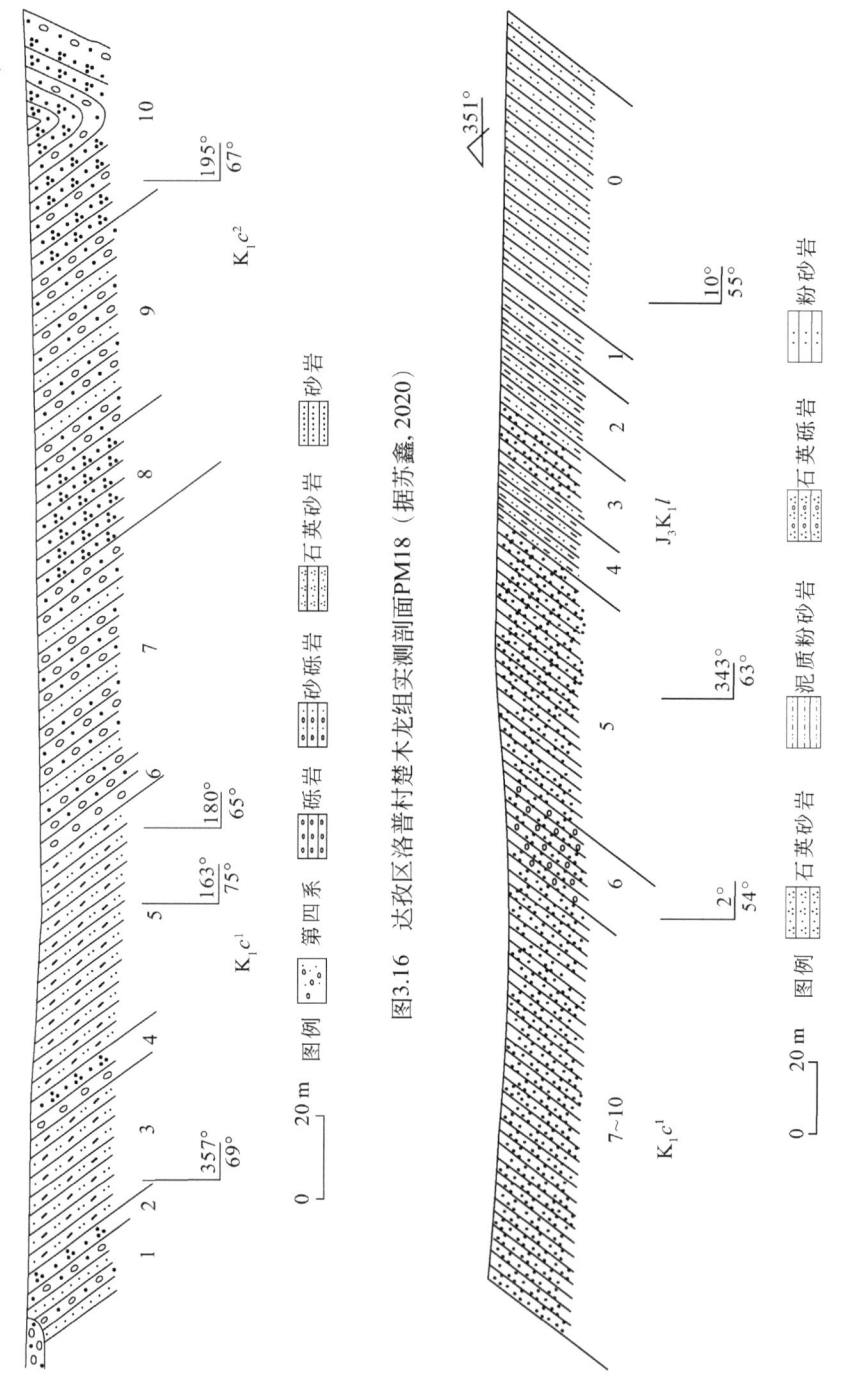

图3.16 达孜区洛普村楚木龙组实测剖面PM18（据苏鑫，2020）

图3.17 达孜区甫嘎乡穷达村楚木龙组实测剖面PM16（据苏鑫，2020）

达孜区唐嘎乡穷达村实测剖面 PM16 显示，该地区的林布宗组以石英细砂岩、泥质粉砂岩为主，反映了水动力较强的浅海—滨海相的砂泥建造，其中以楚木组一段底部出现粗砂岩、含砾粗砂岩作为楚木龙组和林布宗组的界线。在楚木龙组一段中可见平行层理、交错层理、粒序层理等沉积构造。

林周县江热夏村实测剖面图 PM11 显示，楚木龙组与上覆塔克那组呈整合接触，楚木龙组二段顶部岩性组合主要为细砂岩、粉砂岩，反映了楚木龙组二段为河口相—潮坪相，塔克那组底部地层主要为青灰色极薄层泥质粉砂岩夹土黄色岩屑砂岩、介壳灰岩。灰岩中可见介壳化石、珊瑚、双壳类和腕足类化石，产海蕾 *Pentremites globosus*、*Pentrimites* sp.、*Pentremites globosus*，反映了塔克那组为一套大陆架—浅海沉积建造。总体上看，林布宗组—楚木龙组—塔克那组构成向上变细的半旋回，对应的是一次海进过程。楚木龙组底部的沉积相以粉砂岩—细砂岩组合的海滩相、石英砂岩—粉砂岩组合的河口沙坝相为主，下部以粉砂质泥岩—粉砂岩—细砂岩组合的三角洲相为主，呈退积式地层结构，上部以砂砾岩—粗砂岩—细砂岩组合的河口相为主，顶部以泥质粉砂岩—细砂岩组合的潮坪相为主，呈进积式地层结构，整体上来看楚木龙组以滨岸相与陆内河湖相沉积为主的海陆过渡相，反映了海相与陆相沉积作用的相互关系，并呈现出明显的进积与退积交替变化特征。

研究区弧后区域楚木龙组岩性如下（图 3.19）。

样品 MG4-1 为长石石英砂岩 [图 3.19（a）、（b）、（d）～（f）]，分选性一般，磨圆度较差，有细小脉体侵入，石英含量约为 82%，长石含量约为 16%，可见长石双晶结构，杂基含量较少。

样品 MG4-2 为粉砂质泥岩 [图 3.19（c）、（g）～（i）]，碎屑颗粒粒度较细，可见明显粒度变化，镜下呈似鲕状结构，岩屑含量极少。

样品 22NMJ01 为砂岩 [图 3.19（j）、（m）～（o）]，岩体表面有铁质淋滤析出，镜下多色性明显，石英颗粒磨圆度较好，粒度较大的碎屑粒径为 0.5～2 mm，此外还有部分细粒级碎屑石英，磨圆度好的石英颗粒很有可能是古老石英岩再循环的产物（Leier et al.，2007b），长石含量较少。

样品 22NMJ02 为粉砂质泥岩—粉砂岩 [图 3.19（k）、（p）～（r）]，粒度极细，分选性好，镜下呈现出似鲕状结构，偶见细粒石英颗粒，岩屑含量低。

样品 22NMJ05 为灰岩 [图 3.19（s）～（u）]，可见石英脉侵入，含部分泥晶，可见条纹长石结构，长石颗粒磨圆度较好，岩屑粒度较大但含量少。

该组地层粒度有明显变化，自下而上粒序由粗变细，属正粒序沉积，表明楚木龙组碎屑岩沉积时水体环境由强变弱。

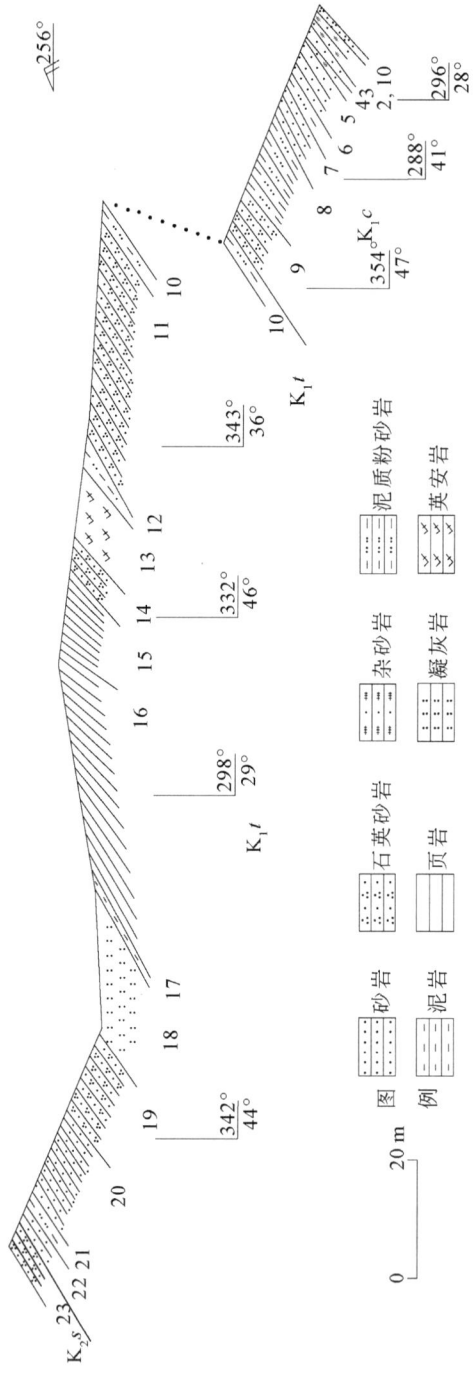

图3.18 林周县江热夏村楚木龙组实测剖面PM11（据苏鑫，2020）

第 3 章 冈底斯带弧后盆地沉积岩的沉积特征及大地构造环境

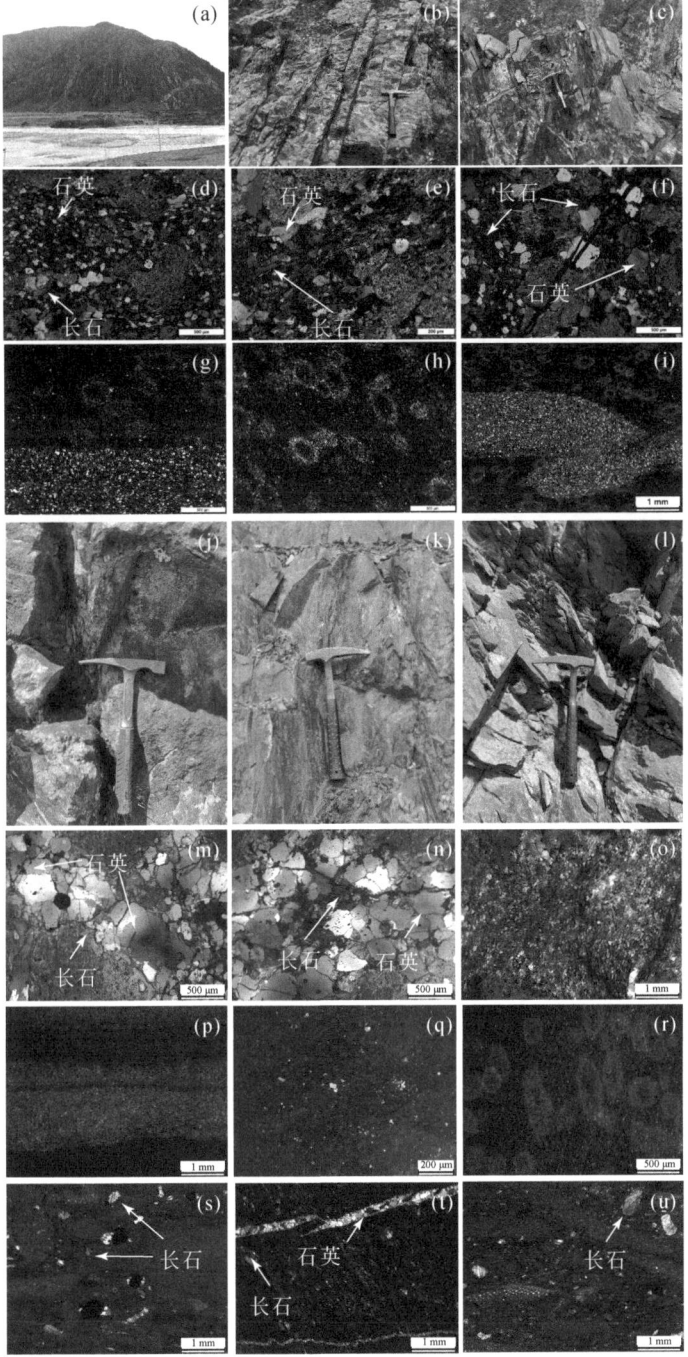

图 3.19 楚木龙组砂岩、灰岩、泥岩野外产出状态及镜下显微照片

3.5 塔克那组沉积岩的沉积特征及大地构造环境

在楚木龙组沉积晚期,即楚木龙组逐渐过渡到塔克那组时,岩层中碳酸盐的含量逐渐增加,而陆源碎屑物质的含量逐渐减少。Wang 等 (2020) 在林周盆地对塔克那组进行了剖面实测工作,结果表明塔克那组下部由大约 50 m 厚的黑色泥岩组成,这些泥岩是层理状的,或者显示出常见的水平—近水平的穴道,与板状砂质灰岩互层。此外,深棕色中厚至厚层状 (20～80 cm) 的泥灰岩含有鲕粒、生物碎屑 (双壳类、有孔虫、棘皮类),石英颗粒普遍存在。

如图 3.20 (a) 所示,塔克那组下部为厚约 70 m 的灰岩,以 3～5 m 厚的向上变粗旋回为特征,底部为泥灰岩,顶部为杂砂岩。下部的化石多为有孔虫,含少

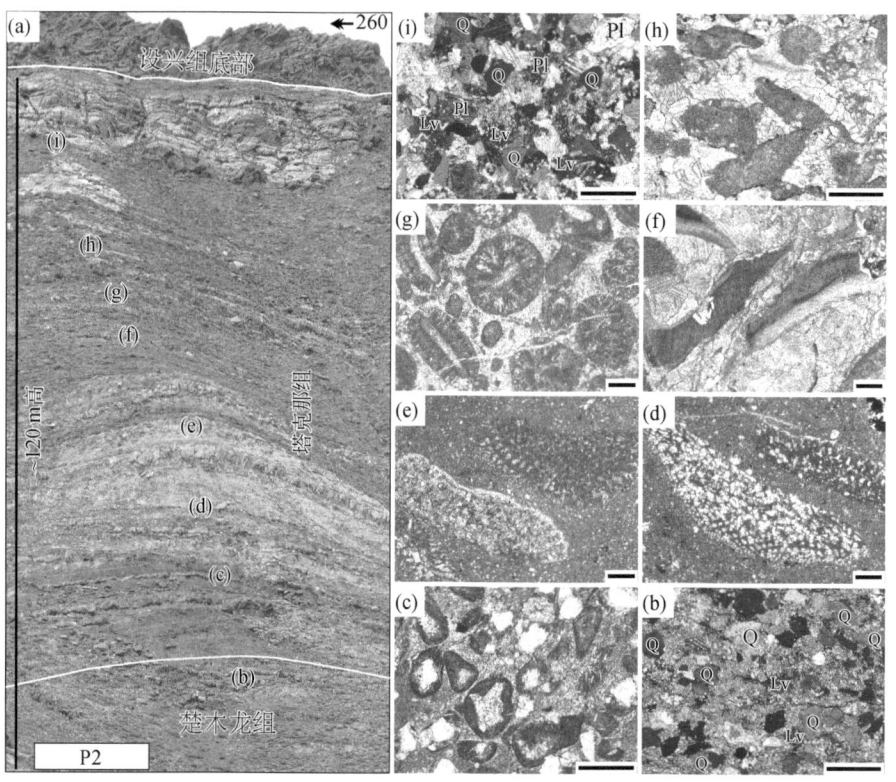

图 3.20 塔克那组沉积岩野外产出状态及镜下显微照片

(a) 为地层接触全景图,(b)～(i) 为塔克那组底部到顶部的沉积相变化,(b) 为钙质砂岩,(c) 为砂质鲕粒灰岩,(d)～(e) 为泥粒灰岩,(f) 为泥晶双壳灰岩,(g) 为鲕粒灰岩,(h) 为颗粒灰岩,(i) 为钙质砂岩;Q-石英,Pl-斜长石,Lv-火山岩屑。所有比例尺均为 200 μm (修改自 Wang et al., 2020)

量棘皮类、介形类和腹足类［图 3.20（d）、(e)］，粉砂级的陆源颗粒很少。其上覆盖有厚约 50 m 的灰绿色层状或生物扰动泥岩（含粉砂纹层）夹含鲕粒、双壳类或内碎屑的亮晶灰岩［图 3.20（f）～（h）］。灰岩中可见石英和火山岩碎屑。而塔克那组上段（P2 剖面约 50 m 处）主要由泥岩组成，向上颜色从绿色变得斑驳，最后顶部变为紫红色。塔克那组的粗砂岩、极细粒砂岩和少量含有弱重结晶的双壳类化石的泥灰岩与绿色细粒泥岩互层［图 3.20（i）］。砂岩层中可能含有破碎的双壳类化石，可见近垂直和近水平的洞穴、递变层理和振荡或单向的水流波纹。该单元顶部的大块红色泥岩中含有丰富的碳酸盐结核。

塔克那组底部的黑色层状泥岩层段沉积于相对平静的内大陆架浅海环境中（Walker and Plint，1992；Johnson and Baldwin，1996）。砂粒和碳酸盐颗粒在高能风暴环境下被间歇性地搬运。塔克那组中部含有孔虫的泥灰岩、杂砂岩和碎屑岩沉积于泥泞的潟湖环境中，其中可见零星分布的、低多样性的动物群化石。泥灰岩—泥粒灰岩的旋回记录了塔克那组沉积时经历了反复的海进和海退过程，泥粒灰岩代表着经过筛选的浅滩沉积物。塔克那组上段记录了沉积环境逐渐过渡到陆上洪泛平原的过程。此外，楚木龙组和塔克那组的顶段记录了一个海进—海退旋回，即从滨岸到内大陆架，而后从碳酸盐潟湖到海岸平原的沉积环境的转变（Wang et al.，2020）。

此外，根据岩性纵向上的组合和变化，前人将塔克那组自下而上划分为四个岩性段（Leier et al.，2007a，2007c；张泽明等，2018；Wang et al.，2020；刘航宇等，2022）（图 3.21）。

塔一段厚 50～60 m，主要由泥晶灰岩和与板状砂质灰岩互层的黑—灰绿色泥岩组成，岩层呈层理状或显示常见的水平—近水平的穴道。该段的沉积环境为相对平静的内大陆架浅海环境（Wang et al.，2020）。塔二段厚 30～40 m，整体岩性以相对单一的深灰色泥灰岩为主，偶夹灰岩薄层，化石多为有孔虫、棘皮类等，陆源碎屑颗粒很少（刘航宇等，2022）。塔三段厚 70～80 m，灰绿色含粉砂纹层的生物扰动泥岩层常与含鲕粒、双壳类或内碎屑的生物灰岩层互层。灰岩中通常可见石英和火山岩碎屑颗粒（Wang et al.，2020；刘航宇等，2022）。塔四段厚 60～100 m，主要由泥岩组成，向上颜色变得斑驳，最后顶部为紫红色。其中夹有多套薄层粉砂岩，可见小型的交错层理或水流波纹。该单元顶部的大块红色泥岩中含有丰富的碳酸盐结核（Wang et al.，2020）。

塔一段沉积代表海侵的初期阶段，海侵已经开始并具有一定规模，海平面上升，终止了楚木龙组的滨岸沉积，减弱了拉萨地体陆源碎屑物质的供给，弧后盆地发育于潮间—潮下带潟湖环境［图 3.21（a）～（e）］。

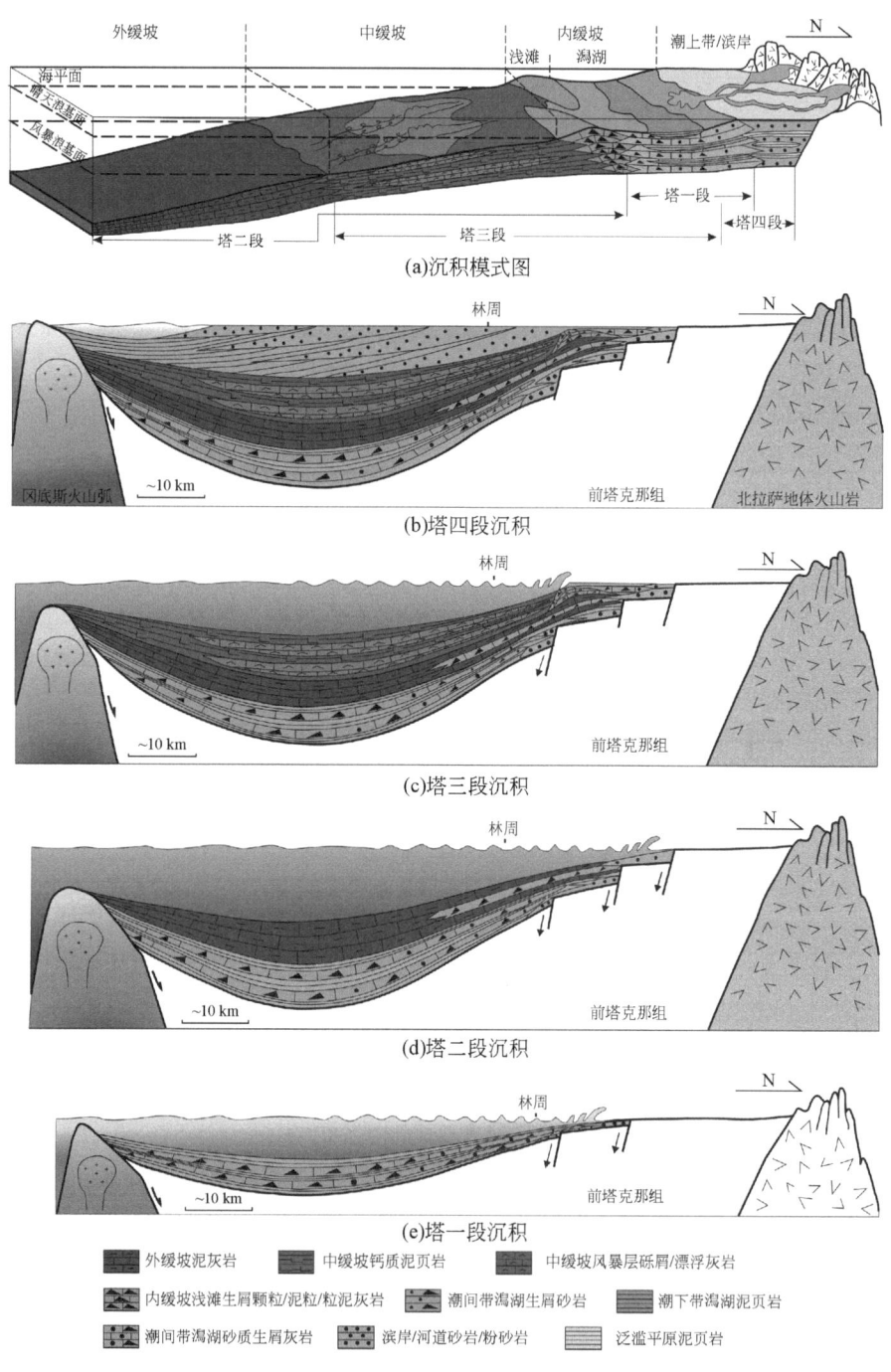

图 3.21 塔克那组沉积模式及演化过程图（据刘航宇等，2022）

塔二段沉积表明，沉积期间海侵范围快速扩大，发育了风暴浪基面以下的沉积，达到了海侵的最盛时期，处于一个较深水的沉积环境［图 3.21（d）］。

塔三段沉积表明，沉积环境的水体演变为风暴浪基面之上，相对于塔二段沉积时期海平面开始下降，处于一个受风暴影响的浅水环境［图 3.21（c）］。

塔四段沉积表明，沉积期间海平面持续下降，海水逐渐从盆地退出，沉积物主要为陆源碎屑输入。岩性从泥页岩到粉砂岩的旋回表明了海水的高频震荡性下降，标志着"塔克那海侵"的结束，并最终过渡到设兴组陆相红层沉积。该段地层沉积时处于海退环境，沉积物以陆源输入为主，沉积相逐渐从滨岸相转变为泛滥平原相［图 3.21（b）］。

研究区塔克那组整体野外露头较好。样品 22NMJ03 ［图 3.22（a）、(b)、(e)～(h)］的砂岩粒度可见明显变化，可能是由静水沉积转变为较强的水动力沉积环境，而后又变为静水沉积。碎屑颗粒磨圆度中等，分选性一般，多色性明显，显示颗

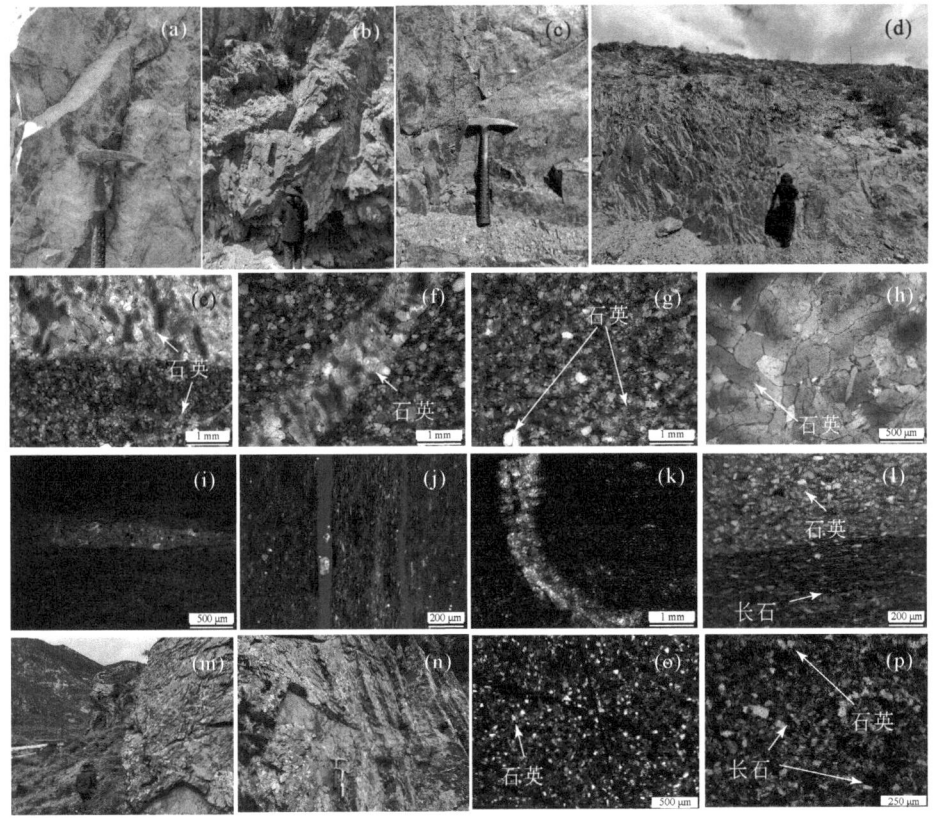

图 3.22　塔克那组砂岩野外产出状态及镜下显微照片

粒支撑结构，杂基含量较少。

相较于样品 22NMJ03，样品 22NMJ04 砂岩的碎屑粒度更细[图 3.22（c）、（d）、（i）～（l）]，磨圆度中等，存在方解石胶结，泥质含量较高，表明其沉积于较弱的水动力环境。样品中长石含量较少，且有细小脉体侵入现象。

样品 MG4-3［图 3.22（m）～（p）］砂岩的岩屑含量较高，火山岩岩屑较多，表明冈底斯岩浆弧可能是该组碎屑物质的重要源区。长石颗粒风化蚀变，碎屑颗粒粒度细且磨圆度较差。

3.6 设兴组沉积岩的沉积特征及大地构造环境

相对于冈底斯带弧后盆地晚中生代沉积岩的其他几组地层，前人对设兴组开展了更为详细的研究。Wang 等（2020）在对林周盆地内设兴组进行研究后，认为该组地层可划分为下段、中段、上段与顶段四个岩石层段（图 3.23、图 3.24）。其中，设兴组下段整合覆盖于塔克那组，以突然出现的块状砂岩为标志作为突变的地层边界。设兴组下段主要沉积于河流环境，沉积物主要来源于中拉萨地体。中段形成于滨海平原环境，上段形成于河流环境（Leier et al., 2007a）。此外，Wang 等（2020）认为设兴组最上部为辫状河相，碎屑物质主要来自中拉萨地体的再循环，冈底斯岩浆弧火山碎屑的贡献较小。林周盆地内设兴组四个层段的描述如下。

设兴组下段厚约 900 m，呈向上变细的正向递变层理，受上覆褶皱和断层变形的强烈影响。该段下部的砂岩层一般厚 1～2 m，中粒结构，底部冲刷面常被改造的泥屑和碳酸盐结核组成的层内砾岩所覆盖。槽状和板状交错层理在砂岩层中很常见，而红色泥岩夹层中可见大量的碳酸盐结核［图 3.23（b）、（c）］。在层序上部，砂岩为薄至厚层状（0.1～1 m），横向不连续，粒度细，通常覆盖在被轻度侵蚀的基底之上。层内可见槽状交错层理和平行纹层，局部可见波纹层。覆盖在砂岩层上的红色泥岩含有碳酸盐结核，通常向上渐变为绿色泥岩。该段下部砂岩沉积于较深、较稳定的河流河道中。含碳酸盐结核的红色泥岩记录了在半干旱气候下沉积于排水相对良好的洪泛平原上的钙质古土壤信息。该段上部沉积于泛滥平原环境，横向不连续的砂岩沉积在相对较浅的迁移河道中，而泥岩代表河漫滩沉积物，具有生物扰动的绿色泥岩则指示沼泽或河间洼地的沉积环境。

设兴组中段厚约 950 m，主要由红色黏土质泥岩和粉砂岩组成，含少量砂岩、泥灰岩和灰岩（剖面 P5 和 M1）。碳酸盐结核仅出现在该段的中部。此外，极细—细粒和中厚—厚层状（10～50 cm）的砂岩变得更为常见。沉积构造包括单向流水波痕和小型槽交错层理［图 3.23（d）］。在该段的底部和上部可见薄—厚层灰岩以及灰色块状粉砂质泥灰岩［图 3.23（e）、（f）］。灰岩通常经历了重结晶或白云石化过程,并且大多含有介形虫化石,在马乡的设兴组中还观察到少量的双壳类和有孔虫化石(M1 剖面)。前人研究认为该层序沉积于滨海平原环境(Leier et al., 2007a),具有单向水流波纹的极细—细粒砂岩层则被认为是决口扇沉积的产物。泥灰岩和含介形虫化石的石灰岩具有寡型动物群的特征,表明这些岩石形成于湖

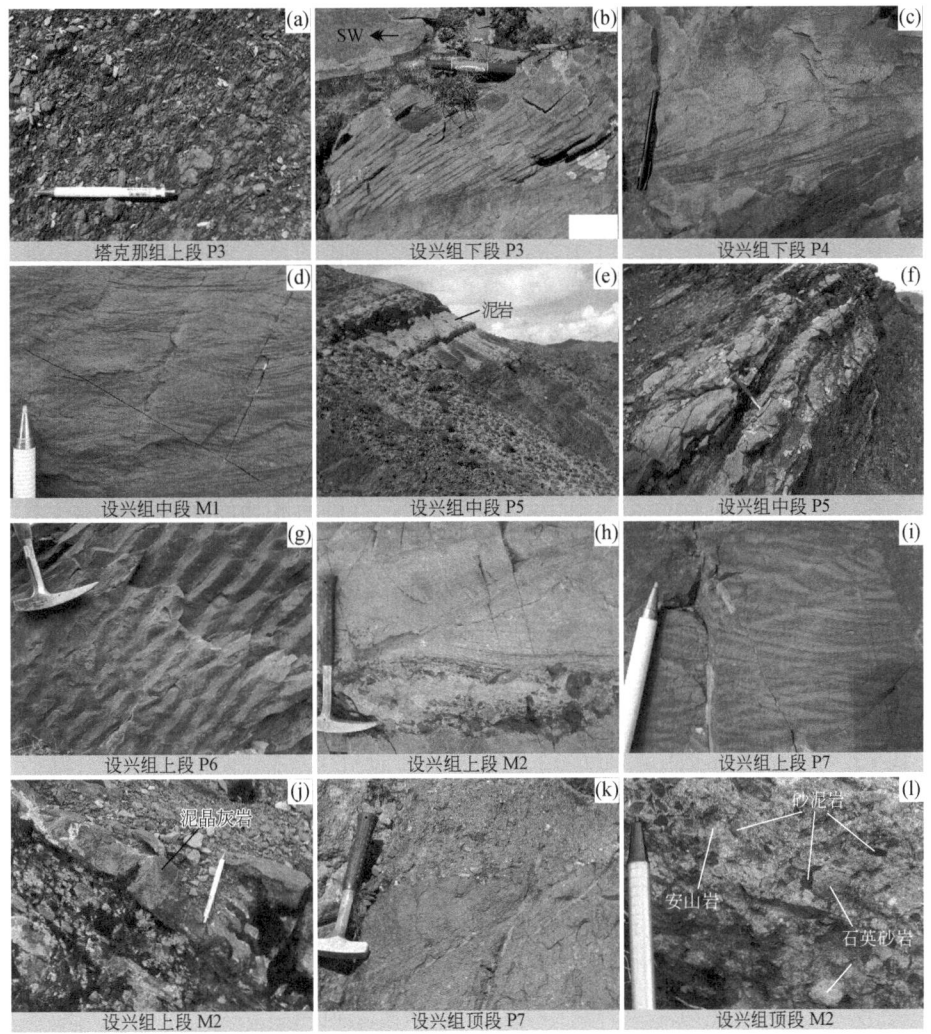

图 3.23 林周盆地下白垩统设兴组沉积特征

(a)红色泥岩中的钙质结核,(b)水平交错层理,(c)槽状交错层理,(d)单向水流波痕,(e)红色泥岩内部的灰色泥灰岩夹层,(f)含介形虫的灰岩夹层,(g)波浪波痕,(h)呈交错层理的砂岩底部的层内砾石,(i)爬升波纹交错层理,(j)泥晶灰岩夹层,(k)微弱的槽状交错层理,(l)砾石砾岩(修改自 Wang et al., 2020)

泊或受限制的潟湖环境。然而马乡地区的设兴组中灰岩和化石（双壳类和有孔虫）较丰富，显示为浅海沉积环境。

设兴组上段主要由块状砂岩夹红色泥岩组成，总厚度为 2 km。砂岩层厚为 1～3 m，通常为中粒结构，并含有交错层理（剖面 P7、P7、M2）。经改造的泥岩、砂岩或碳酸盐结核形成的层内砾石，通常覆盖在基底侵蚀面上或出现在砂岩层内[图 3.23(h)]。该段的砂泥岩比一般超过 2∶1，但部分层段以泥岩为主，夹有 10～30 cm 厚的细粒波纹状砂岩。在该段顶部可见灰色粉砂质泥灰岩和生物碎屑灰岩。该单元主要沉积在河流环境，堆积的块状砂岩、细粒波纹层状砂岩和红色泥岩分别代表河流河道、天然堤或决口扇和河漫滩沉积物（Miall，1978，1996）。泥灰岩和石灰岩的出现表明滨海平原区受到了海侵的阶段性影响。

设兴组顶段的厚度超过 150 m，与林子宗群火山岩呈不整合接触，以层内缺乏红色泥岩为特征而与其他层段区分（剖面 P7、M2）。地层中大多数的厚层状（0.5～10 m）和粗粒—含砾砂岩中均可见微弱的槽状交错层理[图 3.23（k）]。薄层细粒平行层状砂岩或波纹状红色砂岩和粉砂岩很少。砾石砾岩中角砾状至次圆状且分选差的砾石成分主要为红色泥岩/粉砂岩、石英砂岩、石英岩和火山岩[图 3.23（l）]。极高的砂泥岩比和交错层理的粗粒砂岩的存在表明该层段沉积于辫状河环境。厚层砂岩沉积在主河道中，而薄层细粒红砂岩和粉砂岩可能记录了衰退期流量减少时的河道充填。此外，该段层序中泥岩的缺乏表明沉积发生在近源环境和/或受限制的辫状河道中（Miall，1978；Bridge，1993）。

此外，Wang 等（2020）在对设兴组砂岩样品进行岩石学分析后得出以下结论（图 3.25）。

设兴组下段为含石英岩屑或岩屑石英质火山岩的砂岩，平均碎屑模式 Q∶F∶L=51∶8∶41。角砾状至近圆形且大多为单晶的石英颗粒占骨架颗粒的 28%～94%。岩屑占骨架颗粒的 4%～73%，主要为长英质火山岩岩屑，零星分布低级变泥质岩岩屑。长石较少，以斜长石为代表。

设兴组中段为细粒岩屑石英砂岩。除了单晶石英和长英质火山岩碎屑，千枚岩和片岩碎屑占总碎屑的 12%～57%，长石很少见。

设兴组上段砂岩的岩性范围从长石石英岩屑砂岩到长石岩屑砂岩。与其下伏岩段相比，火山岩碎屑主要为安山质，而长英质火山碎屑和低级变质岩碎屑则很少。长石颗粒显著增加，几乎全部为斜长石。

设兴组顶部的砂岩为岩屑石英砂岩（Q∶F∶L=60∶3∶37）[图 3.24（f）和图 3.25]，石英颗粒呈次圆形至圆形，岩屑成分为粉砂岩和非常低级变质的沉积岩碎屑，火山岩碎屑和长石很少见。

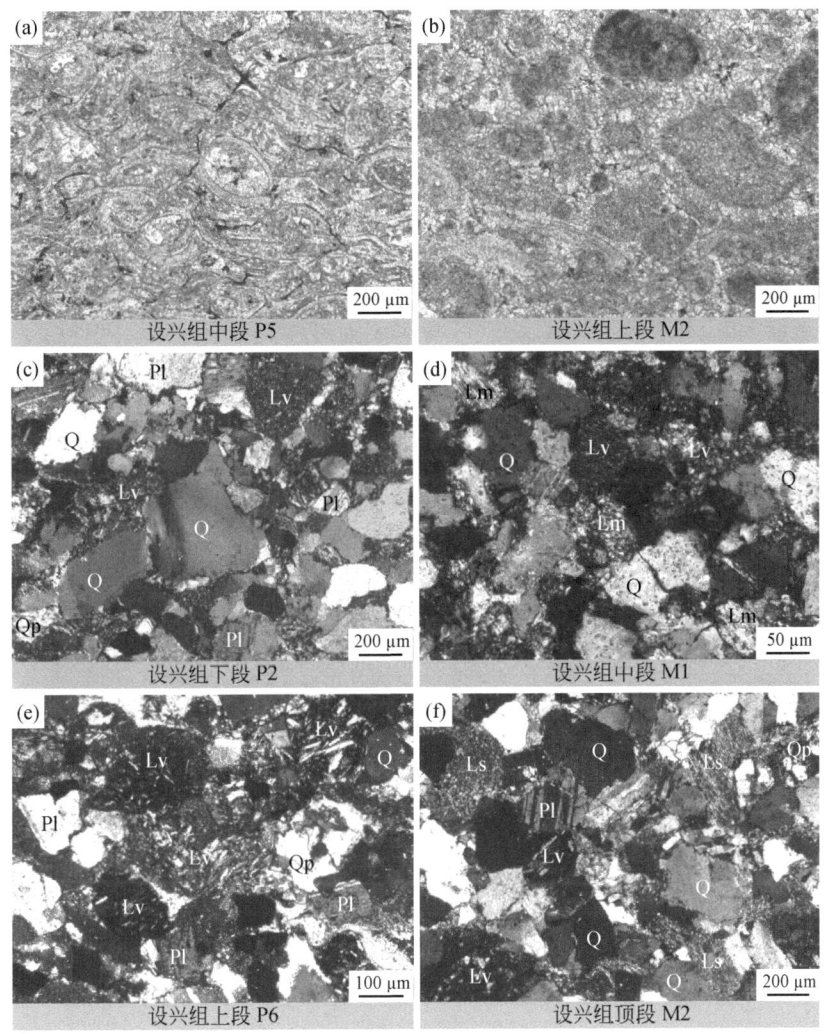

图 3.24 林周盆地设兴组碳酸盐岩和砂岩的显微照片

(a) 设兴组中段含介形虫的泥晶颗粒灰岩，(b) 设兴组上段的弱重结晶生物碎屑颗粒灰岩，(c)~(f) 分别来自设兴组下段、中段、上段和顶段的砂岩；Q-单晶石英，Qp-多晶石英，Pl-斜长石，Lm-变质岩岩屑，Ls-沉积岩岩屑，Lv-火山岩岩屑（修改自 Wang et al., 2020）

Wei 等（2020）在拉萨市西北部采集了 8 组设兴组红层砂岩样品（图 3.26）。这些砂岩主要为长石岩屑砂岩，为河流沉积的产物。设兴组样品的成分变化较大，平均 Q：F：L=35：27：38（图 3.27）。

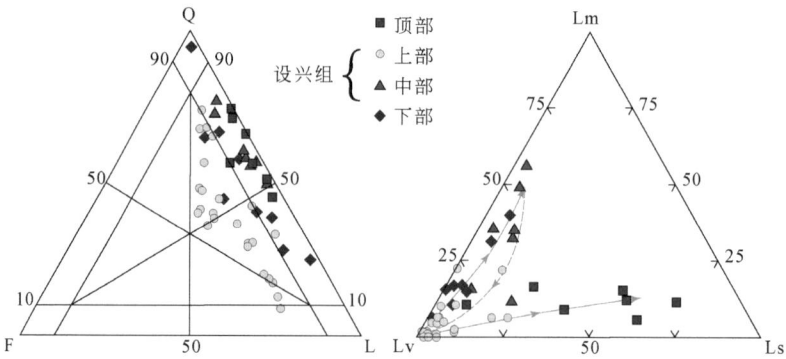

图 3.25 林周盆地设兴组砂岩碎屑组成（分类方法参考 Garzanti，2019）

图中箭头方向为成分增长趋势；Q-石英，F-长石，L-岩屑，Lm-变质岩岩屑，Ls-沉积岩岩屑，Lv-火山岩岩屑（修改自 Wang et al., 2020）

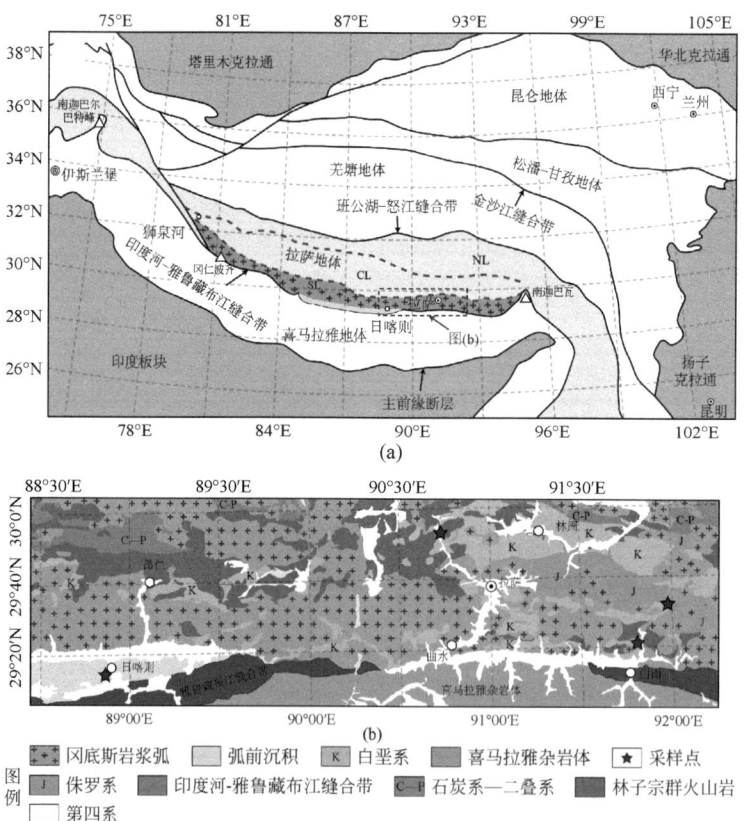

图 3.26 青藏高原大地构造格局示意图（a）和拉萨北部地质及采样点位置（b）（修改自 Wei et al., 2020）

CL-中拉萨地体，NL-北拉萨地体，SL-南拉萨地体

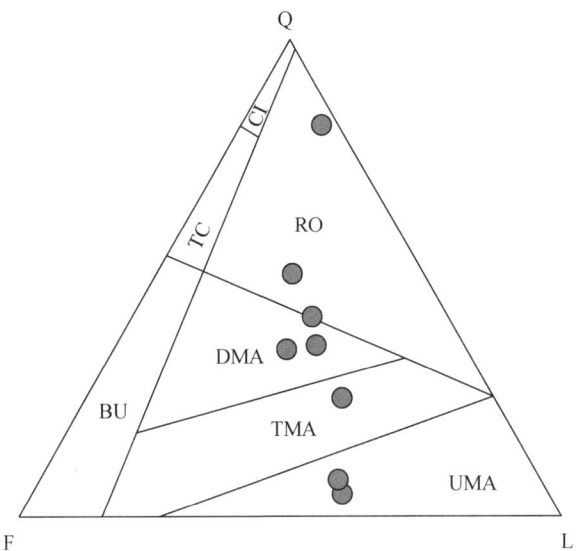

图 3.27　设兴组 Q-F-L 三元图解

F-长石，L-岩屑，Q-石英，BU-基底隆起，CI-克拉通内部，DMA-切割弧， RO-再旋回造山带，TC-过渡大陆，
TMA-过渡岩浆弧，UMA-未切割岩浆弧（修改自 Wei et al., 2020）

此外，Wei 等（2020）采集的设兴组样品中大部分砂岩显示出典型的钠质特征（$K_2O/Na_2O=0.16\sim0.57$），具有较宽的 SiO_2、Al_2O_3 和 CaO 质量分数范围 [图 3.28（b）、（e）]。一般而言，在砂岩中，SiO_2 与 TiO_2、Al_2O_3、MgO、$Fe_2O_3^T$（其中 $Fe_2O_3^T$ 代表 Fe_2O_3 形式的总 Fe）和 Na_2O 呈显著负相关 [图 3.28（a）～（c）、（e）、（f）]，反映了成分成熟度向高 SiO_2 方向增加。值得注意的是，Mg、Fe、Ti 和 Na 主要存在于火山岩屑中，反映在火山岩屑比例与这些元素的正相关性上 [图 3.28（g）～（i）]。设兴组样品的化学风化指数较低，CIA 为 49～59，表明碎屑岩的化学风化作用有限，碎屑物质的搬运距离较短，源区近。此外，Wei 等（2020）认为设兴组砂岩样品的 Eu/Eu* 很可能受富含斜长石的火山岩岩屑富集控制（图 3.27），这进一步表明设兴组样品沉积在火山活动区，且碎屑物质的搬运距离较近。

研究区冈底斯带弧后盆地内，设兴组与其上覆地层典中组之间的不整合界线清晰可见 [图 3.29（a）、（b）]，并伴有基性侵入岩脉的发育 [图 3.29（c）]。设兴组顶部的红色砂岩为长石石英砂岩，碎屑颗粒磨圆度一般，分选性较差，表明该组碎屑物质的源区距离较近，可能反映了一个快速抬升、剥蚀并沉积的过程。砂岩的碎屑成分以石英为主（75%），其次为长石（20%，其中大部分为钾长石）和少量岩屑（4%），杂基含量较低（小于 1%）。砂岩呈孔隙式胶结，显示颗粒支撑结构，并可见方解石脉侵入该地层 [图 3.29（h）]。

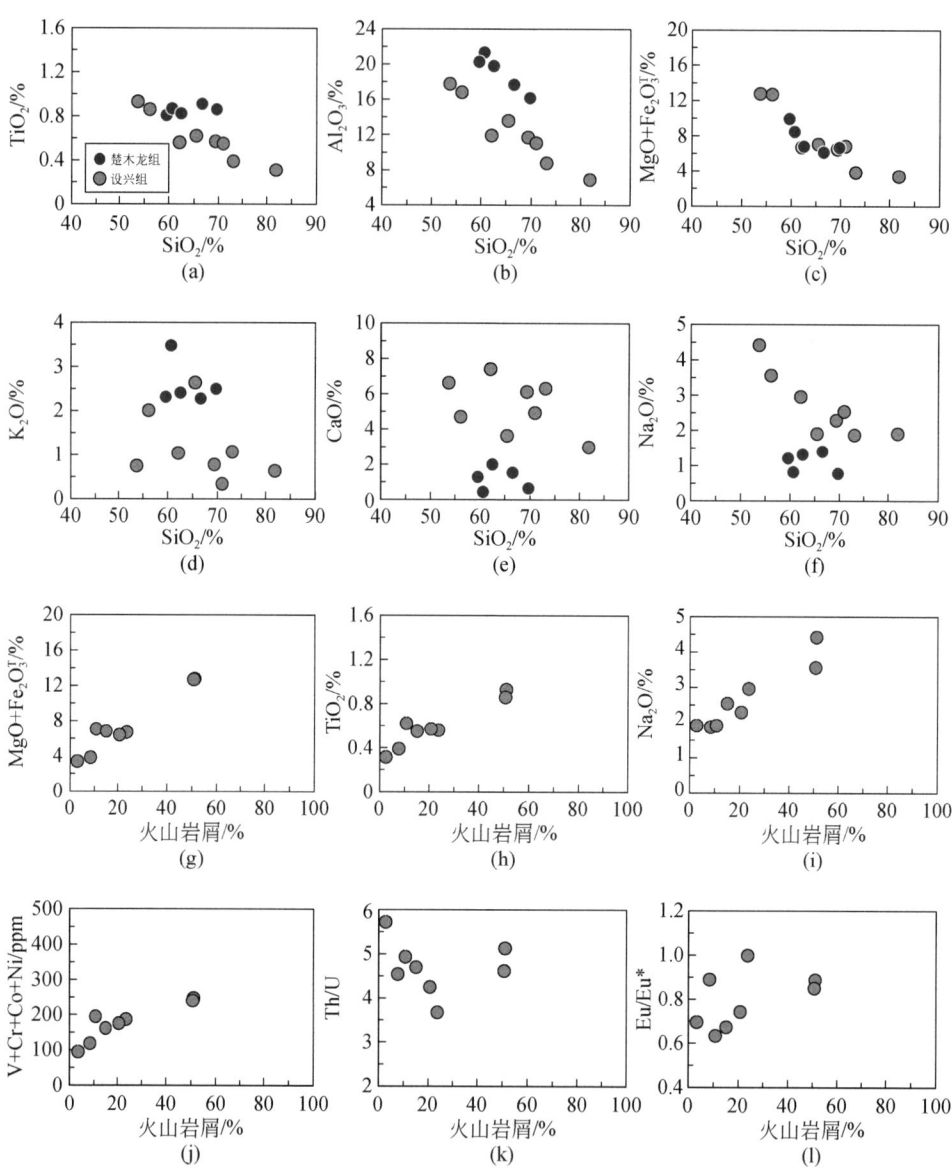

图 3.28 林周盆地楚木龙组与设兴组沉积岩地球化学图解

（a）～（f）为砂岩和泥岩样品的 SiO_2 与主量元素氧化物质量分数的关系图，（g）～（l）为砂岩样品的模式火山岩屑比例与选定元素浓度或比值的关系图（修改自 Wei et al., 2020）

第 3 章 冈底斯带弧后盆地沉积岩的沉积特征及大地构造环境 ·71·

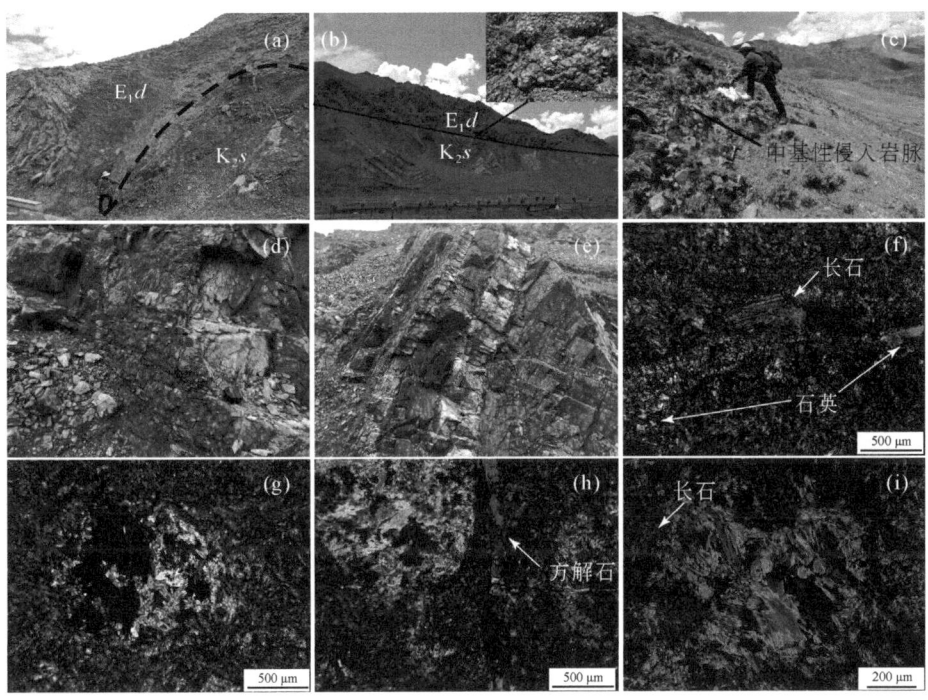

图 3.29 设兴组砂岩野外产出状态及镜下显微照片

第4章 冈底斯带弧后盆地沉积岩的研究方法与样品特征

4.1 沉积岩定年手段

锆石单矿物颗粒在河北省欣航测绘院有限责任公司挑选完成。锆石制靶及阴极射线发光（cathode luminescence，CL）图像在北京中科矿研检测技术有限公司完成。碎屑锆石 U-Pb 测年（LA-ICP-MS）实验分别在武汉上谱分析科技有限责任公司、山东省沉积成矿作用与沉积矿产重点实验室（山东科技大学）和中国地质调查局天津地质调查中心完成。由于测试分析的仪器基本具有相似的原理，因此本次以山东科技大学的锆石测年仪器型号为例进行简单的论述。其中，测试锆石 U-Th-Pb 同位素的质谱仪 ICP-MS 型号为 Agilent 7900。实验过程中，氦气（He）为剥蚀物质的载气，氩气（Ar）作为补偿气，激光束斑直径为 32 μm。锆石年龄计算采用国际标准锆石 91500 作为外标，元素含量采用人工合成硅酸盐玻璃 NIST SRM610 作为外标，^{29}Si 作为内标元素进行校正。线下数据处理采用 ICPMSDataCal 12.0 软件完成（Liu et al., 2008, 2010）。最后对所测样品锆石年龄与同位素比值进行处理，并用软件对测试数据进行普通铅校正。年龄计算及谐和图绘制采用 Isoplot 程序（4.11 版）完成（Ludwig, 2003），具体仪器参数、分析方法与实验程序详见 Zong 等（2017）。碎屑锆石年龄核密度直方图在 Kernel Density Estimation（KDE）（Vermeesch, 2012）软件中进行初始绘制，并在 CorelDRAW 软件中重新美化绘制完成。

此外，本研究应用灰岩中的方解石 U-Pb 定年方法对多底沟组中的钙质双壳类化石进行测年分析工作。方解石 U-Pb 年代学分析实验在美国加利福尼亚大学圣塔芭芭拉分校使用 Photon Machines 公司的 193 nm 准分子激光剥蚀系统与 Nu Plasma 3D 多接收器等离子质谱仪耦合完成。具体分析方法与实验过程详见 Kylander-Clark（2020）。将 80～100 μm 大小的方解石厚切片放置在载玻片上，激光束斑为 85 μm，在 20 s 基线下以 10 Hz 的频率运行 15 s。采用 NIST614 和方解石标准 WC-1（254 Ma）相结合（Roberts et al., 2017），在整个分析过程中定期测量，并在两步程序中对未知的仪器漂移和质量偏差进行校正。NIST614 首先用于校正所有同位素比值的仪器漂移，使用 Iolite v2.5 软件（Paton et al., 2010）对

^{207}Pb/^{206}Pb 与 ^{206}Pb/^{238}U 的质量和探测器偏差进行校正，当 ^{207}Pb/^{206}Pb 初始值为 0.85 时，WC-1 年龄为 254 Ma。次要参照物的加权平均方差控制在合适范围（MSWD=0.88～1.8）内，个体的不确定度约为 2%。

方解石标准 ASH-15D 值为 2.965（Nuriel et al.，2021），Duff Brown Tank 年龄为 64 Ma（Hill et al.，2016），AUG-B6 年龄为 43 Ma（Brigaud et al.，2020），在分析过程中得到的年龄数据在不确定度范围内有所重叠，分别为（2.937±0.098）Ma（n=29，MSWD=1.05），（66±3）Ma（n=10，MSWD=1.8），（42.83±0.33）Ma（n=42，MSWD=0.88），以上数值均不固定。WC-1 年龄为（254.94±0.98）Ma（固定值，n=81，MSWD=1.5）。此外，考虑到次要参照物的可现性和对所有 U-Pb 标准的长期可重复性，认为计算年龄的不确定度约为 2.5%。该不确定度以正交形式置于解析不确定度中。剔除具有以下特征的数据点：①不确定度大于或等于 100% 的数据；②超过一半的分析结果是在 3 s 基线内得到的数据（约占总数据的 10%）；③通过合理截距绘制时不相交的数据（小于总数据的 1%）。所有不确定度均在 2σ 水平下绘制和引用。

4.1.1 碎屑锆石 U-Pb 年代学特征

1. 设兴组碎屑锆石 U-Pb 年代学特征

对设兴组顶部砂岩的 3 件样品（MG222、CT18、XY1524）的 280 颗碎屑锆石进行 U-Pb 定年分析工作，其中有效数据 223 个（排除 57 个无效数据）。代表性的碎屑锆石 CL 图如图 4.1 所示。大多数锆石具有环带结构，长度在 50～150 μm，长宽比为 1∶1 到 3∶1，部分锆石含有继承性锆石核。设兴组碎屑锆石的形态主要为棱柱状、半自形—他形，少数呈自形，次圆状锆石较少。年龄小于 200 Ma

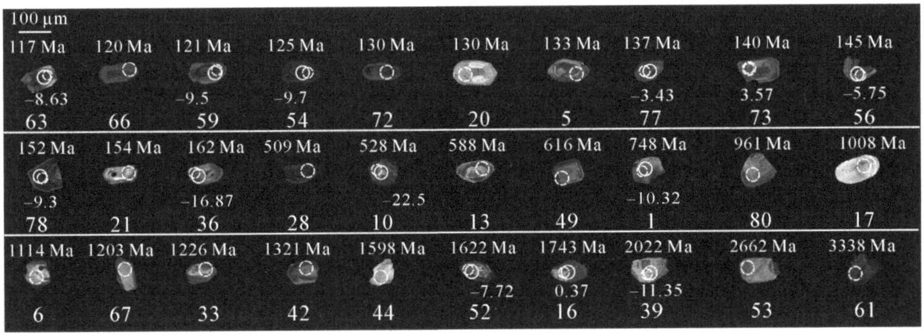

图 4.1 设兴组代表性碎屑锆石 CL 图

虚线圈代表 U-Pb 年龄测点，实线圈为原位 Hf 同位素测点的碎屑锆石全部呈棱柱状,表明侏罗纪以来的碎屑物质源区较近,可能为近距离搬运的产物。而部分锆石颗粒边缘呈不完整形态,其中多数具有较老的年龄,提示这些锆石可能源自更远的物源区,或为远距离搬运和多次沉积旋回的结果。

锆石的 Th、U 含量测试结果显示,设兴组碎屑锆石的 Th 含量在 2～4197 ppm[①],U 含量在 12～5009 ppm,大部分锆石的 Th/U 较高,为 0.41～4.11,小部分锆石的 Th/U 较低,为 0.012～0.393 [图 4.2(a)]。根据前人研究,U 元素在氧化作用下会在风化过程中发生流失,因此锆石的 Th/U 通常随着风化作用强度

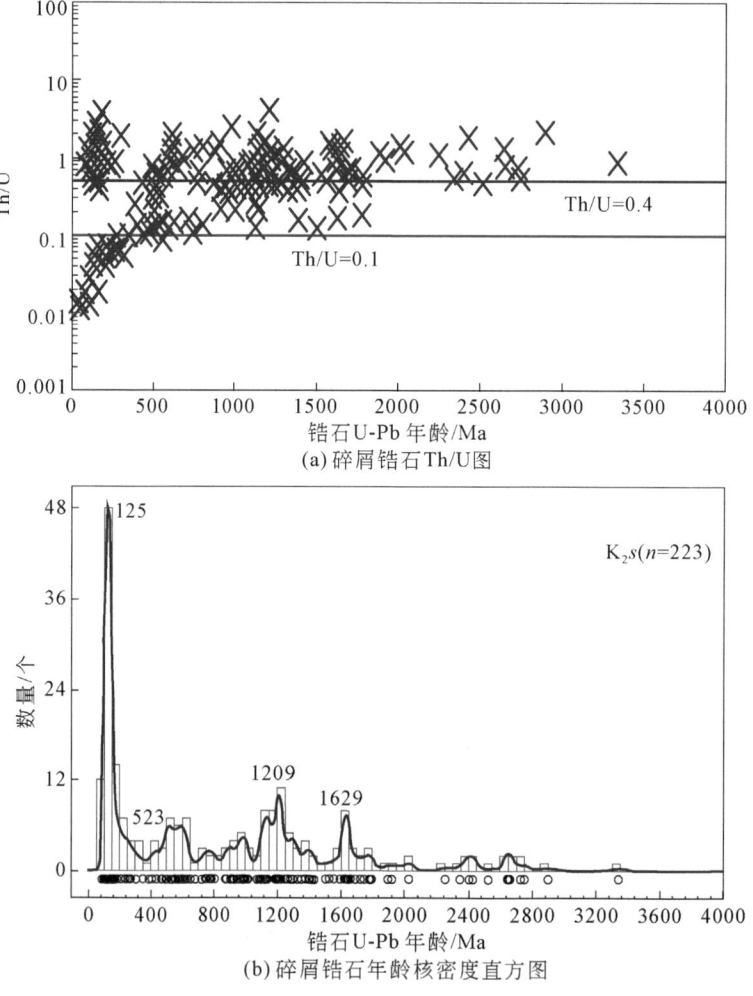

(a) 碎屑锆石 Th/U 图

(b) 碎屑锆石年龄核密度直方图

图 4.2 弧后盆地设兴组碎屑锆石年龄分布特征

---

① 1 ppm=10^{-6}。

的增加而增大（McLennan and Taylor，1991）。在设兴组砂岩中，部分碎屑锆石的 Th/U 大于 4，显著高于上地壳的平均值（3.8），表明其原岩形成过程可能与风化历史相关（井天景，2014），且原岩与物源区可能较为接近。结合设兴组碎屑锆石的 CL 图与 Th/U 可知，大多数锆石具有明显的火成岩来源特征（Hoskin and Black，2010），而少数 Th/U 小于 0.1 的锆石可能为变质成因锆石（Belousova et al.，2002；Hoskin and Black，2010）。

通过对设兴组样品的 U-Pb 年龄测试分析，获得了多个峰值区间，主要可划分为四个年龄群组，分别为 387~83.1 Ma、678~403 Ma、1422~1013 Ma、1789~1487 Ma［图 4.2（b）］。根据碎屑锆石年龄核密度直方图，各年龄组主峰年龄分别约为 125 Ma、1209 Ma，次峰年龄约为 523 Ma、1629 Ma。此外，样品中最年轻的碎屑锆石年龄约为 83.1 Ma，而最老的锆石年龄约为 3338 Ma，显示出该组样品年龄分布范围较广，跨度较大。

此外，前人对冈底斯带弧后盆地其他地区设兴组沉积岩的定年研究已有一定进展。Wang 等（2020）对林周盆地设兴组的 10 件样品（13LZ06、14LZ01、13LZ38、14MQ-A、13LZ29、13LZ49、13LZ55、13LZ15、13LZ20、17LZ-A）开展了碎屑锆石 U-Pb 定年工作，结果如下（图 4.3）。

设兴组下段（13LZ06 和 14LZ01）的碎屑锆石年龄谱显示［图 4.3（a）］，早白垩世主要的锆石群年龄集中在 145~115 Ma，而更老的年龄群则分布在 300~200 Ma。此外，还存在 700~500 Ma、1300~900 Ma 和 1900~1600 Ma 的年龄簇集分布，其 $\varepsilon_{Hf}(t)$ 为-30~+10，且其 T_{DM}^C 模式年龄介于 3.5~1.0 Ga。设兴组中段（13LZ38）47 颗锆石的 U-Pb 年龄和 Hf 同位素特征显示，除 4 颗中生代锆石（221~106 Ma，$\varepsilon_{Hf}(t)$ 为+10）外［图 4.3（b）］，其余锆石的年龄谱及 Hf 同位素特征与下段的结果一致。设兴组上段（14MQ-A、13LZ29、13LZ49 和 13LZ55）的碎屑锆石年龄在 200~100 Ma，呈现出显著的年龄群［图 4.3（c）~（e），占总分析的 40%~55%］。早白垩世锆石的比例在剖面上逐渐增加，尤其在上段顶部样品 13LZ15 中，显示出一个最显著的年龄峰值约 100 Ma。而设兴组顶段（13LZ20、17LZ-A）的碎屑锆石在 600~500 Ma 处显示出一个主要的年龄簇，此外还有 1300~1000 Ma、1900~1600 Ma、2500~2400 Ma 的次要年龄区间，中生代锆石（250~100 Ma）的 Hf 同位素特征与下段的结果一致。

2. 塔克那组碎屑锆石 U-Pb 年代学特征

本书对塔克那组四件样品（MG231、MG235、MG432、NMJ03）中的 201 颗碎屑锆石进行 U-Pb 定年分析，其中有效数据 198 个。代表性的碎屑锆石 CL 图如图 4.4 所示。锆石颗粒的长度为 50~300 μm，长宽比为 1∶1~2∶1，多数锆石有

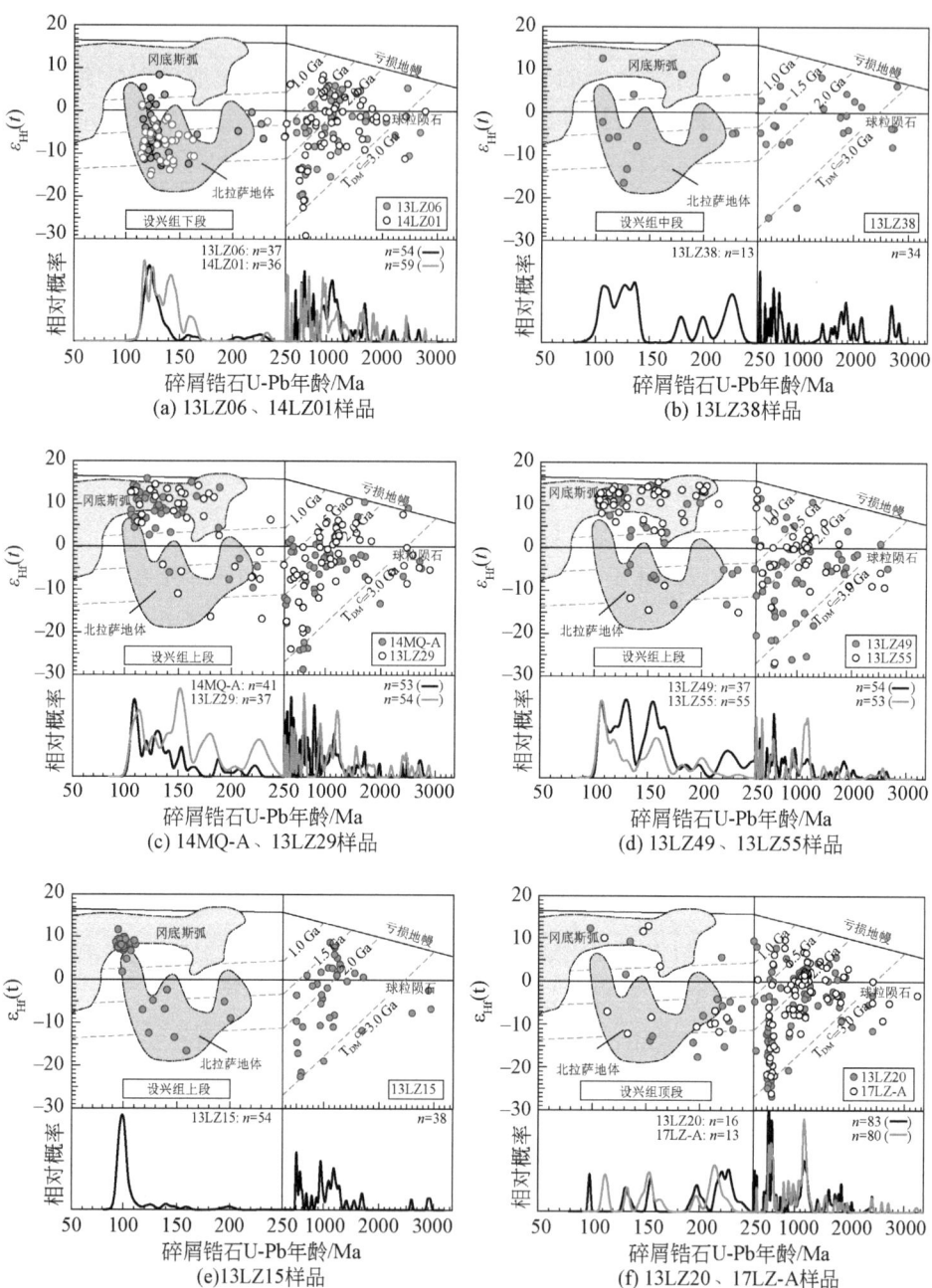

图 4.3 设兴组碎屑锆石 U-Pb 年龄与 Hf 同位素特征图解（修改自 Wang et al., 2020）

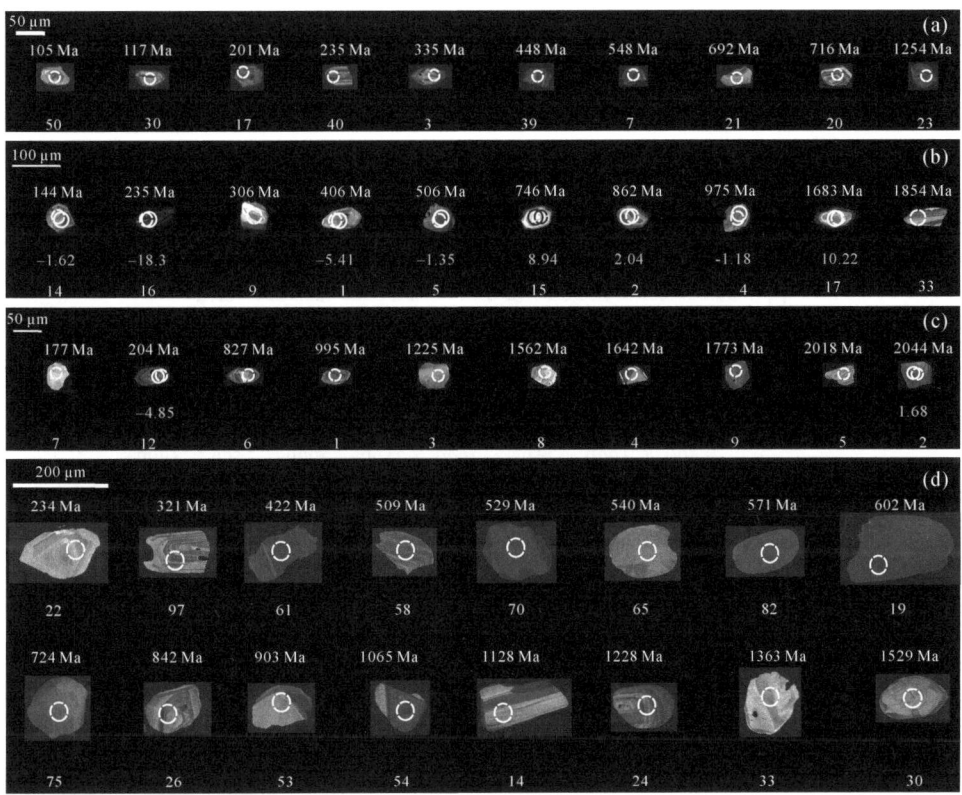

图 4.4 塔克那组代表性碎屑锆石 CL 图

虚线圈代表 U-Pb 年龄测点，实线圈为原位 Hf 同位素测点

环带结构，震荡纹理，部分锆石含继承性锆石核。除样品 NMJ03 的碎屑锆石颗粒粒径较大外 [图 4.4（d）]，其余三组样品的锆石颗粒普遍较小 [图 4.4（a）～（c）]。总体而言，塔克那组碎屑锆石的磨圆度一般，且存在部分边缘不完整的锆石。值得注意的是，相比于年龄较老的锆石，年轻锆石的磨圆度更差。

塔克那组碎屑锆石的 Th、U 元素含量分别在 11～2610 ppm、27～4440 ppm。少部分锆石具有较低的 Th/U 值（0.045～0.360），而大多数锆石则显示出较高的 Th/U 值（0.402～1.908）[图 4.5（a）]，这表明大部分锆石具有与岩浆锆石的亲缘性（Corfu，2003）。碎屑锆石年龄核密度直方图显示 [图 4.5（b）]，塔克那组样品的碎屑锆石年龄跨度较大，且存在多个峰值区间。主峰年龄区间有两个，其中年龄在 235～166 Ma 的锆石组成了该组样品中最占优势的年龄区间，其次为 570～431 Ma 年龄区间，而次峰区间则在 1300～600 Ma 连续分布。塔克那组锆石的主峰值年龄分别为（216±4.2）Ma 和（540±5.2）Ma，而次峰值年龄分别为（117±2.1）Ma、

（167±3.8）Ma、（438±6.5）Ma、（1220±36.9）Ma。

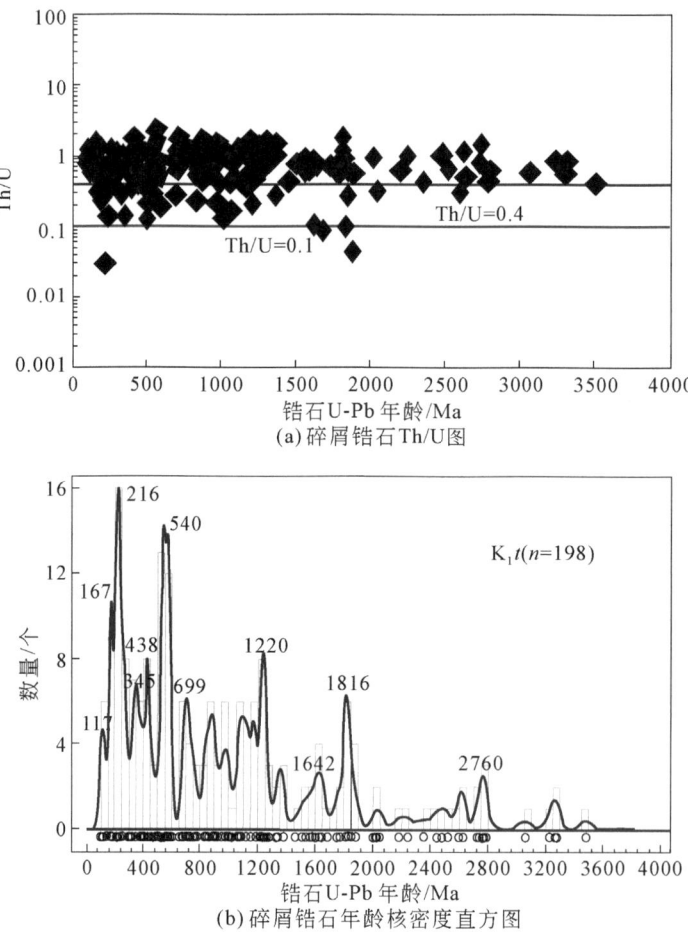

图 4.5 弧后盆地塔克那组碎屑锆石年龄分布特征

3. 楚木龙组碎屑锆石 U-Pb 年代学特征

对楚木龙组两件样品（MG4-1、MG4-2）中的 121 颗碎屑锆石开展 U-Pb 定年分析工作，并获得有效数据 103 个。代表性的碎屑锆石 CL 图如图 4.6 所示。楚木龙组碎屑锆石的长度为 50～100 μm，长宽比为 1∶1～2∶1。年龄小于 200 Ma 的锆石多呈棱柱状，且自形程度普遍较高，推测这些锆石可能为近距离搬运的产物，而年龄较老的锆石（>500 Ma）则表现出较高的磨圆度。大部分锆石有环带结构，少数锆石具有继承性锆石核。

图 4.6 楚木龙组代表性锆石 CL 图

虚线圈代表 U-Pb 年龄测点，实线圈为原位 Hf 同位素测点

楚木龙组碎屑锆石的 Th、U 含量测试结果显示，Th 含量为 18～3770 ppm，U 含量为 111～3760 ppm。大部分锆石的 Th/U 值较高，为 0.40～2.34，而少数碎屑锆石的 Th/U 值较低，为 0.013～0.387 [图 4.7（a）]。这表明大部分锆石与火成岩具有较强的亲缘关系（Hoskin and Schaltegger，2003），少数 Th/U 值小于 0.1 的锆石可能为变质锆石，或受到了变质流体交代作用的影响。楚木龙组的碎屑锆石年龄核密度直方图呈现出显著的多峰模式分布特征 [图 4.7（b）]。其中，占优势的峰值区间为 140～82 Ma，峰值年龄对应为（93±2.2）Ma。此外还存在部分次要峰值区间，如 300～140 Ma、700～400 Ma、1300～1000 Ma，与之相对应的峰值年龄分别为（200±4.7）Ma、（506±7）Ma、（583±8）Ma、（1148±39）Ma。

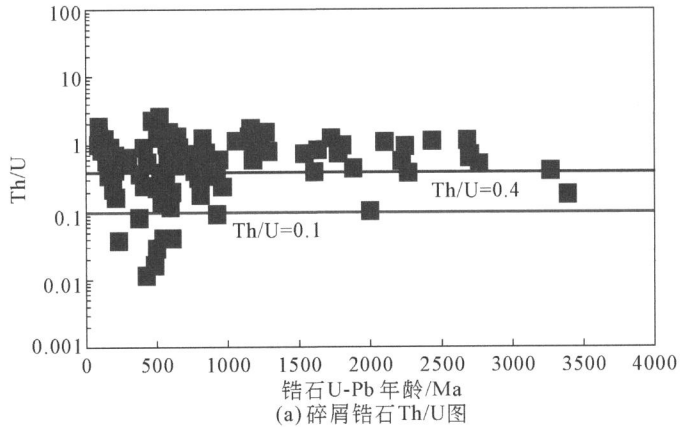

(a) 碎屑锆石 Th/U 图

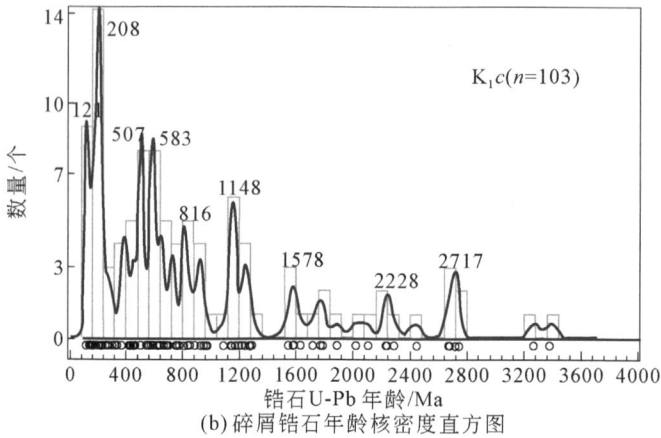

(b) 碎屑锆石年龄核密度直方图

图 4.7　弧后盆地楚木龙组碎屑锆石年龄分布特征

4. 林布宗组碎屑锆石 U-Pb 年代学特征

对林布宗组一件样品（MG442）进行碎屑锆石 U-Pb 定年分析，共选取 80 颗锆石，所测数据全部有效。代表性碎屑锆石 CL 图如图 4.8 所示。林布宗组碎屑锆石颗粒长为 50～200 μm，长宽比为 1∶1～4∶1。大部分锆石具有明显的环带结构及震荡纹理，个别锆石含有继承性锆石核。年龄小于 500 Ma 的锆石通常具有较低的磨圆度，且多呈棱柱状形态，指示其可能经历了较短距离的搬运过程；而年龄大于 500 Ma 的锆石则表现出较高的磨圆度，可能源于古老物质的再循环或经历了较远距离的搬运过程。

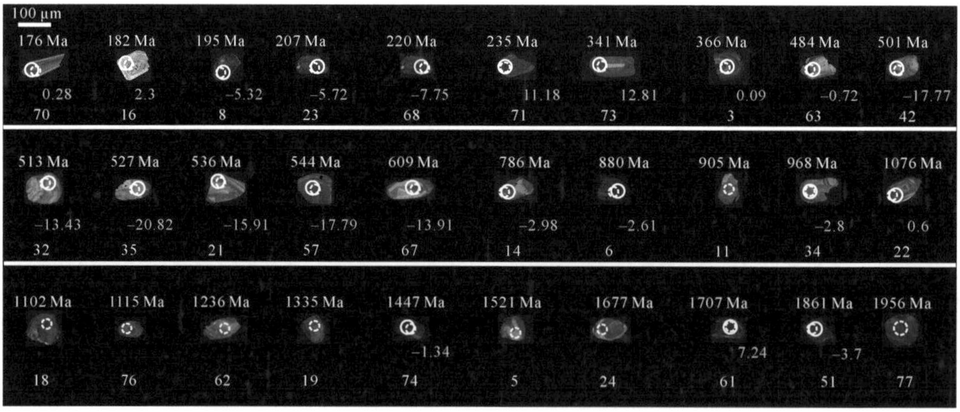

图 4.8　林布宗组代表性锆石 CL 图

虚线圈代表 U-Pb 年龄测点，实线圈为原位 Hf 同位素测点

林布宗组碎屑锆石的 Th、U 元素含量分别为 32～1133 ppm、41～1780 ppm，大部分锆石具有较高的 Th/U 值（0.40～3.04），指示火成岩起源；而少部分锆石具有低的 Th/U 值（0.084～0.385，均小于 0.1），提示其可能为变质成因锆石[图 4.9（a）]。研究区冈底斯弧后盆地林布宗组碎屑锆石年龄核密度直方图结果显示[图 4.9（b）]，该组锆石的年龄跨度较大（2627～176 Ma），并呈现多个显著的年龄峰值区间。最主要的峰值区间为 300～176 Ma、630～450 Ma 和 1200～1010 Ma，对应的主峰值年龄分别为（195±2.7）Ma、（537±8）Ma 和（1096±55）Ma。此外，其他年龄区间内可识别出几个较弱的年龄峰，峰值年龄分别为（366±4.3）Ma、（905±10）Ma、（1236±29）Ma 和（1687±24）Ma。

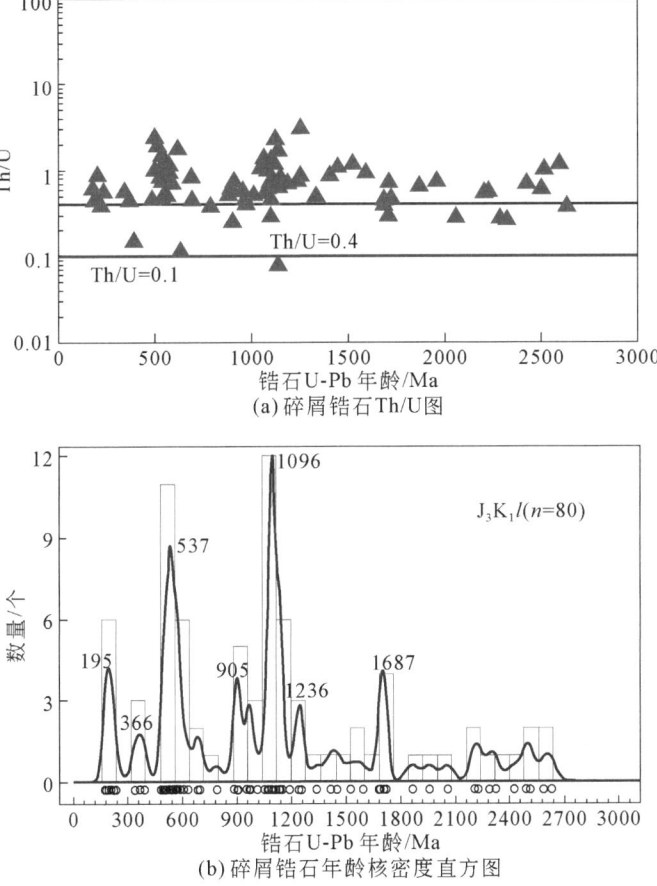

图 4.9 弧后盆地林布宗组碎屑锆石年龄分布特征

5. 多底沟组碎屑锆石 U-Pb 年代学特征

对多底沟组两件样品（DQ02、YK3-4）中的 125 颗碎屑锆石开展 U-Pb 定年分析工作，其中有效数据 82 个。代表性碎屑锆石 CL 图如图 4.10 所示。多底沟组碎屑锆石颗粒长为 50～300 μm，长宽比为 1∶1～6∶1。锆石多呈棱柱状，自形程度较高且磨圆度较差，并具有明显的岩浆锆石环带及震荡纹理特征，少数锆石具有继承性锆石核。

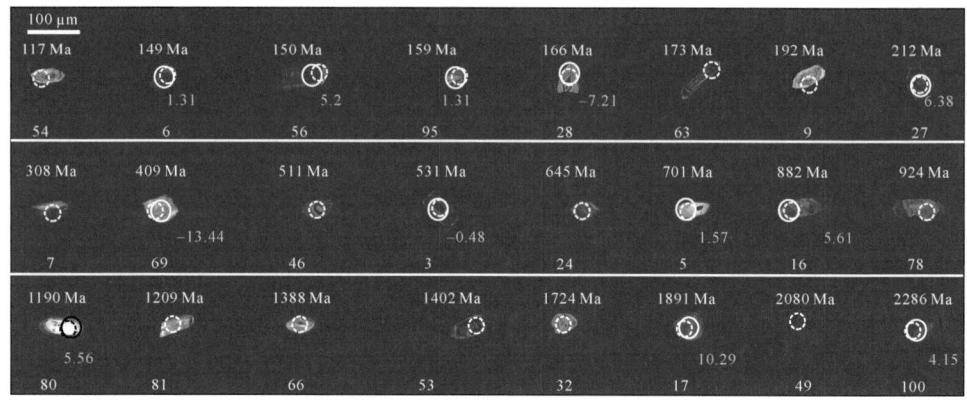

图 4.10　多底沟组代表性锆石 CL 图

虚线圈代表 U-Pb 年龄测点，实线圈为原位 Hf 同位素测点

多底沟组碎屑锆石的 Th、U 元素含量分别为 6～3257 ppm、40～3673 ppm，大部分锆石具有高的 Th/U 值（0.402～1.398），指示火成岩起源，而少数锆石的 Th/U 值较低（0.044～0.396），其中部分锆石的 Th/U 值小于 0.1，指示其可能受变质流体交代作用的影响 [图 4.11（a）]。此外，由多底沟组碎屑锆石的标准化稀土配分模式图可知（图 4.12），大部分锆石显示出 Ce 正异常和 Eu 负异常，同时富集重稀土（HREE）元素，为典型的岩浆成因。

多底沟组碎屑锆石的定年结果显示 [图 4.11（b）]，锆石的年龄范围跨度较大（3725～114 Ma）。样品 DQ02 的碎屑锆石年龄呈现多个峰值区间，其中最具优势的年龄区间分别为 220～117 Ma、600～480 Ma、2600～2450 Ma。对应的峰值年龄分别为（159±4.8）Ma、（524±9.9）Ma、（2518±67）Ma。值得注意的是，研究区多底沟组样品缺乏 1100～1000 Ma 与 1700～1500 Ma 这两个年龄段的锆石。

第4章 冈底斯带弧后盆地沉积岩的研究方法与样品特征

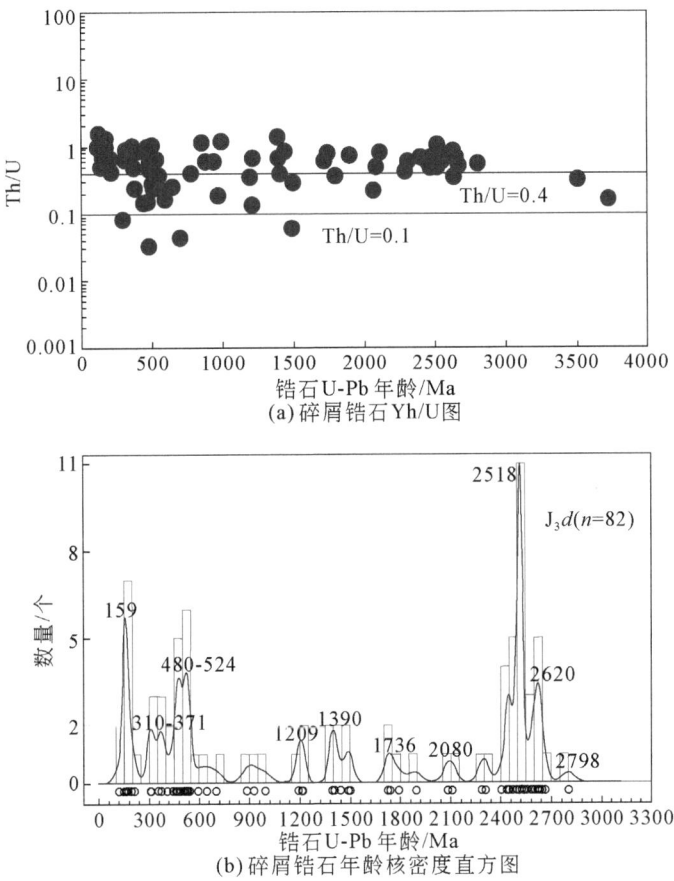

(a) 碎屑锆石Th/U图

(b) 碎屑锆石年龄核密度直方图

图4.11 弧后盆地多底沟组碎屑锆石年龄分布特征

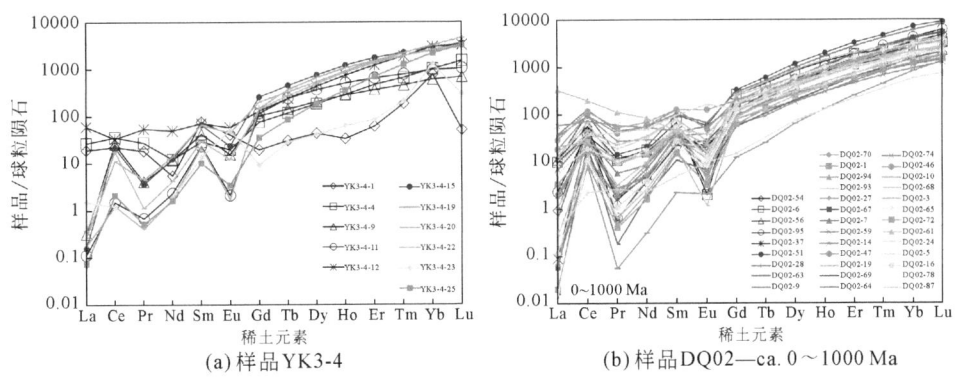

(a) 样品YK3-4

(b) 样品DQ02—ca. 0~1000 Ma

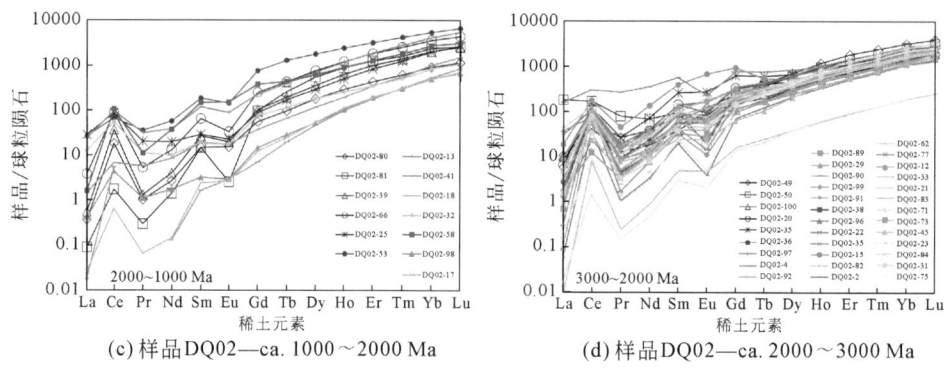

(c) 样品DQ02—ca.1000～2000 Ma

(d) 样品DQ02—ca.2000～3000 Ma

图4.12 多底沟组锆石稀土标准化配分模式图（标准化参考数值见Sun and McDonough，1989）

6.却桑温泉组碎屑锆石U-Pb年代学特征

对却桑温泉组的一件样品（YK3-5）开展碎屑锆石U-Pb定年分析工作，共选取150个测点，获得有效数据149个。代表性的碎屑锆石CL图如图4.13所示。却桑温泉组碎屑锆石颗粒长度为50～150 μm，长宽比为1∶1～2∶1，大部分锆石呈棱柱状，有明显的环带结构，且显示出较低的磨圆度，反映出物源区较近的特征。

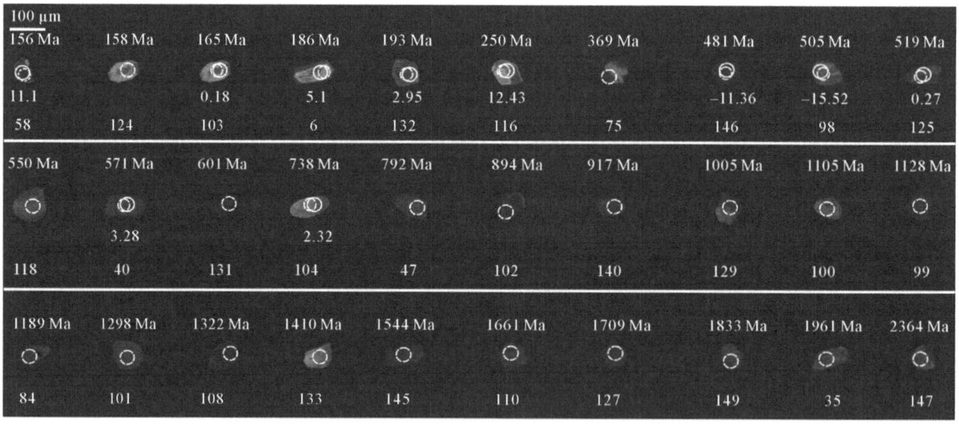

图4.13 却桑温泉组代表性锆石CL图

虚线圈代表U-Pb年龄测点，实线圈为原位Hf同位素测点

却桑温泉组碎屑锆石的Th元素含量为2～1238 ppm，U元素含量为14～1567 ppm。大部分锆石具有高的Th/U值（0.4～2.92），反映了其与岩浆锆石具有较强的亲缘性，表现出与CL图中岩浆锆石环带相一致的特征。少部分锆石具有

低的 Th/U 值（0.016～0.396），其中 Th/U 值小于 0.1 的锆石可能为变质成因 [图 4.14（a）]，可见变质增生边。却桑温泉组碎屑锆石的定年结果显示 [图 4.14（b）]，该组锆石的年龄分布范围较广（3364.5～156 Ma），主要可分为四个年龄群组：250～156 Ma、620～400 Ma、1240～1005 Ma 和 1870～1475 Ma，与之对应的峰值年龄分别为（171±1.8）Ma、（571±4.7）Ma、（1124±42.9）Ma 和（1573±19.3）Ma。最年轻的碎屑锆石年龄为（156±2.0）Ma。此外，锆石的标准化稀土分配模式图显示，大部分锆石具有显著的 Ce 正异常和 Eu 负异常，且富集重稀土（HREE）元素，表明其为典型的岩浆成因，仅有少部分锆石显示出平坦的轻稀土（LREE）分配模式（图 4.15）。

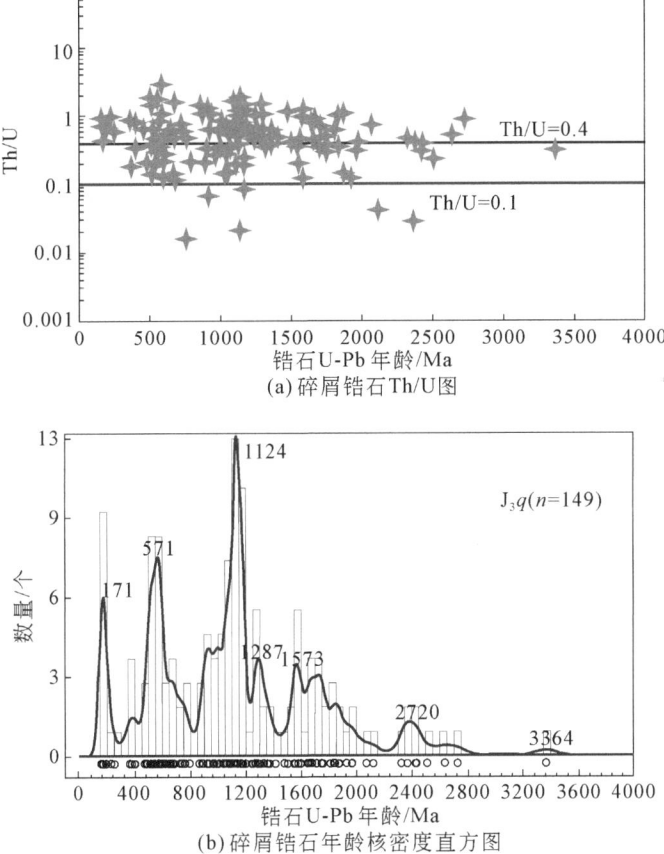

图 4.14　弧后盆地却桑温泉组碎屑锆石年龄分布特征

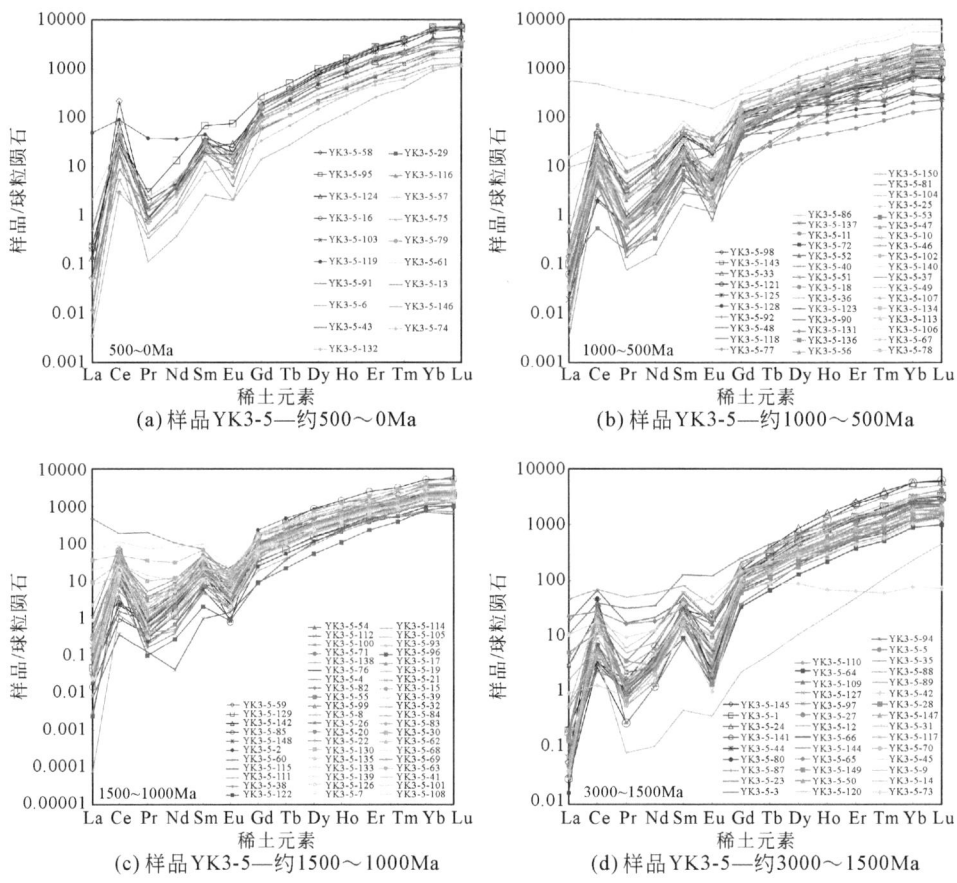

图 4.15 却桑温泉组锆石稀土分配模式图（标准化参考值见 Sun and McDonough，1989）

4.1.2 灰岩方解石 U-Pb 年代学特征

对多底沟组一件样品开展钙质双壳类化石方解石 U-Pb 定年工作。首先从岩样上选取合适样品磨至可用于原位 U-Pb 测年的方形厚切片，从样品中选择填充方解石的生物碎屑进行原位 U-Pb 定年工作［图 4.16（a）］。本次工作共选取 40 个节段进行测年，其中有 6 个节段得出错误的测年结果，此外还有年龄异常年轻与低的 $^{238}U/^{206}Pb$ 值的节段（Cong et al.，2022），因此这些数据并不适用。方解石样品的有效数据代表性年龄谐和图显示［图 4.16（b）］，多底沟组灰岩中生物碎屑方解石最年轻的年龄为（155.4±6.7）Ma。

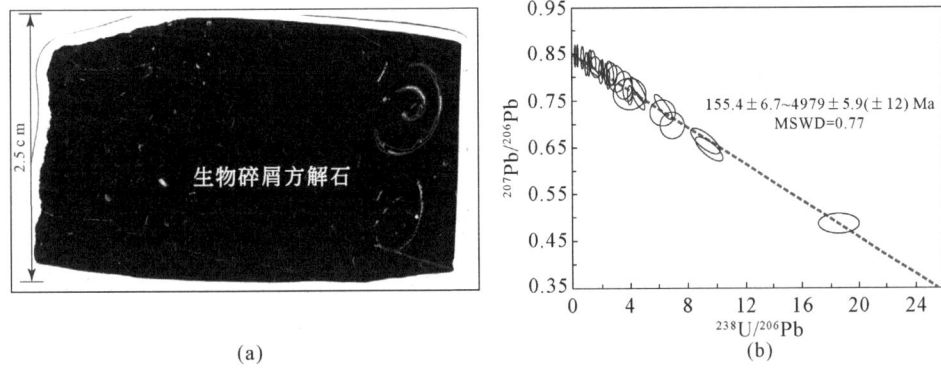

图 4.16　多底沟组生物碎屑方解石样品（a）及年龄谐和图（b）

4.2　锆石原位 Lu-Hf 同位素分析手段

锆石原位 Lu-Hf 同位素分析在武汉上谱分析科技有限责任公司使用 LA-ICP-MS 完成，剥蚀系统为 Geolas HD。碎屑锆石 Lu-Hf 同位素分析测试是在已经得到碎屑锆石年龄数据的基础上，对照 CL 图选取合适点位，并在与 U-Pb 定年相同的区域测试完成。束斑直径为 44 μm，激光输出能量密度为 7 J/cm²。为保证分析数据的可靠性，使用三个国际锆石标准（Plešovice、91500 和 GJ-1）与样品同时进行分析，使用 Plešovice 进行外标校正以进一步优化分析结果。本研究所测 Hf 同位素分析结果与推荐值一致，标样的 Hf 同位素组成详见 Zhang 等（2020）。具体的分析程序与分析方法参考 Hu 等（2012b）。

为探讨晚中生代冈底斯弧后盆地的物源区性质，对晚中生代沉积岩的 9 件样品中的 224 颗锆石开展原位 Lu-Hf 同位素组成分析测试工作，其中有效数据 214 个。锆石颗粒 $\varepsilon_{Hf}(t)$ 值表现出显著的变化，反映了沉积物源的复杂性（图 4.17）。

4.2.1　设兴组 Hf 同位素特征

对设兴组一件样品（MG222）的 30 颗锆石开展 Hf 同位素分析测试工作。结果显示，碎屑锆石的 $^{176}Lu/^{177}Hf$ 值为 0.000027~0.002071，$^{176}Hf/^{177}Hf$ 值介于 0.28120~0.28279。锆石的 $\varepsilon_{Hf}(t)$ 变化范围较广，为-22.49~+9.11，大部分锆石具有负的 $\varepsilon_{Hf}(t)$ 值（-22.49~-0.07），小部分锆石则显示正的 $\varepsilon_{Hf}(t)$ 值（+0.37~+9.11）。总体而言，设兴组样品表现为比较富集的 Hf 同位素特征（图 4.18）。年龄区间为 200~100 Ma 的碎屑锆石 $\varepsilon_{Hf}(t)$ 值大多数为负值（-17.33~-3.43），其中仅有一颗锆石显示出正的 $\varepsilon_{Hf}(t)$ 值（+3.57），它们对应的地壳模式年龄分别为 2.0~1.2 Ga、0.86 Ga；

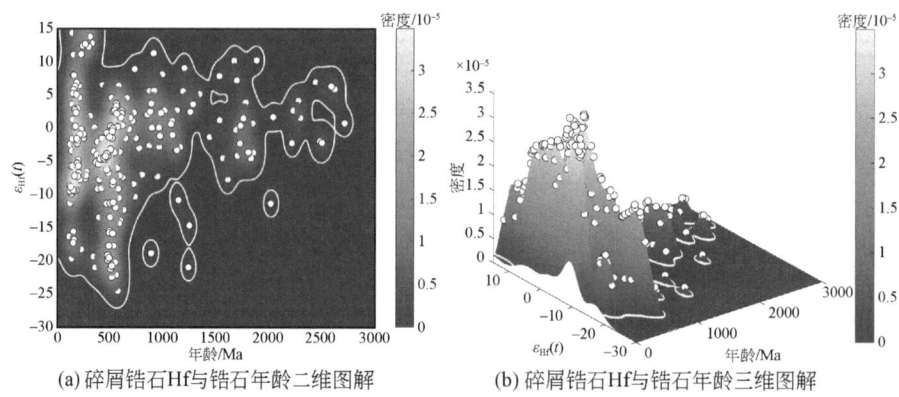

(a) 碎屑锆石Hf与锆石年龄二维图解　　　　(b) 碎屑锆石Hf与锆石年龄三维图解

图 4.17　研究区弧后盆地晚中生代沉积岩碎屑锆石 Hf 同位素二维和三维图解（绘图方法见 Sundell et al.，2019）

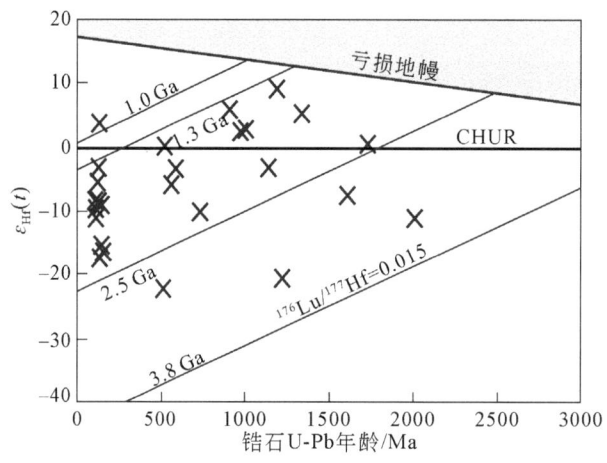

图 4.18　设兴组锆石 U-Pb 年龄及 Hf 同位素分布特征

CHUR（chondritic uniform reservoir），球粒陨石均一储库，代表未经分异的原始地球的 Hf 同位素组成

年龄区间为 1000～500 Ma 的锆石多数具有负的 $\varepsilon_{Hf}(t)$ 值（-22.49～-0.065），但少数显示出正的 $\varepsilon_{Hf}(t)$ 值（+2.29～+5.66），对应的地壳模式年龄分别为 2.6～1.6 Ga、1.6～1.4 Ga；年龄大于 1000 Ma 的锆石 $\varepsilon_{Hf}(t)$ 值比较均衡，既有负值也有正值，对应的 $\varepsilon_{Hf}(t)$ 值分别为-21.01～-3.3、+0.37～+9.11，与之相对应的地壳模式年龄分别为 3.2～2.0 Ga、2.7～1.4 Ga。

Wang 等（2020）对林周盆地设兴组中的 10 件样品（13LZ06、14LZ01、13LZ38、4MQ-A、13LZ29、13LZ49、13LZ55、13MQ15、13LZ20、17LZ-A）开展了 Lu-Hf 同位素分析工作（图 4.3），分析结果如下。

设兴组下段（早白垩世）主要的锆石年龄群在 145～115 Ma，$\varepsilon_{Hf}(t)$值介于-15～+3，对应的地壳模式年龄在 21～10 Ga。年龄较老的锆石（700～500 Ma、1300～900 Ma 和 1900～1600 Ma），其$\varepsilon_{Hf}(t)$值为-30～+10，且 T_{DM}^C模式年龄为 3.5～1.0 Ga。除了 4 颗中生代锆石（221～106 Ma）的$\varepsilon_{Hf}(t)$值在+10 左右为正值外，设兴组中段锆石的 Hf 同位素特征与下段大体一致。设兴组上段中生代锆石的$\varepsilon_{Hf}(t)$值普遍为正值，在+5～+15，对应的 T_{DM}^C模式年龄为 1.0～0.1 Ga。此外还有一些中生代锆石的$\varepsilon_{Hf}(t)$值为负值，在-15～-4，其 T_{DM}^C模式年龄分布在 2.1～1.4 Ga。

而 Wei 等（2020）在拉萨北部采集的设兴组砂岩样品的中生代锆石显示出不同的 Hf 同位素组成（图 4.19）。其中，年龄小于 105 Ma 的锆石具有较高的 $^{176}Hf/^{177}Hf$ 值，$\varepsilon_{Hf}(t)$值介于-0.6～+13.7，而年龄在 238～109 Ma 的锆石则具有低的 $^{176}Hf/^{177}Hf$ 值，$\varepsilon_{Hf}(t)$介于-16.1～5.4，它们均显示出亏损的同位素组成，揭示了它们可能源自新生地壳的剥蚀作用。

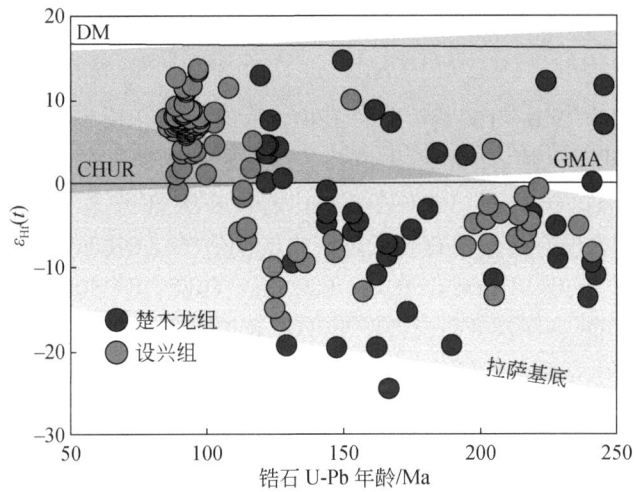

图 4.19 拉萨北部设兴组砂岩锆石 U-Pb 年龄及 Hf 同位素分布特征（修改自 Wei et al.，2020）
DM（depleted mantle），亏损地幔，代表长期提取地壳后残留的贫化地幔（如洋中脊玄武岩的源区）；GMA（granulite-facies metamorphic average），麻粒岩相变质平均 Hf 同位素组成，代表下地壳（尤其是经历麻粒岩相变质的古老地壳）的典型特征

4.2.2 塔克那组 Hf 同位素特征

对塔克那组两件样品（MG231、MG432）的 20 颗碎屑锆石开展原位 Hf 同位素分析工作。结果显示，锆石的 $^{176}Lu/^{177}Hf$ 值为 0.000459～0.003010，$^{176}Hf/^{177}Hf$ 值为 0.28157～0.28297，$\varepsilon_{Hf}(t)$值变化范围较广，为-18.3047～+13.8197，大部分锆

石具有负的 $\varepsilon_{Hf}(t)$ 值（-18.3047~-0.0649），而小部分具有正的 $\varepsilon_{Hf}(t)$ 值（+0.3726~+9.1117）（图4.20）。

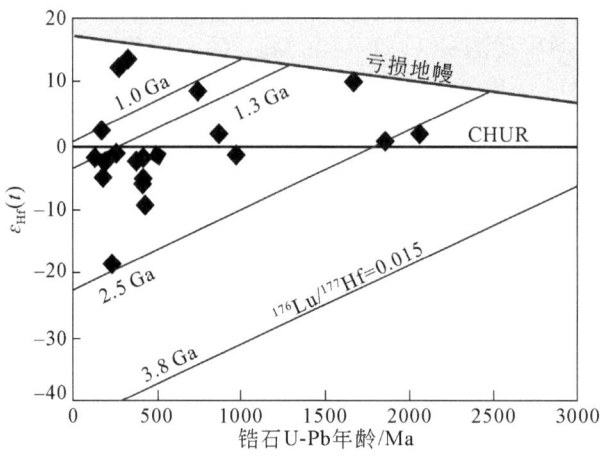

图4.20 塔克那组锆石U-Pb年龄及Hf同位素分布特征

在年龄区间为 200~100 Ma 的锆石中，大部分显示出负的 $\varepsilon_{Hf}(t)$ 值（-2.31~-1.62），仅有一颗锆石显示正的 $\varepsilon_{Hf}(t)$ 值（+2.71），对应的地壳模式年龄分别为 1.2~1.1 Ga 和 0.9 Ga；年龄在 500~200 Ma 的锆石大部分也显示出负的 $\varepsilon_{Hf}(t)$ 值（-18.30~-0.89），仅有两颗锆石显示出正的 $\varepsilon_{Hf}(t)$ 值（+12.70 和+13.82），对应的地壳模式年龄分别为 2.1~1.2 Ga、0.46~0.43 Ga；年龄大于 500 Ma 的锆石大部分显示出正的 $\varepsilon_{Hf}(t)$ 值（+0.74~+10.22），仅有两颗锆石显示出负的 $\varepsilon_{Hf}(t)$ 值（-1.35 和 -1.18），对应的地壳模式年龄分别为 2.5~1.0 Ga、2.8~1.4 Ga。

4.2.3 楚木龙组Hf同位素特征

对楚木龙组两件样品（MG412、MG421）共 42 个测点开展 Hf 同位素分析测试工作，其中有效数据 37 个。楚木龙组碎屑锆石的 $^{176}Lu/^{177}Hf$ 值为 0.000181~0.002404，$^{176}Hf/^{177}Hf$ 值为 0.281480~0.28317，$\varepsilon_{Hf}(t)$ 值为-21.23~+15.96，大部分锆石显示负的 $\varepsilon_{Hf}(t)$ 值（-21.23~-0.191），小部分显示正的 $\varepsilon_{Hf}(t)$ 值（+0.057~+15.96）（图4.21）。

楚木龙组年龄区间在 100~90 Ma 的锆石 Hf 同位素测试结果仅有一个有效数据，对应年龄为 92 Ma，锆石显示出正的 $\varepsilon_{Hf}(t)$ 值（+15.96），地壳模式年龄为 0.1 Ga；年龄区间在 200~100 Ma 的锆石 $\varepsilon_{Hf}(t)$ 全部显示负值（-19.69~-7.26），地壳模式年龄为 1.5~2.1 Ga；年龄区间在 500~200 Ma 的锆石大部分显示出负的 $\varepsilon_{Hf}(t)$ 值（-21.04~-0.19），仅有两颗显示出正的 $\varepsilon_{Hf}(t)$ 值（+4.58、+1.8），对应的地壳模式

年龄分别为 2.4~1.1 Ga、1.1~0.86 Ga；年龄大于 500 Ma 的锆石 $\varepsilon_{Hf}(t)$ 值则比较均衡，$\varepsilon_{Hf}(t)$ 值分别为-21.23~-1.46、+0.06~+7.9，与之对应的地壳模式年龄分别为 2.5~1.5 Ga、2.6~1.2 Ga。

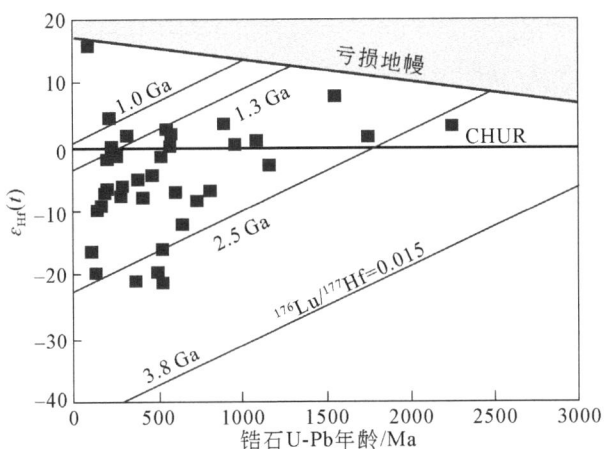

图 4.21 楚木龙组锆石 U-Pb 年龄及 Hf 同位素分布特征

而 Wei 等（2020）在山南市北部采集的楚木龙组样品中，中生代锆石的 $^{176}Hf/^{177}Hf$ 值变化范围很大，$\varepsilon_{Hf}(t)$ 值介于-24.3~+14.7（图 4.19），表明了原岩的多样性。

4.2.4 林布宗组 Hf 同位素特征

对林布宗组一件样品（MG442）共 35 个测点开展原位 Hf 同位素测试工作。碎屑锆石的 $^{176}Lu/^{177}Hf$ 值为 0.000189~0.002804，$^{176}Hf/^{177}Hf$ 值为 0.28114~0.28295，$\varepsilon_{Hf}(t)$ 值为-24.56~+12.814，大部分锆石具有负的 $\varepsilon_{Hf}(t)$ 值（-24.56~-0.13），小部分具有正的 $\varepsilon_{Hf}(t)$ 值（+0.064~+12.814）（图 4.22）。

林布宗组的侏罗纪碎屑锆石测点共 3 颗，其中两颗显示正的 $\varepsilon_{Hf}(t)$ 值（+0.28、+2.30），一颗显示负的 $\varepsilon_{Hf}(t)$ 值（-5.32），对应的地壳模式年龄分别为 1.11~0.97 Ga、1.4 Ga；年龄区间在 500~200 Ma 的锆石 $\varepsilon_{Hf}(t)$ 值大部分显示负值（-19.91~-0.72），小部分显示正值（+0.09~+12.81），地壳模式年龄分别为 2.4~1.4 Ga、1.2~0.5 Ga；年龄大于 500 Ma 的锆石绝大多数显示负的 $\varepsilon_{Hf}(t)$ 值（-24.56~-0.13），仅有 4 颗显示出正的 $\varepsilon_{Hf}(t)$ 值（+0.06~+7.24），相对应的地壳模式年龄分别为 3.1~1.5 Ga、1.9~1.4 Ga。

Meng 等（2019b）在墨竹工卡附近采集的林布宗组碎屑岩中最年轻的碎屑锆石显示较低的 $^{176}Hf/^{177}Hf$ 值和负的 $\varepsilon_{Hf}(t)$ 值（图 4.23），与中拉萨地体的岩浆锆石具有相似的特征，表明中拉萨地体可能为该组的主要物源区。此外，最年轻的锆石群里有少量锆石具有高的 $^{176}Hf/^{177}Hf$ 值和明显的正 $\varepsilon_{Hf}(t)$ 值，表明有部分沉积物来自南拉萨地体，尤其是冈底斯岩浆弧。

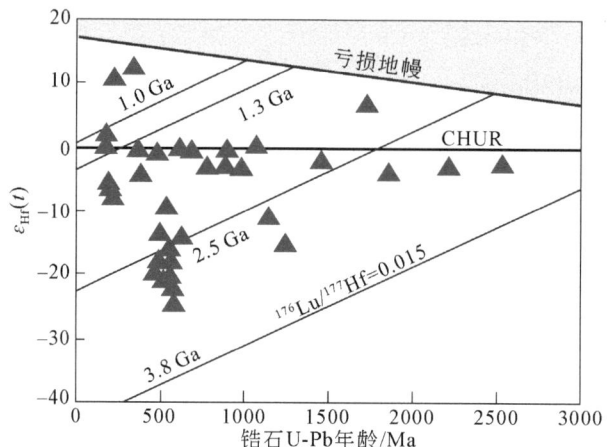

图 4.22　林布宗组锆石 U-Pb 年龄及 Hf 同位素分布特征

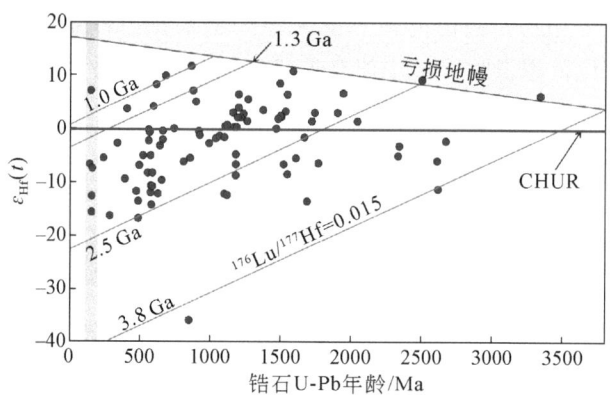

图 4.23　墨竹工卡地区林布宗组锆石 U-Pb 年龄及 Hf 同位素分布特征

（修改自 Meng et al., 2019b）

4.2.5　多底沟组 Hf 同位素特征

对多底沟组一件样品（DQ02）共 32 个测点开展原位 Hf 同位素分析测试工作，其中有效数据点 30 个。冈底斯带弧后盆地中多底沟组锆石的 $^{176}Lu/^{177}Hf$ 值为 0.000534~0.002901，$^{176}Hf/^{177}Hf$ 值为 0.28135~0.28293，$\varepsilon_{Hf}(t)$ 值为 -19.4026~+12.2782，大部分锆石具有负的 $\varepsilon_{Hf}(t)$ 值（-19.4026~-0.4767），小部分具有正的 $\varepsilon_{Hf}(t)$

值（+1.3123～+12.2782）（图4.24）。

多底沟组的侏罗纪锆石测点有3颗，其中一颗显示负的$\varepsilon_{Hf}(t)$值（-7.2），另外两颗显示正的$\varepsilon_{Hf}(t)$值（+1.3和+5.2），对应地壳模式年龄分别为1.5 Ga和1.0～0.8 Ga；年龄在500～200 Ma的锆石大部分为负的$\varepsilon_{Hf}(t)$值（-19.4～-3.9），少部分显示正的$\varepsilon_{Hf}(t)$值（+6.38～+12.28），对应地壳模式年龄分别为2.3～1.6 Ga和0.9～0.5 Ga；年龄大于500 Ma的锆石大部分显示出正的$\varepsilon_{Hf}(t)$值（+1.6～+10.3），小部分显示负值（-8.03～-0.48），对应的地壳模式年龄分别为2.7～1.1 Ga、2.5～1.4 Ga。

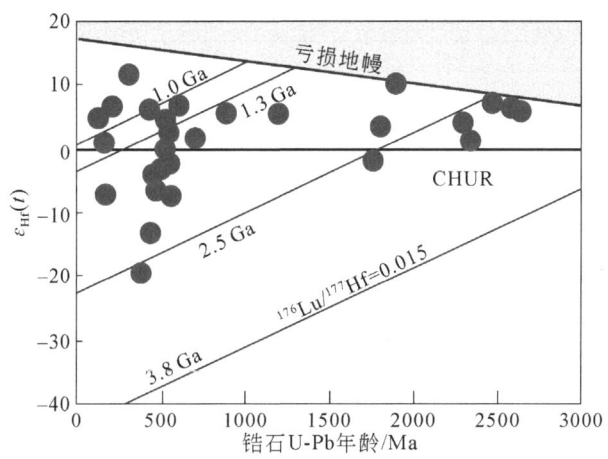

图4.24 多底沟组锆石U-Pb年龄及Hf同位素分布特征

4.2.6 却桑温泉组Hf同位素特征

对却桑温泉组一件样品（YK3-5）共35颗锆石开展Hf同位素分析测试工作，其中有效测点34个。锆石的$^{176}Lu/^{177}Hf$值为0.000328～0.003194，$^{176}Hf/^{177}Hf$值为0.28114～0.28230，$\varepsilon_{Hf}(t)$值为-19.20～+12.43，大部分锆石具有负的$\varepsilon_{Hf}(t)$值（-0.935～-19.20），小部分具有正的$\varepsilon_{Hf}(t)$值（+0.18～+12.43）（图4.25）。

却桑温泉组的侏罗纪锆石（<200 Ma）除一颗无效点外，主要显示正的$\varepsilon_{Hf}(t)$值（+0.18～+11.08），此外仅有一颗锆石显示负的$\varepsilon_{Hf}(t)$值（-1.6），地壳模式年龄对应为1.1～0.5 Ga和1.2 Ga；年龄在500～200 Ma的锆石仅有一颗显示正的$\varepsilon_{Hf}(t)$值（+12.43），余者均显示负的$\varepsilon_{Hf}(t)$值（-19.2～-0.94），与之相对的地壳模式年龄分别为0.5 Ga和2.4～1.2 Ga；年龄大于500 Ma的锆石主要显示负的$\varepsilon_{Hf}(t)$值（-15.5～-1.5），少部分显示正的$\varepsilon_{Hf}(t)$值（+0.27～+11.32），对应的地壳模式年龄分别为2.7～1.6 Ga和3.1～1.1 Ga。

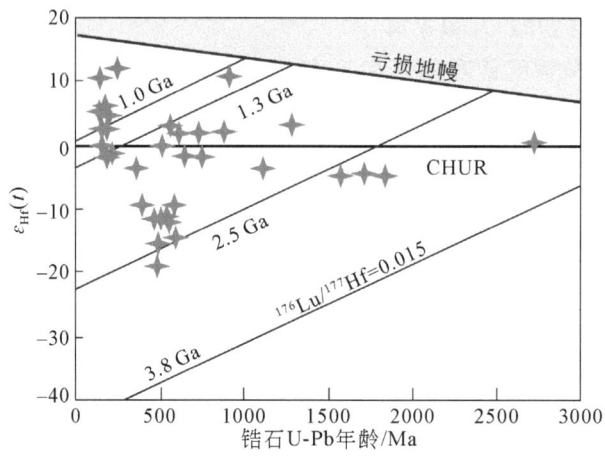

图 4.25 却桑温泉组锆石 U-Pb 年龄及 Hf 同位素分布特征

4.3 碳氧同位素特征

碳氧同位素分析在山东科技大学山东省沉积成矿作用与沉积矿产重点实验室完成。使用稳定同位素质谱仪 MAT 253 Plus 测试碳氧同位素，该试验方法在保证高稳定性和极低本底的同时，能够在最小样品量条件下实现前所未有的高精度。首先将碳酸盐岩样品研磨至 200 目，使用高精度电子秤称取 0.00030～0.00035 g 样品粉末，与 98 g/mol 浓度、50℃的磷酸反应 2 h 后，将岩样与磷酸反应产生的 CO_2 气体送入质谱仪分析。碳氧同位素分析结果均采用 PDB 标准，分析精度小于 0.2‰。

前人研究表明海相碳酸盐岩的稳定同位素记录能够良好地保留古海洋环境信息，碳氧同位素分析更是判断碳酸盐胶结物形成时的地球化学环境和物质来源的重要手段（王琪等，2010）。碳同位素组成能很好地反映地质历史时期的古气候、海平面变化、古海洋生产力与有机质的埋藏率特征（刘安等，2021），而且碳同位素受成岩作用的影响较小，因此能将原始介质的特征较好地反映出来，是良好的物质来源示踪剂（张庄等，2022）。为了判断沉积岩的沉积环境，本研究对多底沟组灰岩的 6 件样品（YK3-2-1～YK3-2-6）开展碳酸盐岩碳氧同位素分析工作，分析结果见表 4.1。

前人研究结果表明，地质历史时期的海相碳酸盐岩 $\delta^{13}C$ 值为-5‰～5‰，$\delta^{18}O$ 值为-10‰～-2‰（陈锦石和陈文正，1983）。王琪等（2010）在对白云凹陷珠海组进行碳氧同位素分析工作后认为，海相碳酸盐岩的 $\delta^{13}C_{PDB}$ 值在-2‰～2‰。此外,相比于碳同位素,氧同位素更容易受到成岩作用的影响。当-10‰<δ^{18}O<-5‰时,表明碳酸盐岩已受到蚀变作用的影响,但此时的碳同位素并不会受到影响;Kaufman 和 Knoll(1995)认为δ^{18}O 的区分下限值为-11‰,而储雪蕾等(2003)则认为当δ^{18}O<-5‰时,就意味着岩石已发生了强烈的蚀变作用。

表 4.1 多底沟组全岩碳氧同位素测试结果

样品编号	δ^{13}C 均值	δ^{18}O 均值	Z 值
YK3-2-1	2.31	-11.69	126.21
YK3-2-2	1.11	-13.47	122.86
YK3-2-3	1.95	-9.88	126.37
YK3-2-4	2.45	-9.81	127.41
YK3-2-5	2.25	-11.11	126.37
YK3-2-6	2.23	-11.30	126.24

研究区多底沟组灰岩样品 YK3-2 δ^{13}C 值为 1.11‰~2.45‰,平均值为 2.05‰,δ^{18}O 值为-13.47‰~-9.81‰,平均值为-11.21‰。灰岩样品的δ^{13}C 值落在海相灰岩的分布范围内,而δ^{18}O 值则相对较低。

Keith 和 Weber(1964)提出了区分海相灰岩与淡水相灰岩的经验公式:

$$Z=a(\delta^{13}C+50)+b(\delta^{18}O+50) \qquad (4.1)$$

式中,a 为 2.048;b 为 0.498;当盐度指数 Z 大于 120 时表示碳酸盐岩沉积于海相环境,反之则为陆相沉积环境。

第 5 章　冈底斯弧后盆地晚中生代沉积岩的时代限定、物源识别及沉积环境探讨

锆石的普通 Pb 含量低，U、Th 元素相对富集，封闭温度高且性质稳定，不易受后期成岩作用的影响（吴元保和郑永飞，2004；王建刚和胡修棉，2008），因此是用于 U-Pb 定年的优选矿物。通常，锆石颜色与 U、Pb 元素的含量呈正相关关系，颜色较深的锆石往往含有较高的 U、Pb 元素，这反映了其原岩的形成年代较为古老。此外，锆石的形态特征和磨圆程度的差异也表明其来源复杂。由于地层的沉积年龄要晚于锆石的冷却年龄，因此，地层中最年轻的碎屑锆石年龄通常可以代表该地层沉积年龄的下限，即自最年轻的锆石年龄开始，地层接受沉积。此外，沉积岩中的火山岩夹层也可以精确地厘定地层的沉积时代（Fedo et al.，2003）。

盆地中碎屑岩的物源研究是通过对复杂物源区信息的分析以恢复原岩的性质、碎屑物质的来源、物源区的构造背景及古水流方向，对沉积盆地演化历史的研究起到了至关重要的作用（王建刚和胡修棉，2008；苏鑫，2020）。随着技术的不断发展，物源区分析方法也在不断完善拓展，主要研究方法包括重矿物分析、单矿物颗粒分析、电子探针、质谱分析、阴极发光、地球化学分析、碎屑锆石测年等。其中，重矿物法作为一种主要的研究方法，已广泛应用于物源区的系统研究。锆石、电气石和金红石这三种矿物因其优异的抗风化能力，在重矿物组合中表现出较高的稳定性，因此常作为首选的研究对象。此外，碎屑锆石测年法也被越来越多地应用到物源分析中（Cawood et al.，2012）。在化学风化过程中，不稳定组分（包括火山碎屑、镁铁质矿物）被大量分解，但锆石由于其高的物理化学抗性而保存并富集在沉积物中。这也使锆石成为研究陆源沉积岩物源的有力示踪剂。沉积物中碎屑锆石年龄模式的变化反映了源区的变化，这些变化通常与构造运动或气候过程有关（Drollner et al.，2022）。因此利用碎屑锆石 U-Pb 年代学来进行物源分析的方法也被广泛应用于重建古沉积循环以及理解构造和气候过程（Dickinson and Gehrels，2015；Huber et al.，2018）。不同物源区的构造-岩浆历史也不相同，根据碎屑锆石的年龄分布曲线与潜在物源区相对比，不仅可以识别碎屑沉积记录中的物源区变化，还可以进一步示踪其物质来源（Fedo et al.，2003；

Cawood et al.，2012；周建波等，2016）。由于沉积物源区的变化必定伴随构造运动的发生，因此碎屑锆石的 U-Pb 年龄也可以指示区域的构造运动（构造事件和火山活动），并进一步约束其发生的时间（Decelles et al.，2015）。此外，沉积岩中碎屑锆石的微量元素也可以用来识别锆石母岩的类型和成因，区分岩浆、变质、成矿等深部作用过程（赵志丹等，2018），并为沉积物源区的示踪及对古地理进行重建提供依据。

本章将综合分析碎屑锆石 U-Pb 定年数据、方解石 U-Pb 定年数据、锆石原位 Hf 同位素特征、碳氧同位素分析结果，并结合前人研究数据，对冈底斯带晚中生代以来各地层的沉积时代、物源区特征及构造演化特征进行系统对比与分析。

5.1 地层沉积时代限定与物源区探讨

对 14 件晚中生代沉积岩样品共 1014 个测点进行碎屑锆石 U-Pb 年代学分析测试工作，其中有效数据 921 个。各组地层样品的碎屑锆石峰值年龄核密度直方图如图 5.1 所示。其中，地层中某些碎屑锆石的谐和度很高，但年龄"异常年轻"，晚于地层沉积时代几十百万年，可能代表了特殊的热液事件年龄（Zi et al.，2022）。此外，通过对晚中生代各地层中的碎屑锆石年龄总结后发现，除多底沟组缺少年龄区间为 1100~1000 Ma 的碎屑锆石外，其他各组地层均含有此年龄段的锆石颗粒。前人研究表明，1200~600 Ma 在全球构造演化中扮演了重要角色，该时期发育有一系列的构造热事件。如 1200~900 Ma 的格林威尔碰撞造山运动，形成了罗迪尼亚超大陆。"格林威尔造山运动"的陆-陆碰撞时间为 1190~980 Ma（陆松年，2001），至 850~750 Ma，超大陆经历了一系列的隆升、裂解作用，最终在大约 700 Ma 发生分解（万天丰和赵维明，2002）。因此，集中在这个年龄区间的碎屑锆石很有可能代表其母岩源区记录了与罗迪尼亚超大陆汇聚有关的事件（郝杰和翟明国，2004），而年龄大于 2 Ga 的碎屑锆石物源区很有可能与太古宙末超大陆拼合的岩浆活动有关（苏鑫，2020）。现有研究记录结果表明，前寒武纪的大陆地壳生长具有几个不同的峰期，且具有全球性特征，峰期年龄分别为 2.7 Ga、1.9 Ga 与 1.2 Ga，而此全球性峰值年龄被认为是超大陆汇聚的结果（马绪宣等，2021）。结合以上研究成果，认为具有以上年龄峰值特征的锆石母岩源区记录了超大陆汇聚事件的相关信息。另外，600~500 Ma 也代表了一次重要的构造深成事件，这一时期的冈瓦纳大陆发育了广泛的岩浆作用，在喜马拉雅地体、拉萨地体、羌塘地体与西澳大利亚地体此年龄阶段的锆石均有分布（Fan et al.，2017），因此年龄处于该区间的碎屑锆石源区可能记录了与泛非-早古生代造山有关的构造事件（许志琴等，2007）。

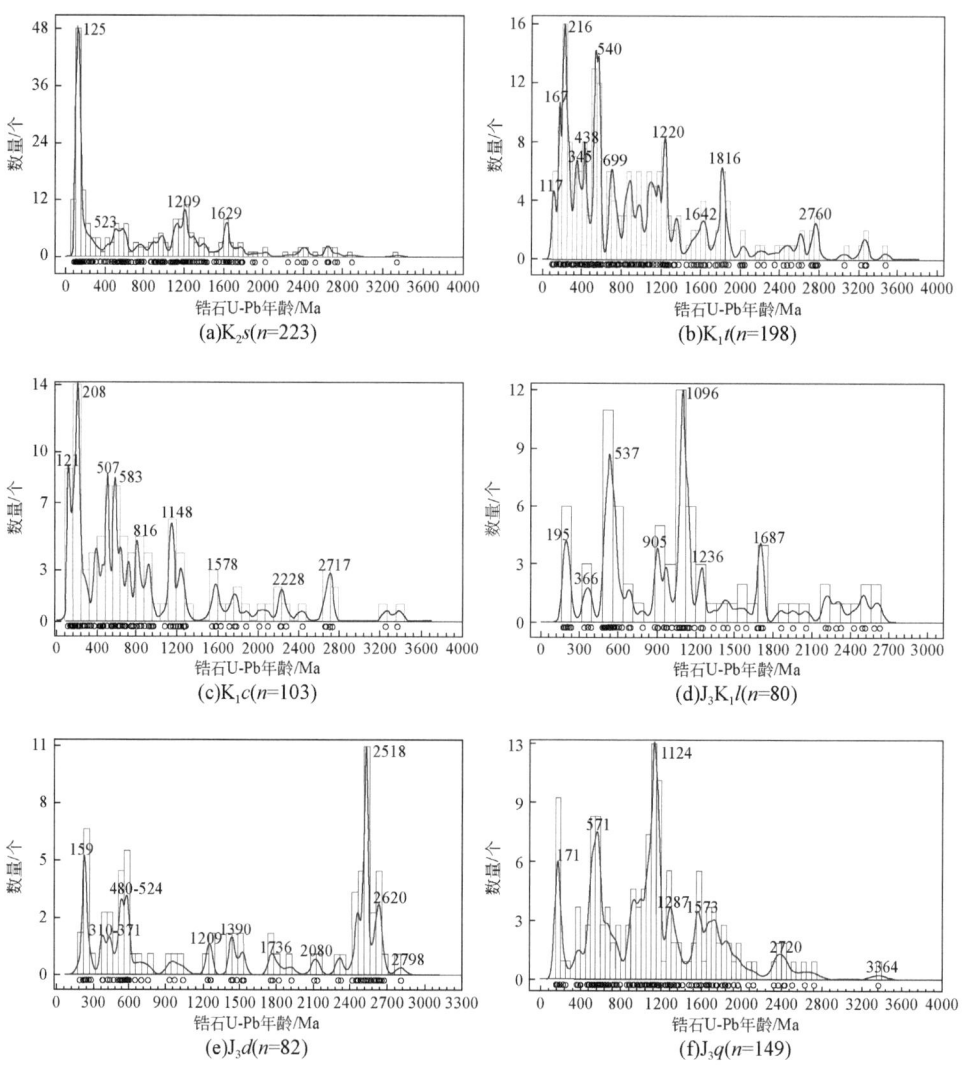

图 5.1　弧后盆地晚中生代沉积岩核密度直方图

研究区晚中生代各组地层的碎屑锆石年龄数据与收集的邻区碎屑锆石年龄数据进行了对比，如图 5.2 所示。此外，为了更好地判别碎屑物源区，将各组年龄小于 600 Ma 的锆石与日喀则弧前盆地和冈底斯岩浆弧来源的碎屑锆石数据进行对比，如图 5.3 所示。

研究区弧后盆地晚中生代沉积岩碎屑物质的潜在物源区有拉萨地体、冈底斯岩浆弧、喜马拉雅地体与羌塘地体。研究表明，在晚侏罗世—早白垩世，特提斯-喜马拉雅地体位于冈底斯岩浆弧南侧，与拉萨地体相距大约为 6000 km（Chen et al.，

第 5 章 冈底斯弧后盆地晚中生代沉积岩的时代限定、物源识别及沉积环境探讨 · 99 ·

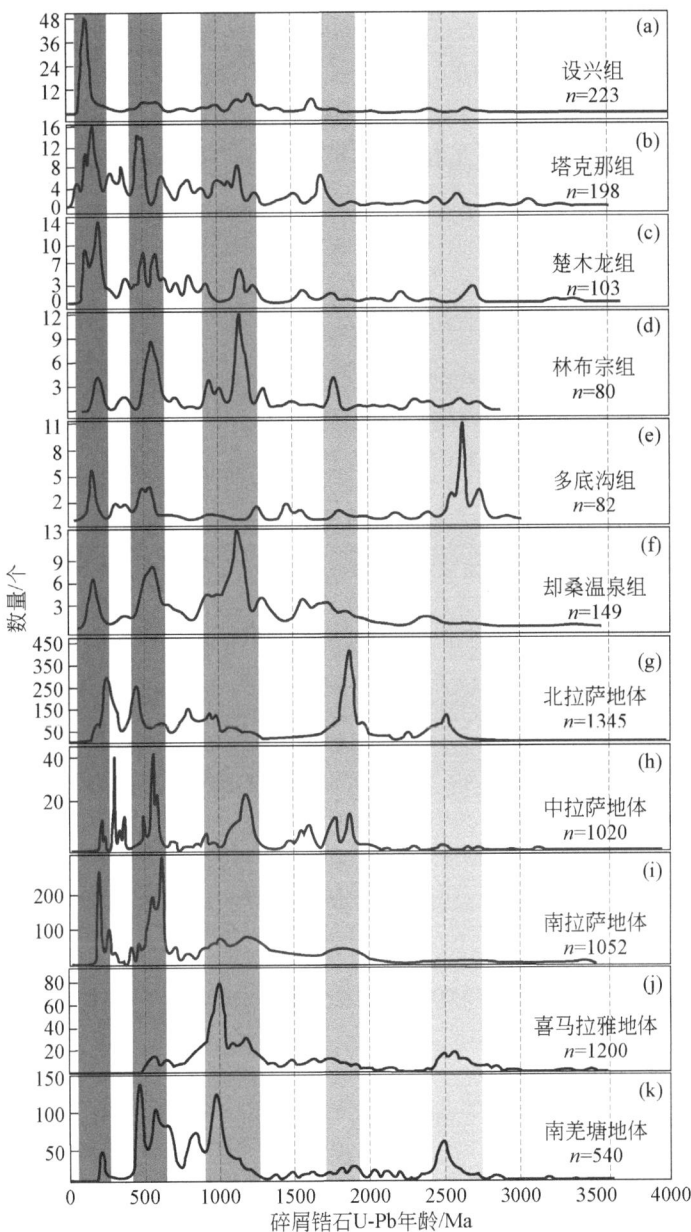

图 5.2 研究区及邻区前人工作碎屑锆石年龄频谱图（Kapp et al., 2003a, 2005; Chu et al., 2006; Gehrels et al., 2006; Leier et al., 2007b; Zhang et al., 2007; Wen et al., 2008a, 2008b; Ji et al., 2009a; Zhu et al., 2009b, 2011b; Dong et al., 2011a; Zhang et al., 2010; Pullen et al., 2011; Li G et al., 2014, 2016; Ding et al., 2016; 魏友卿, 2017; Meng et al., 2019b; 解超明等, 2019）

2012；Ma et al.，2016，2018）。而日喀则弧前盆地中白垩纪锆石的主要物源区为冈底斯岩浆弧（Wu et al.，2010），表明在白垩纪冈底斯岩浆弧已经出露地表并接受剥蚀。这进一步表明，在远距离与冈底斯岩浆弧作为天然屏障的条件下，喜马拉雅地体不能为冈底斯带弧后盆地提供物源，本研究碎屑锆石年龄频谱图亦显示出与上述结论一致的特征（图5.3）。

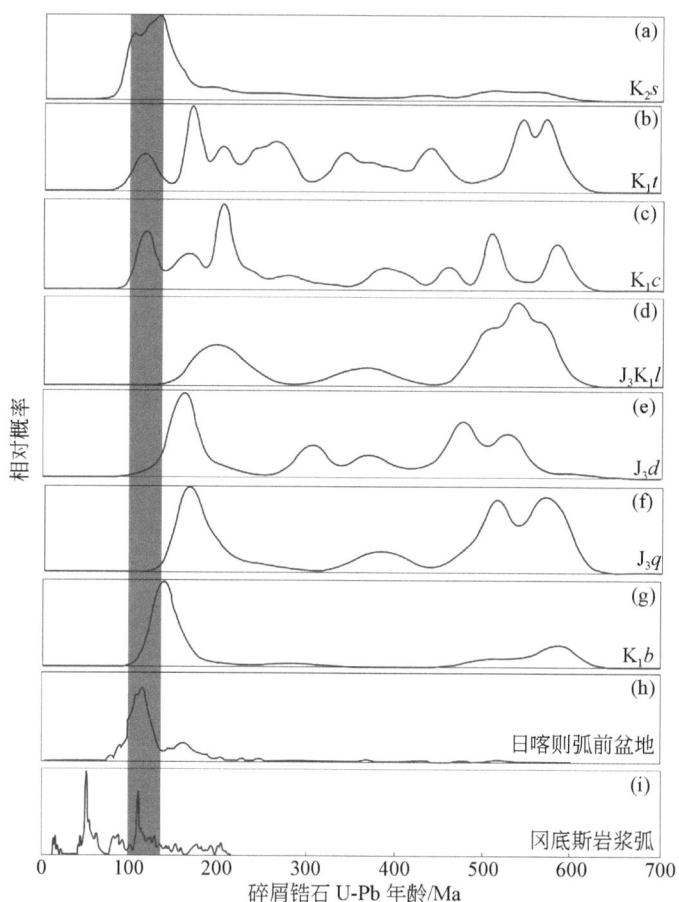

图5.3 研究区碎屑锆石与日喀则弧前盆地、冈底斯岩浆弧年龄频谱图（Leier et al.，2007b；Zhu et al.，2011b）

羌塘地体位于拉萨地体的北侧，与冈底斯带弧后盆地物源区相关的为南羌塘地体。如前所述，对拉萨-羌塘地体的碰撞时间目前尚存争议，有些观点认为在早白垩世（140～110 Ma）开始碰撞（Wang B D et al.，2016；Zhu et al.，2016；Li H Q et al.，2017），以地层强烈的褶皱作用为标志；Ma 等（2017）认为碰撞始于中侏罗世（166 Ma）。而Li等（2017）则提出了"岛弧增生模式"，他们认为这种褶皱构造的形成并非由拉萨-羌塘地体的碰撞引起，而应归因于古特提斯洋构造域内微陆块碰撞的结果。此外，前人对中拉萨地体的措勤早白垩世火成岩（约123 Ma）和狮泉河早白垩世花岗岩（116～113 Ma）进行了古地磁研究，结果表明它们的古纬度分别为21.2°±4.6°N（Chen et al.，2012）和20.1°±4.8°N（Bian et al.，2017）。这进一步说明，拉萨地体北缘在早白垩世（123～113 Ma）位于24°N左右（Lippert et al.，2014；Chen X et al.，2017）。Chen W W等（2017）对南羌塘改则地区早白垩世火山岩（约104 Ma）和早—晚白垩世红层（104～83.5 Ma）的古地磁进行研究，结果表明它们的古纬度分别为29.3°N和29.2°N，进一步指示了南羌塘地体南缘在早白垩世末期的古纬度约为29°N。因此，部分研究者认为在早白垩世阿普特期，南羌塘地体与拉萨地体并不相连（Chen W W et al.，2017）。而古地形重建的结果也同样表明（Leier et al.，2007b；Wang J G et al.，2017a），该时期羌塘地体的沉积物并没有注入拉萨地体的弧后盆地。此外，Meng等（2019b）也认为羌塘地体不太可能为弧后盆地的物源区。结合本研究晚中生代各组地层的碎屑锆石年龄数据与羌塘地体的年龄曲线进行对比，结果显示两者之间存在明显差异。由此本研究认为羌塘地体不是弧后盆地的物源区，与前人研究结果相同。考虑到以上可用证据，本研究认为弧后盆地的物源区为拉萨地体与南拉萨地体的冈底斯岩浆弧。

  本研究区晚中生代沉积岩中大部分的碎屑锆石都显示出与岩浆锆石的亲缘性，这说明物源区存在广泛分布的岩浆岩。目前，拉萨地体上各时代的岩浆岩分布状况如下（图5.4）：南拉萨地体中生代岩浆岩有早侏罗世叶巴组火山岩（魏友卿，2017）、早侏罗世—晚白垩世（约134 Ma）桑日群安山岩（Zhu et al.，2009a）、晚白垩世（95～88 Ma）辉长-闪长岩（管琪等，2010）、尼木-曲水晚白垩世（95～82 Ma）花岗岩（Wen et al.，2008a）及晚白垩世（80 Ma）狮泉河西岩体（董昕，2008）。中拉萨地体晚三叠世火山岩包括南木林罗扎岩体花岗闪长岩（李才等，2003）、罗扎岩体花岗岩类（205 Ma）（张宏飞等，2007）、门巴黑云母二长花岗岩（215～207 Ma）（和钟铧等，2006）。早侏罗世火山岩在整个拉萨地体上均有分布，如南拉萨地体的叶巴组、中拉萨地体的宁中白云母二长花岗岩（196～188 Ma）（Coulon et al.，1986）、北拉萨地体的聂荣花岗岩类（182～177 Ma）（Guynn et al.，2006）等。早白垩世拉萨地体发育了连续的岩浆活动，因此早白垩世岩浆岩在整个拉萨地体上广泛分布（朱弟成等，2008）。

  针对拉萨地体各时期的火山岩，前人已经开展了大量同位素地质年代学工作（Zhu et al.，2009a，2009b，2011a，2023；Chen W W et al.，2017；Tang et al.，2024）。碎屑锆石的Hf同位素特征可以用于判定锆石形成时源区的性质。母岩为幔源岩石的锆石$\varepsilon_{Hf}(t)$值通常为正值，显示与其结晶年龄相似的模式年龄，而母岩为古老地

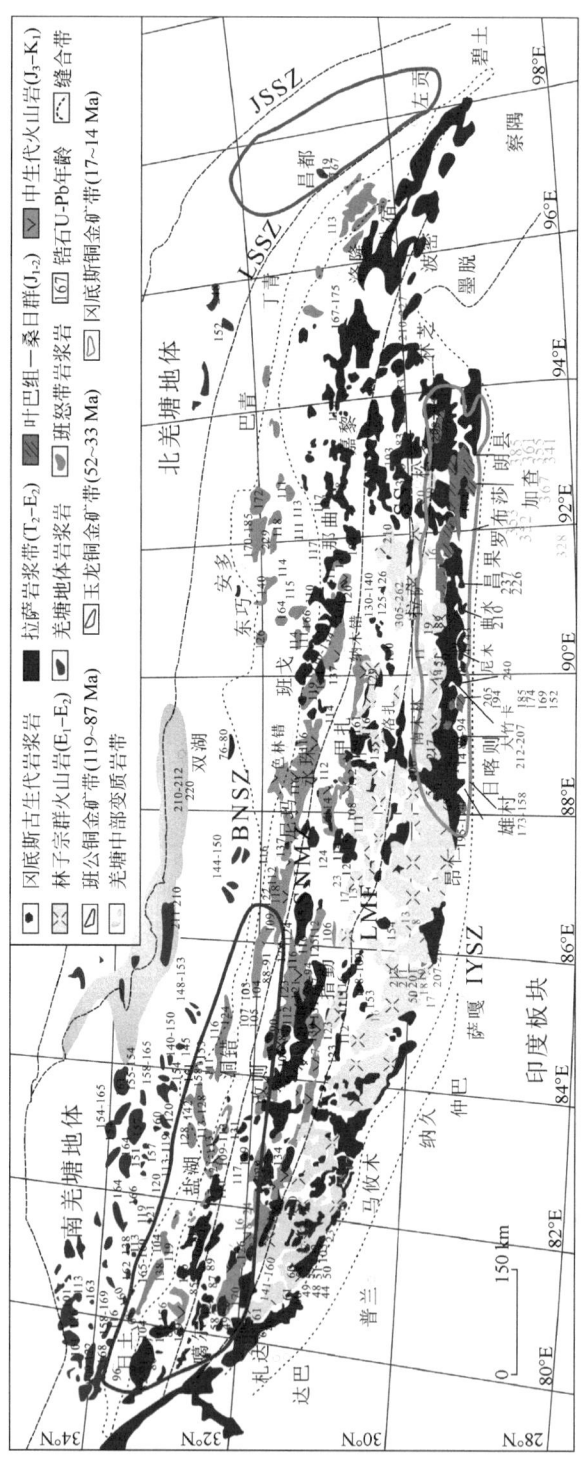

图5.4 拉萨地体岩浆岩分布概况（修改自马绪宣等，2021）

BNSZ=班公湖-怒江缝合带，JSSZ=金沙江缝合带，IYSZ=印度河-雅鲁藏布江缝合带，LMF=洛巴堆-米拉山断裂带，LSSZ=龙木错-双湖缝合带，SNMZ=狮泉河-纳木错蛇绿混杂岩

壳深熔作用形成的岩石的锆石 $\varepsilon_{Hf}(t)$ 值通常为负值（魏友卿，2017），结晶年龄远小于其模式年龄。此外，前人研究表明拉萨地体主要由三叠纪—侏罗纪花岗岩（Zhang et al.，2007）、白垩纪—古近纪花岗岩组成（Chu et al.，2006），而冈底斯岩浆弧则主要由中—新生代的侵入岩与火山岩组成。

拉萨地体中的火成岩显示出不同的放射性同位素组成（孙高远等，2011；Zhu et al.，2011a；Hou et al.，2015a）。其中，北拉萨地体主要由三叠纪—侏罗纪的火山-沉积岩和大量的白垩纪花岗质岩石组成（Zhu et al.，2011a，2013；Hou et al.，2015a）。在同位素组成上，北拉萨地体主要以亏损 Hf 同位素组成的新生地壳物质为特征，仅在安多地区存在少量以富集 Hf 同位素组成为特征的寒武纪和新元古代基底岩石（Guynn et al.，2006；Zhu et al.，2011a，2013；Hou et al.，2015a）。中拉萨地体是一个典型的前寒武纪微陆块，由大量变质基底岩石组成（Zhu et al.，2013；Hou et al.，2015a）。多项研究表明，中拉萨地体具有富集的 Hf 同位素组成 [$\varepsilon_{Hf}(t)<0$]，指示古老地壳物质的再循环（Zhu et al.，2011a；Hou et al.，2015a）。拉萨地体南部发育大量晚中生代花岗岩和同时期的火山岩，具有新生地壳的特征和亏损的 Hf 同位素组成（Zhu et al.，2011a；Hou et al.，2015a）。虽然有研究表明拉萨地体南部存在少量的古老基底岩石，但这些岩石分布零星，主要出现在拉萨地体的西段。因此，根据碎屑锆石 Hf 同位素组成和年龄群特征可以成功判别沉积物源（Wang et al.，2020）。如上所述，新生地壳锆石具有正的 $\varepsilon_{Hf}(t)$ 值，模式年龄与其结晶年龄相似。古老地壳深熔作用形成的锆石通常具有负 $\varepsilon_{Hf}(t)$ 值，结晶年龄远小于模式年龄（Wei et al.，2017）。

拉萨地体南部冈底斯岩浆弧岩浆岩锆石具有正的 $\varepsilon_{Hf}(t)$ 值和高的 $^{176}Hf/^{177}Hf$ 值，并在 190~165 Ma、100~80 Ma、65~40 Ma 和 33~13 Ma 呈现几个主要的年龄峰（Chu et al.，2006；Wen et al.，2008b；Ji et al.，2009b；Zhu et al.，2011a，2022；Meng et al.，2021）。冈底斯岩浆弧的岩浆活动持续时间较长，在侏罗纪—始新世（203~43 Ma）持续活动（王金丽等，2009；Zhu et al.，2022），仅在 80~70 Ma 有一个构造-岩浆平静期（王建刚等，2009；Dai et al.，2021）。中—晚三叠世以来，南拉萨地体显示出新生地壳的性质，具有亏损的幔源 Hf 同位素特征，表明南拉萨地体上存在中—新生代增生弧地壳（Ji et al.，2009a；Zhu et al.，2011b，2012，2013；Hou et al.，2015a；Meng et al.，2016a，2018；Wang C et al.，2016）。此外，研究还表明，南拉萨地体并非完全由年轻大陆地壳组成，其中包含少量古老的基底岩石。这些古老基底岩石的存在进一步揭示了该地体复杂的地质演化历史（Dong et al.，2011b；Zhu et al.，2011b；Hou et al.，2015a；董昕和张泽明，2015）。

北拉萨地体来源的锆石则具有低的 $^{176}Hf/^{177}Hf$ 值（周长勇等，2008；井天景，

2014），复杂的 Hf 同位素特征（Hou et al., 2015a）。其中，大量的锆石主要显示正的 $\varepsilon_{Hf}(t)$ 值，主要年龄群组为 110～100 Ma（Zhu et al., 2009a, 2011a），表明北拉萨地体具有新生地壳的特征。仅有少量的锆石具有负的 $\varepsilon_{Hf}(t)$ 值（Ji et al., 2009a；Zhu et al., 2011a）和低的 $^{176}Hf/^{177}Hf$ 值（周长勇等，2008），表明还有部分锆石来源于古老地壳的重熔产物和幔源岩浆物质（周长勇等，2008）。

中拉萨地体中生代的花岗岩类以负的 $\varepsilon_{Hf}(t)$ 值和老的地壳模式年龄（2.5～1.1 Ga）为特征（朱弟成等，2012），具有富集的 Hf 同位素特征，且具有元古宙与太古宙老的结晶基底（Zhu et al., 2013）。中拉萨地体的岩浆锆石年龄区间主要为 140～100 Ma（Chu et al., 2006；Zhu et al., 2011a）。因此，碎屑锆石 U-Pb 年龄谱是约束沉积物物源和盆地分析的潜在有力工具（Cawood et al., 2009, 2012）。

5.1.1 却桑温泉组沉积岩的沉积时代与物源区

1. 却桑温泉组沉积岩的沉积时代

由于零星出露和标准化石的缺失，却桑温泉组沉积时代的约束较差。前人研究表明，靠近活动弧火山作用的沉积环境有助于提高最大沉积年龄的精确度（Orme and Laskowski, 2016；Shar Man and Malkowski, 2020）。采用最年轻的两个或多个碎屑锆石在 1σ 处重叠的加权平均年龄方法来计算沉积地层的最大沉积年龄。

由本研究区却桑温泉组样品碎屑锆石的定年结果可知[图 5.1（f）]，该组锆石年龄分布范围较广（3364.5～156 Ma），主要可分为四个年龄群组：250～156 Ma、620～400 Ma、1240～1005 Ma、1870～1475 Ma，与之对应的峰值年龄分别为（171±1.8）Ma、（571±4.7）Ma、（1124±42.9）Ma、（1573±19.3）Ma。最年轻的碎屑锆石年龄为（156±2.0）Ma。此外还有两颗与之年龄相近的锆石（156.8±3.3）Ma（YK3-5-95），（158±3.1）Ma（YK3-5-124）。整个侏罗纪的锆石年龄均有分布，说明在侏罗纪源区发育了连续的岩浆活动。

在本研究中，最年轻的锆石年龄簇范围为 158.5～156.3 Ma，平均年龄为（156.9±2.9）Ma（MSWD=0.17，n=3）（图 5.5）。结合以上证据可知，却桑温泉组中最年轻的锆石年龄可以代表地层的最大沉积年龄（Wu et al., 2010；Cawood et al., 2012）。因此本研究将却桑温泉组的沉积时代置为晚侏罗世牛津期—钦莫利期（157 Ma）。

2. 却桑温泉组沉积岩的物源区分析

却桑温泉组碎屑锆石 Eu 值范围为 0.0221～8.7424 ppm，平均值为 0.6643 ppm，表现出弱的 Eu 负异常，表明却桑温泉组的锆石源区为岩浆岩区。却桑温泉组最年轻的锆石年龄为（156±2.0）Ma，侏罗纪锆石（小于 200 Ma）主要显示出正的 $\varepsilon_{Hf}(t)$ 值，表明碎屑物质的物源来自冈底斯岩浆弧或南拉萨地体。此外，本研究区却桑温泉组最年轻的锆石年龄与 Hf 同位素特征和前人研究的叶巴组锆石具有一定相似性，但地层中的年轻锆石较少，说明其物源可能为南拉萨地体的叶巴组，且供源量有限。而年龄在 200 Ma 以上的锆石则主要以富集的 Hf 同位素为特征，少部分显示正的 $\varepsilon_{Hf}(t)$ 值、亏损的 Hf 同位素特征，表明其物源区主要为中拉萨地体甚至北拉萨地体。

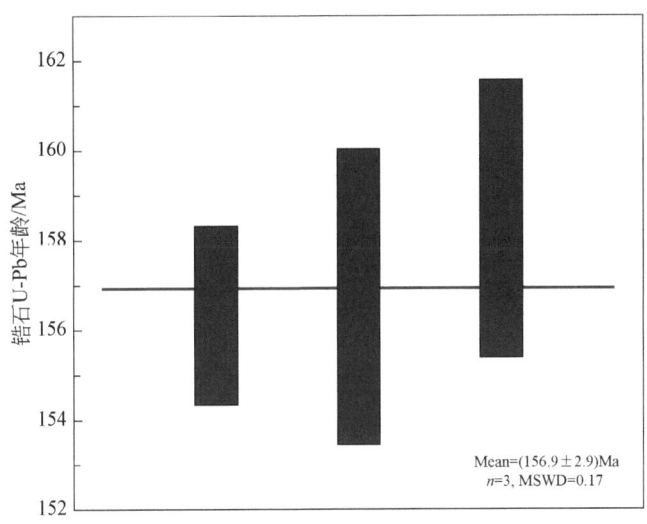

图 5.5　却桑温泉组样品锆石加权平均年龄图

却桑温泉组碎屑锆石的形态学统计结果表明，大部分锆石呈次棱角状（57.05%），其余锆石分别呈棱角状（20.13%）、次圆状（21.48%）和圆状（1.34%）。这进一步表明碎屑物质经历了一定距离的搬运，且该地层的物源相对较近。因此，我们倾向于认为中拉萨地体为最可能的物源区。中拉萨地体唐加-松多造山带的年龄峰值区间主要有两个，分别为 650～500 Ma、1250～1000 Ma（Zhu et al., 2011a；解超明等，2019），与本研究古生代峰值区间极为相似 [图 5.6（c）、（d）]。此外，将研究区却桑温泉组与其他地体碎屑锆石年龄峰对比后发现，该组年龄曲线与中拉萨地体的相似度较高 [图 5.6（a）、（b）]，与冈底斯岩浆弧的相似程度极低 [图

5.3（i）]，这一点进一步表明却桑温泉组与冈底斯岩浆弧之间不存在直接的亲缘关系，结合前文可知却桑温泉组沉积时期冈底斯岩浆弧并未形成。综上所述，弧后盆地却桑温泉组的主要物源区为中拉萨地体的唐加-松多造山带，次要物源区为南拉萨地体。

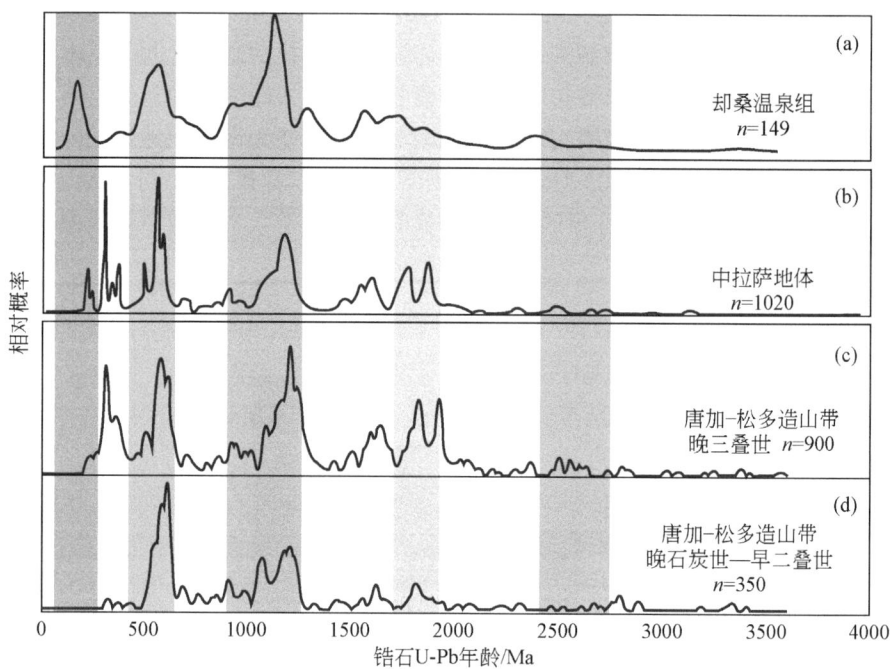

图 5.6　却桑温泉组与中拉萨地体碎屑锆石年龄频谱图（修改自 Zhu et al., 2011a；解超明等，2019）

5.1.2　多底沟组沉积岩的沉积时代与物源区

1. 多底沟组沉积岩的沉积时代

本研究中多底沟组两件样品最年轻的锆石年龄分别为（117±2.6）Ma（DQ02-54）、（114±1.9）Ma（YK3-4-114）。然而之前的研究中提出了这样一种观点，在大多数锆石的年龄并不比岩体年龄大多少的岩石中，这些岩石很可能是在火山活跃的区域附近形成的（王建刚和胡修棉，2008）。因此我们认为这两颗年轻的锆石很有可能是来自 Wang 等（2022）在其附近新厘定的一个花岗岩体（117~114 Ma），并可能是却桑花岗岩体风化剥蚀后沉积的产物。除此两颗锆石外，本研究区多底沟组样品最年轻的年龄区间为 150.7~149.4 Ma，平均年龄为

（149.8±6.0）Ma（MSWD=0.03，n=2）（图 5.7）。此外，根据钙质双壳类方解石的 U-Pb 定年结果，该组地层生物碎屑方解石最年轻的年龄为（155.4±6.7）Ma，与最年轻的锆石年龄较为相似。因此认为地层中最年轻的碎屑锆石年龄可以代表该地层的沉积下限为（149.8±6.0）Ma，沉积时代为晚侏罗世提塘期。结合其下伏地层却桑温泉组最年轻的锆石年龄峰值，认为多底沟组的沉积时代为 171~149 Ma。

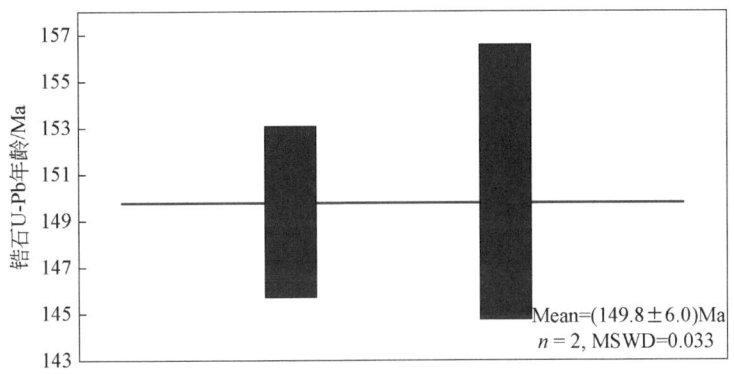

图 5.7　多底沟组样品锆石加权平均年龄图

2. 多底沟组沉积岩的物源区分析

多底沟组碎屑锆石的年龄区间分布范围广，大部分碎屑锆石显示出富集的 Hf 同位素特征，小部分锆石显示出亏损的 Hf 同位素特征，主要物源可能来自中拉萨地体，次要物源区无法准确判别，可能为北拉萨地体、南拉萨地体与冈底斯岩浆弧。多底沟组灰岩沉积期间岩浆作用零星，沉积物颗粒很细，锆石年龄跨度极大，表明沉积过程中包含了许多来自远源的古老物质，这些古老物质的输入代表了一个古老基底的信号，这也说明在多底沟组沉积时冈底斯带地区地形较为平缓，冈底斯岩浆弧尚未隆升。

通过将本研究区多底沟组碎屑锆石年龄峰与前人研究数据锆石年龄频谱［图 5.3（h）与图 5.3（i）］对比发现，多底沟组的年龄峰值曲线与日喀则弧前盆地及冈底斯岩浆弧的年龄频谱形态不一致，说明与这两个区域的亲缘性较低。相比之下，年龄峰值曲线与中拉萨地体的分布模式极为相似，表明多底沟组的碎屑物质与中拉萨地体具有较强的亲缘关系［图 5.2（h）］。此外，多底沟组最老的锆石年龄峰值曲线与北拉萨地体存在一定相似性［图 5.2（e）、（g）］，最年轻的锆石峰值曲线与南拉萨地体［图 5.2（i）］也有相似之处。锆石形态统计分析结果进一步支持了这一结论，显示多底沟组碎屑锆石以棱角状（45.16%）和次棱角状（43.01%）为主，次圆形及圆形锆石所占比例较小（11.83%）。综上所述，多底沟组的主要物源最可能来源于中拉萨地体，次要物源区为北拉萨地体，可能还有少量南拉萨地体的碎屑物质加入了演化，但数量极为有限。

5.1.3 林布宗组沉积岩的沉积时代与物源区

1. 林布宗组沉积岩的沉积时代

与多底沟组和却桑温泉组相比，林布宗组的沉积时代约束相对更准确。Meng等（2019b）在林周盆地墨竹工卡地区得到的该组地层最年轻的碎屑锆石年龄为（148.9±4.0）Ma，且该年龄与生物地层学推荐值相一致（周光第，1994）。而目前对林周盆地林布宗组的安山质沉凝灰岩与碎屑沉积岩的最新研究成果将该组最年轻的锆石年龄提前至（137±2）Ma（李成志，2020）。研究区林布宗组最年轻的锆石 U-Pb 年龄簇为（176.3±2.7）Ma。林布宗组一件样品中最年轻的锆石年龄为（176±2.7）Ma（MG442-70），年龄与之最相近的一颗锆石为（182±4.9）Ma（MG442-16）。与前人研究结果相比较，本研究并未获得该组相对最年轻的锆石年龄。通过与该组上覆地层与下伏地层的沉积年龄相对比，认为李成志（2020）在林周盆地内得出的林布宗组最年轻的锆石年龄可以代表该组沉积时代。因此本研究将林布宗组的沉积时代置于早白垩世瓦兰今期[（137±2）Ma]。

2. 林布宗组沉积岩的物源区分析

李成志（2020）在林周和墨竹工卡采集的三个林布宗组实测剖面的稀土元素结果显示，稀土元素总量（∑REE）变化范围为 $122.6\times10^{-6}\sim132.3\times10^{-6}$，平均值为 126.8×10^{-6}，相对上地壳稀土元素总平均含量较低（210×10^{-6}）（和钟铧等，2005）。轻稀土元素（∑LREE）变化范围为 $107.92\times10^{-6}\sim115.03\times10^{-6}$，平均值为 110.67×10^{-6}；重稀土元素（∑HREE）变化范围为 $14.63\times10^{-6}\sim17.27\times10^{-6}$，平均值为 16.14×10^{-6}；碎屑沉积岩样品的轻稀土元素与重稀土元素（LREE/HREE）比值为 $6.60\sim7.38$，平均值为 6.88；稀土元素球粒陨石标准化配分曲线图显示[图 5.8（a）]，林布宗组碎屑岩样品具有轻稀土元素富集而重稀土元素相对亏损的右倾型配分模式，$(La/Yb)_N$ 为 $6.17\sim7.03$，轻重稀土分馏明显，负 Eu 异常明显（$\delta Eu=0.66\sim0.72$），与上地壳具有相似的分布模式。在原始地幔标准化微量元素蛛网图[图 5.8（b）]中，显示出富集 Rb、Pb、U 等大离子亲石元素（LILEs），Ba、Sr 元素明显亏损；同样在高场强元素（HFSEs）中，Nb、Ta 等元素亏损，但 Th、Zr、Hf 元素相对富集。

此外，三个剖面采集的林布宗组碎屑岩的成分变异指数（index of compositional vcriability，ICV）为 $0.52\sim0.55$，平均值为 0.53，均小于 1，表明林布宗组碎屑物质来自较为成熟的物源区，进一步证明林布宗组可能经历了再循环作用或较强风

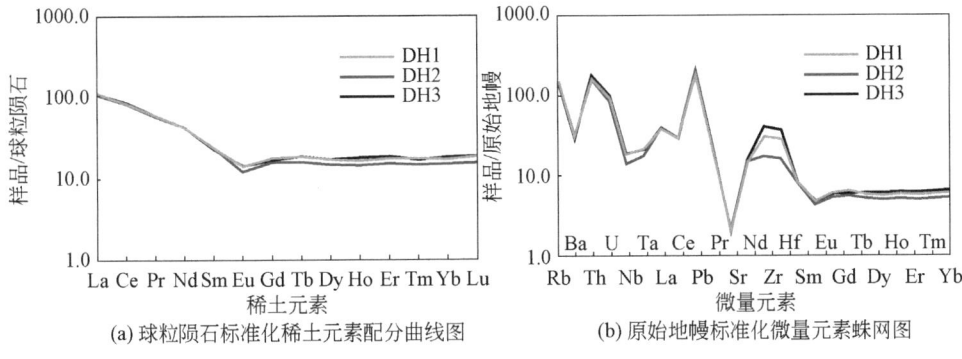

图 5.8 林布宗组碎屑沉积岩微量元素图解（修改自李成志，2020）

化作用后的第一次沉积。而林布宗组的化学蚀变指数（CIA）为 79.71～80.27，平均值为 71.71，表明物源区碎屑沉积岩受到了中等程度的化学风化作用。以上证据表明林布宗组碎屑沉积岩具有再循环沉积岩的特征。如图 5.9 所示，林布宗组岩屑石英砂岩样品落于长英质源区及上地壳平均成分附近，表明该组岩屑石英砂岩的母岩主要来自上地壳长英质岩石组分，可能为上地壳物质风化、剥蚀、搬运沉积后形成的产物。

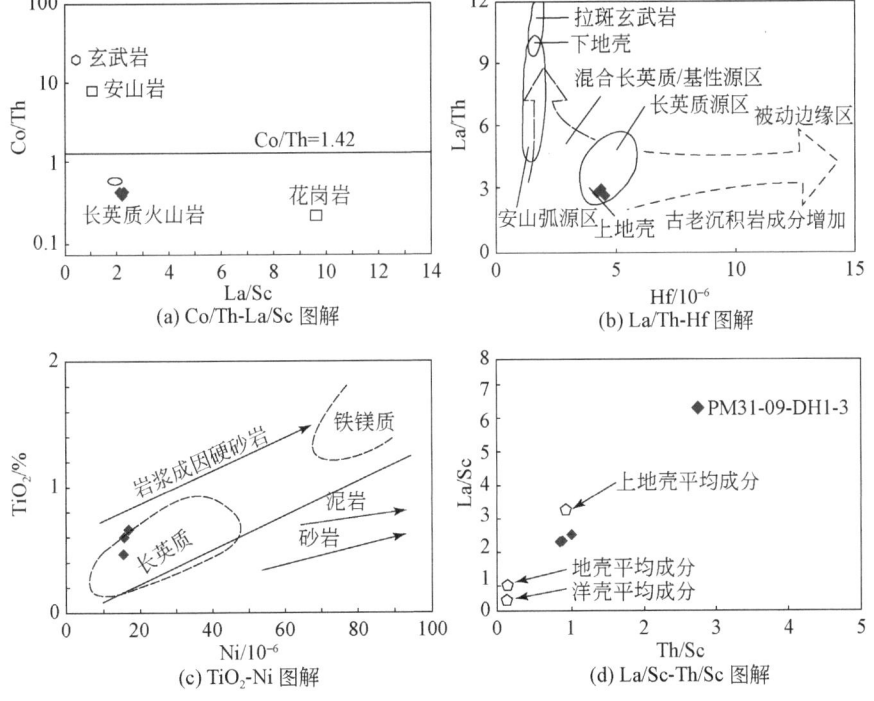

图 5.9 林布宗组碎屑沉积岩物源区判别图解（修改自李成志，2020）

此外,通过与不同构造背景下沉积岩稀土元素比值对比后发现(表5.1),林布宗组沉积岩与大陆岛弧环境具有相似性。如沉积环境特征判别图解所示(图5.10),在La-Th-Sc和Th-Sc-Zr/10图解上,林布宗组碎屑沉积岩落在陆缘弧区域,而在Th-Co-Zr/10图解上落在陆缘弧的过渡区域。综上所述,林布宗组碎屑沉积岩的母岩大部分处于大陆岛弧构造环境中,可能具有岛弧火山岩性质。

表 5.1 林布宗组碎屑沉积岩与不同构造背景沉积岩稀土元素比值(李成志,2020)

构造背景	$La/10^{-6}$	$Ce/10^{-6}$	$\sum REE/10^{-6}$	La/Yb	$(La/Yb)_N$	δEu
大洋岛弧	8.0±1.7	19.0±3.7	58.0±10.0	8.0±1.70	2.8±0.9	1.0±0.1
大陆岛弧	27.0±4.5	59.0±20.0	146.0±20.0	8.0±1.70	7.5±2.5	0.8±0.1
活动大陆边缘	37	78	186	12.5	8.5	0.6
被动大陆边缘	39	85	210	15.9	10.8	0.56
样品(平均值)	26.7	52.87	126.83	9.08	6.51	0.69

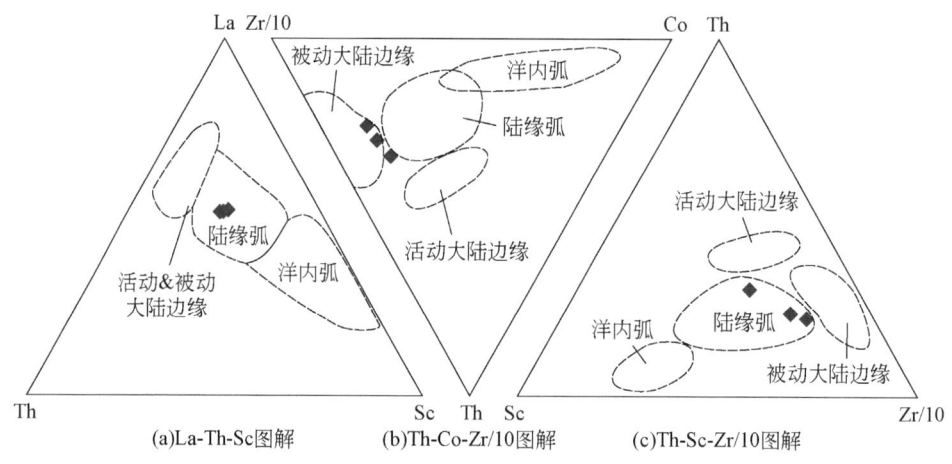

(a)La-Th-Sc图解　(b)Th-Co-Zr/10图解　(c)Th-Sc-Zr/10图解

图 5.10 林布宗组沉积环境特征判别图解(修改自李成志,2020)

本研究区弧后盆地林布宗组碎屑锆石的年龄曲线显示出连续的沉积特征,并划分出四个较明显的年龄峰。碎屑锆石整体上显示出复杂的Hf同位素特征,大部分显示出富集的Hf同位素特征,小部分显示出亏损的Hf同位素特征,说明其主要物源来自中拉萨地体,次要物源区为冈底斯岩浆弧或北拉萨地体。而林布宗组碎屑锆石年龄峰值区间(300~176 Ma、630~450 Ma、1200~1010 Ma)与冈底斯岩浆弧(210~180 Ma、110~80 Ma、70~39 Ma)并不相同。根据图5.3(d)、(h)、(i),林布宗组碎屑锆石年龄峰与日喀则弧前盆地及冈底斯岩浆弧曲线之间存在显著差异,因此冈底斯岩浆弧可能并未给林布宗组提供物源。此外,前人研究表明,林布宗组和楚木龙组中的晚侏罗世至早白垩世(120 Ma)的碎屑锆石大部分具有明显的负 $\varepsilon_{Hf}(t)$ 值,极少数具有显著的正 $\varepsilon_{Hf}(t)$ 值,进一步表明冈底斯岩浆弧不是林布宗组和楚木龙组沉积的主要物源区[图 5.11(a)、(b)]。这表明从晚侏罗世过渡到晚白垩世,南拉萨地体有更多的沉积物进入弧后盆地(Leier et al., 2007a, 2007b; Wu et al., 2010; Wei et al., 2017)。林布宗组碎屑锆石的 Hf 同位素特征也表明了这一现象。碎屑锆石年龄分布和 Hf 同位素迁移证据表明,冈底斯带地区沉积源区在早白垩世早期(林布宗组沉积时期)至晚白垩世(设兴组沉积时期)发生了变化[图 5.11(c)、(d)]。

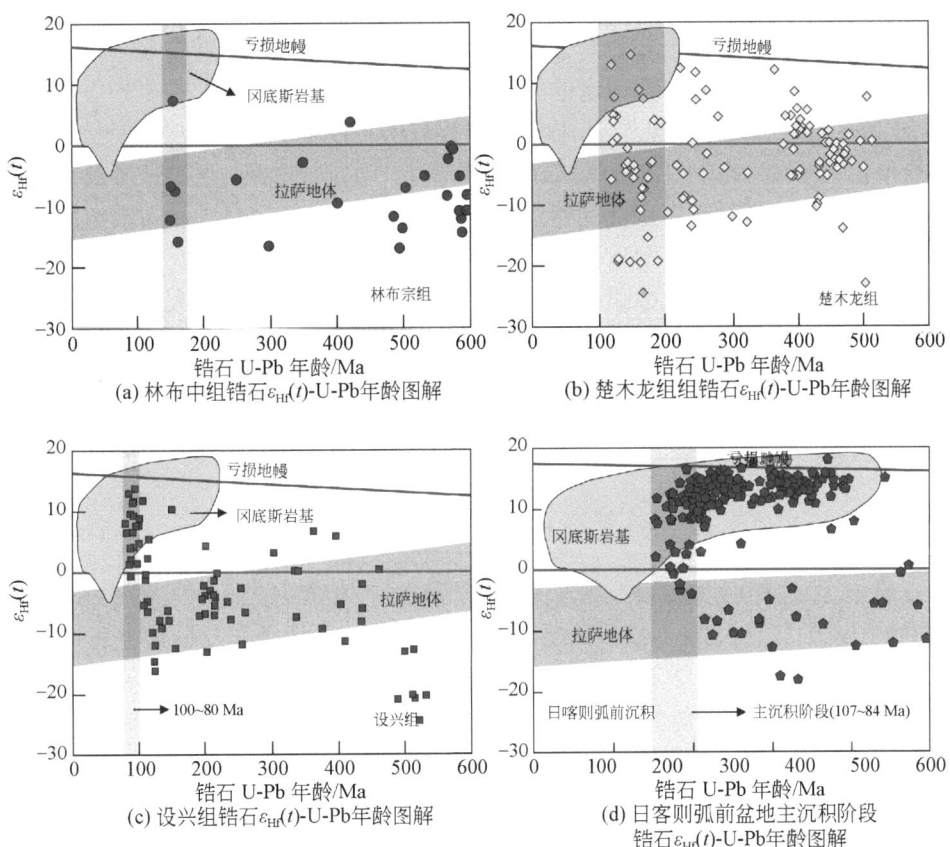

图 5.11 冈底斯带碎屑锆石 $\varepsilon_{Hf}(t)$ 图解(修改自 Meng et al., 2019b)

本研究区林布宗组较老的古生代锆石峰值区间(630~450 Ma)显示出较强的负 $\varepsilon_{Hf}(t)$ 值(-15.82~-1.46),锆石磨圆度较好,与中拉萨地体新元古代的岩浆活动相对应（Ji et al.，2009a；Ding et al.，2014），因此认为此峰值年龄内的锆石源自中拉萨地体，且该地体经历了寒武纪的岩浆活动。此外，鉴于地质记录可知，白垩系与拉萨地体中北部的石炭系—二叠系有直接接触，说明在早白垩世时，石炭系—二叠系已经出露于地表并接受剥蚀。而在二叠纪的变质沉积岩中，年龄为1250～1000 Ma 的碎屑锆石显示出正的 $\varepsilon_{Hf}(t)$ 值、亏损的 Hf 同位素特征（Meng et al.，2019b），与本研究区古生代显示正 $\varepsilon_{Hf}(t)$ 值的锆石特征一致，因此本研究中具有正的 $\varepsilon_{Hf}(t)$ 值且 U-Pb 年龄在此年龄区间内的锆石可能来自拉萨地体中北部的石炭系—二叠系。此外，Meng 等（2019b）结合墨竹工卡林布宗组中两个最主要的碎屑锆石年龄群（700～480 Ma 和 1250～1000 Ma）和 Hf 同位素特征认为中拉萨地体的石炭纪—二叠纪变质岩为林布宗组的主要物源。

此外，根据碎屑锆石年龄频谱［图 5.2（d）、（h）］发现，林布宗组与中拉萨地体显示出相似的特征，而较老的年龄峰与北拉萨地体较吻合［图 5.2（g）］。此外，碎屑锆石形态统计结果显示，林布宗组碎屑锆石颗粒的形态以次棱角状（53%）和棱角状（36%）为主，次圆状（10%）和圆状（1%）较少。这进一步表明林布宗组的碎屑物质经过了近距离的搬运作用。结合以上证据，认为林布宗组的主要物源区为中拉萨地体，同时有来自北拉萨地体的碎屑物质共同参与沉积。本研究并未获得更为年轻的林布宗组锆石数据，但就物源判别来看与前人研究结果相一致（Meng et al.，2019b），这进一步表明在 176 Ma 左右冈底斯岩浆弧尚未形成，或岩浆弧的地势极低对盆地沉积无贡献。

5.1.4 楚木龙组沉积岩的沉积时代与物源区

1. 楚木龙组沉积岩的沉积时代

楚木龙组两件样品中最年轻的碎屑锆石年龄分别为（82±1.6）Ma（MG421-29）、（162±2.9）Ma（MG412-28）。此外，楚木龙组粉砂质泥岩样品中存在两颗与最年轻的锆石年龄相近的碎屑锆石，年龄分别为（85±1.6）Ma、（85±1.3）Ma，这些年龄异常年轻的锆石并不能代表真正的地层沉积时代，而很有可能是受热液事件影响的结果（Zi et al.，2022）。除去异常年轻的锆石年龄，本研究区楚木龙组最年轻的碎屑锆石年龄为（109±1.8）Ma（MG421-22）。魏友卿（2017）通过对林周盆地楚木龙组碎屑锆石定年结果分析，得到的地层沉积时代约为 121 Ma。而本研究区楚木龙组样品最年轻的碎屑锆石年龄簇为 108.7～103.7 Ma，平均年龄为（106.1±4.0）Ma（MSWD=1.7，$n=4$）（图 5.12）。这种差异可能与盆地的穿时性质有关，导致林周和日喀则弧后地区同一地层的沉积时代不同。此外，试验方法和取样的差异也可能是结果差异的原因。因此，冈底斯带弧后盆地楚木龙组的最大沉积年龄为106 Ma（早白垩世阿尔布期），比Wei等（2020）报道的年龄年轻约15 Ma。

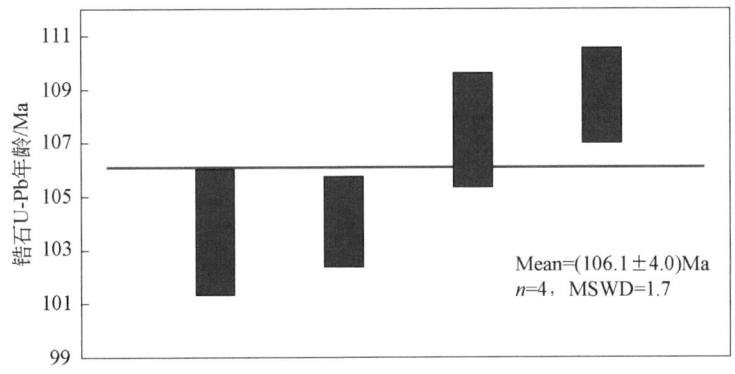

图5.12 楚木龙组样品锆石加权平均年龄图解

2. 楚木龙组沉积岩的物源区分析

在沉积物的循环和风化过程中，相比长石类、暗色矿物和岩屑类物质，石英更容易被保留下来（Roser and Korsch，1986；Roser et al.，1996；Dingle and Lavelle，1998），所以高的 SiO_2/Al_2O_3 值通常被认为是砂岩成分成熟度的标志。未蚀变的基性到酸性火成岩的 SiO_2/Al_2O_3 值为3～5，而在碎屑沉积岩中，由于石英的富集及成分成熟度的提高，该比值通常大于5（Zhang et al.，2004）。魏友卿（2017）在林周盆地内采集的楚木龙组样品（除样品 D54 外）均为页岩，均具有低的 SiO_2/Al_2O_3 值（2.84～3.76）和非常高的 Al_2O_3 含量，可能是黏土矿物的富集造成的。样品 D54 为石英砂岩，具有非常高的 SiO_2/Al_2O_3 值（14.3），显示出高的成分成熟度。部分富 Ti 和 V 的暗色矿物，如辉石、角闪石，和不透明氧化物在沉积物的循环中容易被分解，所以 Ti 和 V 含量对沉积物的循环过程和岩屑种类较为敏感；而锆石、磷灰石、独居石等富 Zr、Th、La（锆石除外）的副矿物对风化作用有较强的抗性，在沉积循环中容易保留和富集下来。因此，Zr/TiO_2 和 La/V 值被认为对沉积过程和岩屑的性质具有重要的指示意义（Roser and Korsch，1986；Roser et al.，1996；Dingle and Lavelle，1998）。楚木龙组板岩样品具有较低的 Zr/TiO_2（平均209）和 La/V（平均0.35）值，表明其物源相对接受了较多偏基性物质。Bhatia 和 Crook（1986）研究发现，不同的构造环境下沉积的物源类型有所不同。洋内弧和大陆岛弧代表了汇聚板块边缘，该环境下沉积岩的母岩通常为具有不成熟岛弧特征的火山岩；活动大陆边缘（如安第斯型大陆边缘）相关的沉积盆地均具有较厚且隆起的陆壳，其沉积物通常为具有成熟岩浆弧特征的火山岩及其等价侵入岩类；被动大陆边缘相关的沉积盆地则沉积了再循环造山带及克拉通内部的古老基底和变质沉积岩物质。这些不同构造环境下的沉积物母岩，可以通过地球化学方法进行识别。由于 La、Th、Co、Ta、Zr、Ti 等元素的比值较不易受到风化作用的影响，且在沉积物再循环过程中比值也基本保持稳定，故可以用来示踪母岩特征（Wronkiewicz and Condie，1987）。Bhatia 和 Crook（1986）提出通过 La-Ta-Sc、Th-Sc-Zr 和 Th-Co-Zr 三角图来判别源区的沉积环境，间接反映母岩的性质。在图 5.13 中，除样品 MX1106、MX1107 外，其余样品均投入到陆缘弧中，表明其母岩为具有岛弧性质的火山岩和等价侵入岩类。虽然样品 MX1106、MX1107 在图 5.13（b）中投点到洋内弧环境，但考虑到地层的连续性及其镜下观察证据，魏友卿（2017）认为其不太可能沉积于大洋环境，而是接受了不成熟岛弧中基性火山岩碎屑的原地堆积。楚木龙组部分页岩样品在图 5.13（b）中落入活动大陆边缘区域，这可能与其黏土矿物富集而吸附了更多的 Th 元素有关。

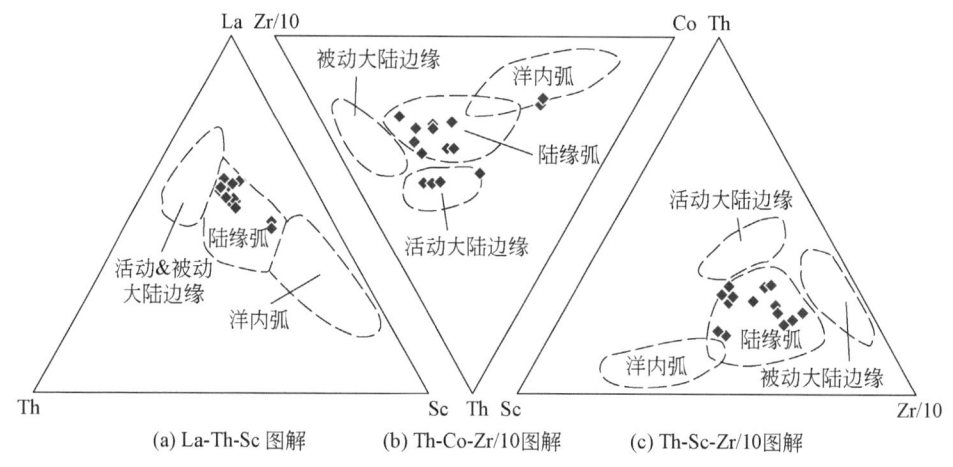

图 5.13　林周盆地楚木龙组碎屑沉积岩沉积环境判别图（修改自魏友卿，2017）

苏鑫（2020）采集的楚木龙组沉积岩稀土元素配分曲线整体呈现重稀土元素相对亏损而轻稀土元素相对富集的右倾特点，反映了轻稀土元素分馏程度较高。其中 δEu 变化完全取决于碎屑岩物源的组成，样品具有明显的 Eu 负异常，δEu 变化区间为 0.64～0.80，平均值为 0.71，上地壳平均为 0.65，说明源岩可能与上地壳相关。$(La/Yb)_N$ 为 7.21～12.71，平均为 9.78；δCe 为 0.87～1.17，平均为 0.99，呈现出与上地壳平均值平行的特征。楚木龙组微量元素原始地幔标准化蛛网图[图 5.14（b）]中显示该组地层碎屑沉积岩具有亏损 Ta、Sr、Nb、Ba 等高场强元素（HFSH），富集 U、Rb、Pb、Th 等大离子亲石元素（LILE）的特征，与上地壳配分模式图相似，表明楚木龙组物源可能与上地壳物质相关。

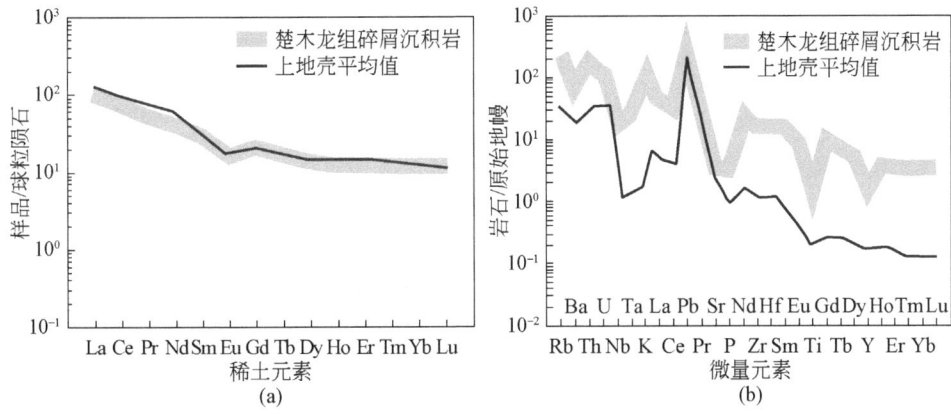

图 5.14 楚木龙组碎屑沉积岩微量元素图解（修改自苏鑫，2020）

（a）球粒陨石标准化稀土元素配分曲线图；（b）原始地幔标准化微量元素配分曲线图

此外，楚木龙组的主量元素结果显示，楚木龙组碎屑沉积岩的 SiO_2 含量中等，平均值为 72.66%，Al_2O_3/SiO_2 平均值为 0.20；$Fe_2O_3^T+MgO$ 含量中等，平均值为 5.71%，TiO_2 平均值为 0.51%，见表 5.2。表明源区岩石贫铁镁质矿物，以中酸性物质为主，且与活动大陆边缘构造背景最为契合。根据 Al_2O_3/SiO_2-$(Fe_2O_3^T+MgO)$ 与 TiO_2-$(Fe_2O_3^T+MgO)$ 判别图解（图 5.15），楚木龙组剖面的碎屑沉积岩样品主要落在活动大陆边缘区域，极少数落在大陆岛弧区域。

表 5.2 楚木龙组碎屑沉积岩与不同构造背景砂岩常量元素特征数值比较

构造背景	SiO_2/%	TiO_2/%	$(Fe_2O_3^T+MgO)$/%	Al_2O_3/SiO_2
楚木龙组	72.66	0.51	5.71	0.2
活动大陆边缘	73.86	0.46	4.63	0.18
被动大陆边缘	81.95	0.49	2.89	0.1
大陆岛弧	70.69	0.64	6.79	0.2
大洋岛弧	58.83	1.06	11.7	0.29

注：不同构造背景砂岩常量元素特征参数引自 Bhatia（1985）。

构造背景判别图解中样品的落点及投图结果具有明确的指向性，楚木龙组碎屑沉积岩的原岩和大洋岛弧与被动大陆边缘构造环境有明显差异，主要来自大陆岛弧与活动大陆边缘过渡的环境。楚木龙组碎屑沉积岩样品构造背景趋近大陆岛弧的活动大陆边缘构造环境，如弧后盆地（图 5.16）。此外，楚木龙组沉积岩物源特征判别图解显示，楚木龙组的碎屑岩是上地壳源区物质经风化剥蚀后搬运沉积的产物，原岩为上地壳再循环的长英质岩石（苏鑫，2020）（图 5.17）。

(a) Al_2O_3/SiO_2-$(Fe_2O_3^T+MgO)$图解　(b) TiO_2-$(Fe_2O_3^T+MgO)$图解

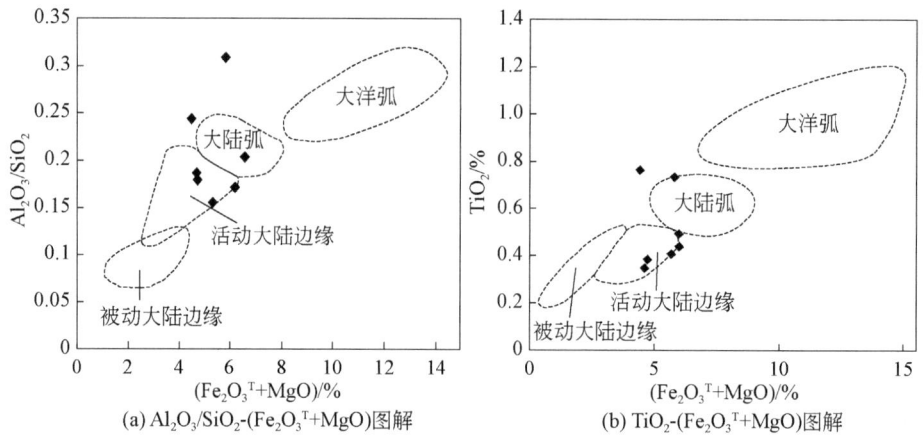

图 5.15　楚木龙组碎屑沉积岩源区大地构造背景主量元素图解（修改自苏鑫，2020）

(a) $Zr/10^{-6}$-$Th/10^{-6}$图解　(b) Ti/Zr-La/Sc图解

(c) La-Th-Sc图解　(d) Th-Sc-Zr/10图解　(e) Th-Co-Zr/10图解

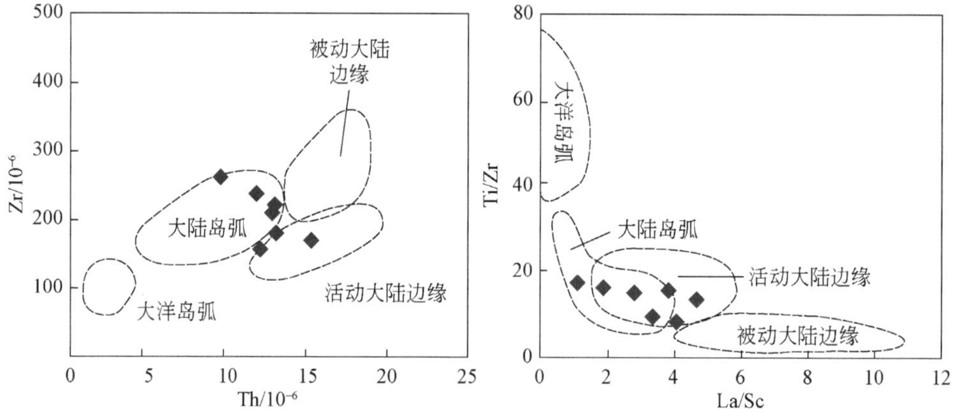

图 5.16　楚木龙组碎屑沉积岩沉积环境判别图（修改自苏鑫，2020）

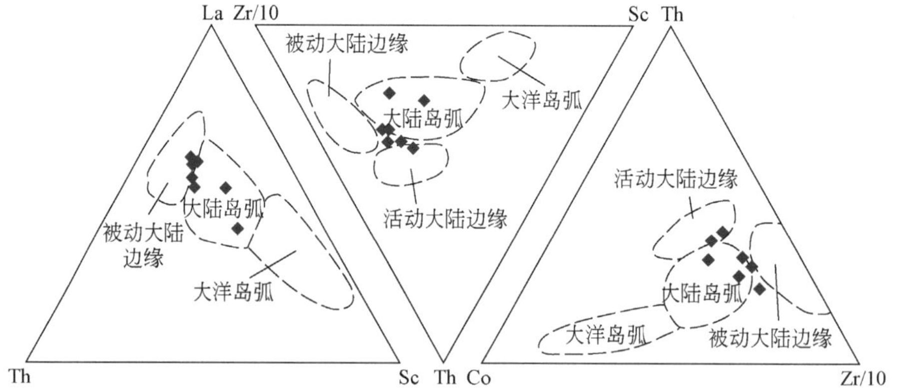

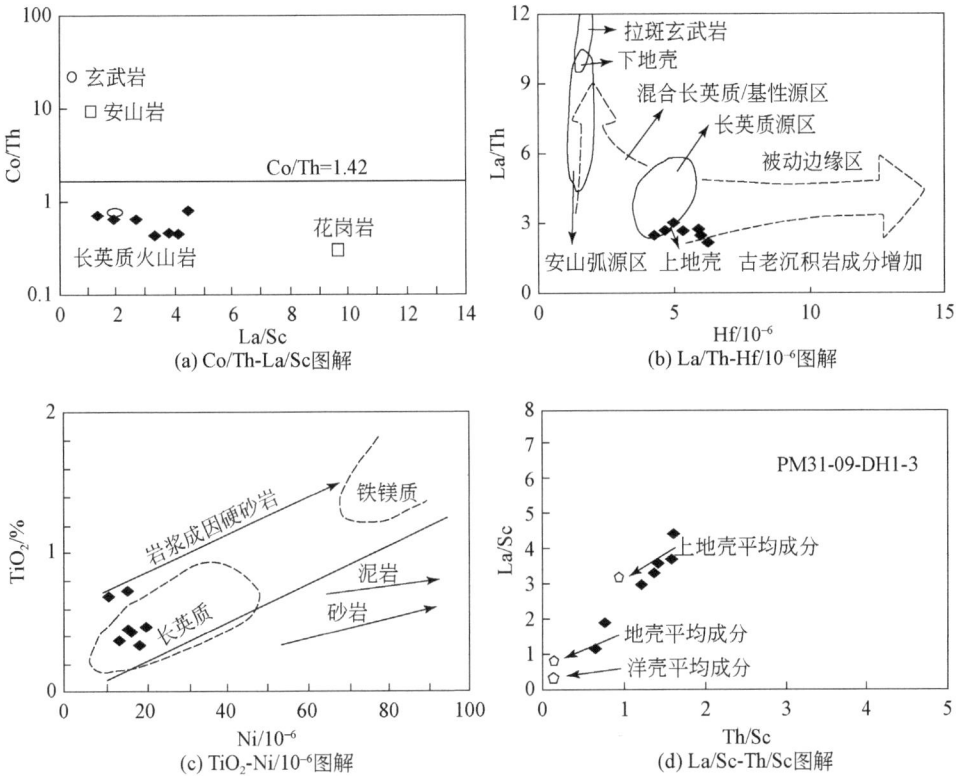

图 5.17 楚木龙组沉积岩物源特征判别图解（修改自苏鑫，2020）

本研究区楚木龙组碎屑锆石总体上显示多峰模式，与设兴组的单峰模式不同，与塔克那组的年龄曲线吻合度较高，说明楚木龙组的物源区与塔克那组相一致。由图 5.2（a）～（c）可知，楚木龙组、塔克那组与设兴组的年龄主峰均位于 200～100 Ma，锆石年龄分布相对均匀，年龄较老的锆石则形成低的年龄峰。大多数中生代锆石显示出正的 $\varepsilon_{Hf}(t)$ 值，这种具有幔源特征的锆石可能是冈底斯岩浆弧的岩浆岩风化剥蚀的产物，也可能是新生地壳部分熔融的产物，也可能是中拉萨地体与北拉萨地体再循环的产物。楚木龙组晚白垩世的锆石（92 Ma）具有正的 $\varepsilon_{Hf}(t)$ 值，显示亏损的 Hf 同位素特征，而年龄为 200～100 Ma 的锆石全部显示出富集的 Hf 同位素与老的地壳模式年龄特征，表明处于这个年龄区间的碎屑物源区可能为中拉萨地体。而年龄大于 500 Ma 的锆石显示出均衡的 Hf 同位素特征，大部分显示负的 $\varepsilon_{Hf}(t)$ 值，少部分为正值，说明其碎屑物源区为北拉萨地体或南拉萨地体与冈底斯岩浆弧。此外，董昕和张泽明（2015）报道了南拉萨地体的一套寒武纪花岗岩（503～490 Ma），因此楚木龙组古生代峰值（506 Ma）的锆石可能为拉萨基底古老物质再循环的产物，也可能是该寒武纪花岗岩剥蚀的产物。楚木龙组的碎屑锆石形态学统计结果显示，该组的碎屑锆石形态主要呈次棱角状（50%）、棱角状（27%）和次圆状（22%），少数呈圆状（1%），这一形态特征表明楚木龙组的碎屑物质经历了一定距离的搬运。同时，结合这些古生代锆石的阴极发光图，锆石的磨圆度较好，由此本研究倾向于认为此峰值区域锆石为古老基底的再循环产物。而以上证据也说明，仅以锆石的 Hf 同位素特征并不能准确判别地层的物源区。

通过地层学、沉积学、年代学和物源等方面的资料，Wang 等（2020）对林周盆地的白垩纪沉积历史进行了详细的重建。重建结果表明，在楚木龙组沉积期间，南拉萨地体发育了一条东西向的碎屑岩海岸线（Leier et al.，2007b）。此时，弧前扩张和镁铁质岩浆作用形成了以日喀则蛇绿岩为代表的冈底斯弧前基底（Dai et al.，2013b；Maffione et al.，2015；Liu et al.，2016），而由新特提斯洋板片俯冲作用形成的岩浆弧尚未形成（Wang J G et al.，2017b）。

然而通过与其他地体碎屑锆石数据对比，发现研究区的楚木龙组与中拉萨地体的吻合度较高，而两个最年轻的年龄区间与南拉萨地体较为相似。在年龄小于 600 Ma 的锆石年龄频谱图上显示与塔克那组年龄曲线相一致的特征 [图 5.3（b）]，最年轻的锆石年龄区间与日喀则弧前盆地相似度较好 [图 5.3（h）]，并与冈底斯岩浆弧的早白垩世岩浆活动事件相符 [图 5.3（i）]。根据以上证据，本研究认为楚木龙组碎屑物质的主要源区为中拉萨地体，次要源区为冈底斯岩浆弧，这进一步说明，至少在楚木龙组沉积时期冈底斯岩浆弧已经出露地表并接受剥蚀。

5.1.5 塔克那组沉积岩的沉积时代与物源区

1. 塔克那组沉积岩的沉积时代

塔克那组四件样品最年轻的碎屑锆石年龄分别为（144±3.6）Ma（MG231-144）、（105±1.9）Ma（MG235-50）、（177±4.9）Ma（MG432-7）、（216±2.1）Ma（NMJ03-37）。此外，样品 MG235 中还有一颗年龄与地层中最年轻的锆石年龄相差无几的锆石 [（107±2.2）Ma]。

陈贝贝（2017）在林周盆地塔克那组砂岩中得到的最年轻的锆石年龄为（95±1）Ma，因此将塔克那组的沉积时代厘定为晚白垩世。此外，根据底栖有孔虫化石与地层中最年轻的碎屑锆石年龄，Wang 等（2020）则认为林周盆地塔克那组的沉积时代应被约束在 124~119 Ma。由于楚木龙组与塔克那组呈整合接触。楚木龙组最年轻的锆石峰值年龄也可以对塔克那组的沉积时代做出约束。而根据研究区塔克那组的碎屑锆石 U-Pb 年龄，塔克那组锆石的年龄分布范围很广（3479~105 Ma），地层中最年轻的碎屑锆石年龄群为 106.7~105.1 Ma，平均年龄为（105.8±2.8）Ma（MSWD=0.31，n=2）（图 5.18）。这种年龄差异可能与盆地的穿时性质有关，导致林周和日喀则弧后地区同一地层的沉积时代不同。塔克那组的沉积时代可能跨越 10 Ma。此外，实验方法和取样的差异也可能是结果差异的原因。因此，我们推测研究区塔克那组沉积于约 105 Ma（早白垩世阿尔布期）。

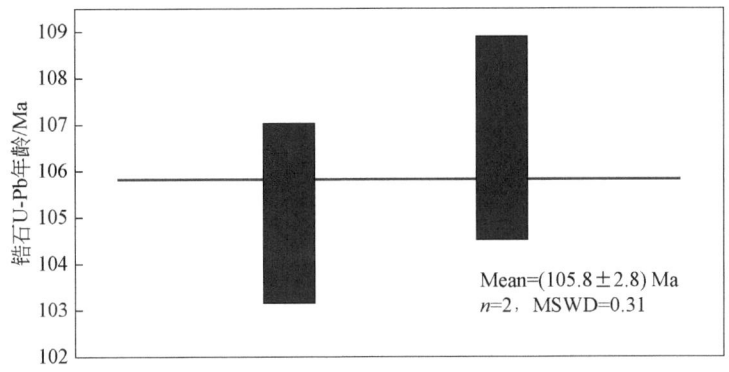

图 5.18　塔克那组样品锆石加权平均年龄图解

2. 塔克那组沉积岩的物源区分析

研究区塔克那组与设兴组的碎屑锆石年龄分布趋势有所不同，但最年轻的锆石年龄区间相似。塔克那组年龄区间在 200～100 Ma 的大部分锆石显示出富集的 Hf 同位素特征，$\varepsilon_{Hf}(t)$ 值为负值，模式年龄为 1.2～1.1 Ga，表明此阶段的碎屑物质源区为中拉萨地体，年龄在 500～200 Ma 区间的锆石也显示出同样的特征，仅有几颗锆石显示亏损的 Hf 同位素特征。而年龄大于 500 Ma 的锆石全部显示出亏损的 Hf 同位素特征。总体上看，塔克那组碎屑锆石的 Hf 同位素模式比较复杂，以富集的 Hf 同位素特征为主，辅以少量显示亏损的 Hf 同位素特征的锆石。碎屑锆石形态统计学结果显示，塔克那组的大部分锆石为次棱角状（51%）、棱角状（25%）和次圆状（21%），少数锆石为圆状（3%）。此外，根据碎屑锆石年龄频谱图对比发现［图 5.2（b）、（h）、（i）］，塔克那组与中拉萨地体的特征相似，物源区与之有很大亲缘性，且与南拉萨地体最年轻的年龄区间较为吻合。与设兴组相同，塔克那组碎屑锆石最年轻的年龄区间与日喀则弧前盆地也一致，符合冈底斯岩浆弧 110～80 Ma 的岩浆活动事件［图 5.3（b）、（h）、（i）］。由此可知本研究区塔克那组的主要物源区应为中拉萨地体，次要物源区为南拉萨地体的冈底斯岩浆弧。

5.1.6 设兴组沉积岩的沉积时代与物源区

1. 设兴组沉积岩的沉积时代

根据拉萨北部设兴组样品的碎屑锆石年代学结果,Wei 等（2020）认为该组地层的沉积可能始于 87 Ma,而设兴组顶段的火山岩夹层的年代学结果显示地层结束沉积于大约 72 Ma（Sun et al., 2012）。Cao 等（2017）基于设兴组玄武岩夹层的年代学结果提出,设兴组沉积甚至可能延续至白垩纪晚期（75～68 Ma）。此外,Wang 等（2020）在林周盆地设兴组砂岩中得到的最年轻的碎屑锆石 U-Pb 年龄对设兴组的沉积时代提供了进一步的年龄制约,他们认为该组地层的沉积不晚于 90 Ma。

本研究区设兴组三件样品最年轻的碎屑锆石年龄分别为（83.1±1.1）Ma（CT18-22）、（95.5±1.7）Ma（XY1524-11）、（117±2）Ma（MG222-63）。此外,设兴组样品中存在异常年轻的锆石年龄（约 47 Ma）,谐和度很高,可能代表了一次特殊的热液事件年龄（Zi et al., 2022）。由设兴组的碎屑锆石年龄数据可知,该组锆石的年龄分布范围很广,三叠纪—白垩纪的锆石均有分布,反映了拉萨地体在此期间发育了连续的岩浆活动,而这些岩浆活动产物又被剥蚀成为弧后盆地设兴组碎屑物质。因此设兴组最年轻的锆石年龄可以限制地层的沉积时代。本研究区计算出的设兴组最年轻的碎屑锆石年龄为 83.1 Ma,这与井天景（2014）的结论（约 81 Ma）相似,比 Kapp 等（2007b）报道的年龄年轻约 7 Ma。虽然仅有一颗锆石年龄约为 83 Ma,但结合前人的研究结果,认为设兴组的沉积时代不晚于晚白垩世的坎潘期。

2. 设兴组沉积岩的物源区分析

设兴组碎屑锆石年龄分布的广泛性反映了物源的复杂性和沉积的连续性,由碎屑锆石年代学数据可知,本研究区设兴组碎屑锆石最年轻的年龄峰值约为 125 Ma,对应了白垩纪连续发育的岩浆活动,表明沉积物源区有比较连续的岩浆活动产物被剥蚀（邢莉圆等,2020）,继而成为本研究区设兴组碎屑物质的物源。设兴组最年轻的年龄峰值区间为 387～83.1 Ma,由于合作数据样品的缺失,本研究对更年轻的锆石（117～83.1 Ma）未进行 Hf 同位素测试工作。年龄区间为 162～117 Ma 的锆石 $\varepsilon_{Hf}(t)$ 值为-17.3～-3.4,仅有一颗锆石显示正的 $\varepsilon_{Hf}(t)$ 值,地壳模式年龄为 2～1.2 Ga,因此年龄在 162～117 Ma 的碎屑锆石主要源区可能为中拉萨地体。碎屑锆石形态统计学结果表明,绝大多数设兴组的碎屑锆石呈棱角状和次棱角状（90%）,少部分呈次圆状和圆状（10%）。碎屑锆石的稀土配分曲线也表明设兴组中大部分的中生代碎屑锆石显示出与岩浆锆石的亲缘性。而中生代岩浆活动在整个拉萨地体上是广泛分布的，由此也能说明设兴组的物源区较近且演化历史相对较简单。设兴组砂岩中可观察到较为丰富的岩屑物质，而具有冈底斯岩浆弧性质的锆石进一步表明，在早白垩世冈底斯岩浆弧作为弧后盆地的物源区，为地层沉积提供了碎屑物质。此外，通过年龄小于 600 Ma 的锆石峰值与日喀则弧前盆地对比发现 [图 5.3（a）、(h)]，设兴组的碎屑锆石与日喀则弧前盆地的锆石年龄分布模式非常相似，表明在此年龄区间，设兴组的物源区与日喀则弧前盆地相同，均为南拉萨地体的冈底斯岩浆弧。

Wei 等（2020）在拉萨北部采集的设兴组样品显示出低的 CIA 值，低的 K_2O/Na_2O 值、弱的 Eu 异常等地球化学特征，且含有较多岩屑（图 5.19）。以上证据表明设兴组源区的构造活动较为活跃，且源区的地形快速抬升，地表岩石被物理风化作用风化侵蚀。年轻的碎屑锆石（<105 Ma）的 $\varepsilon_{Hf}(t)$ 值为正值，表明冈底斯岩浆弧为主要源区。这一推论得到了晚白垩世记录的局部向北流动的古水流的进一步支持（Leier et al.，2007b）。此外，拉萨北部设兴组中生代的部分碎屑锆石显示 $\varepsilon_{Hf}(t)<0$ 的特征，这说明除了冈底斯岩浆弧，还有其他物源参与了设兴组的沉积。

Wang 等（2020）在设兴组中发现了大量新鲜的长英质-安山质火山碎屑，表明沉积物来自北拉萨或南拉萨新喷发的火山岩。Wang 等（2020）在林周盆地设兴组下段观测到古流向的证据，在该段地层沉积时古水流方向为南东—南西向，而从设兴组中段的一些古水流指标来看，沉积物的运移方向为南西—西向。设兴组上段的测量结果显示，古流向是各种各样的，但主要是北西向至南西向，而设兴组顶段以西向至南西向的古流向特征为主。根据古水流方向、碎屑锆石 U-Pb 年龄和 Hf 同位素特征结果，Wang 等（2020）认为设兴组的长英质火山岩碎屑和斜长石来自则弄群准同生火山岩，而石英、沉积/变质沉积岩岩屑和前中生代锆石颗粒主要是从（变质）沉积基底中再循环而来。

此外，由碎屑锆石年龄频谱图 5.2（a）与图 5.2（i）可知，设兴组最年轻的锆石年龄区间与南拉萨地体有较高相似性。而较古老的碎屑锆石形成的年龄峰并不明显，该组样品显示出单峰模式。因此本研究认为设兴组的主要物源区为南拉萨地体。结合锆石 Hf 同位素特征可知，弧后盆地设兴组的主要物源为南拉萨地体的冈底斯岩浆弧，而中拉萨地体也提供了部分碎屑物质以供地层沉积。此外，与塔克那组相比，塔克那组到设兴组沉积时期内物源区发生了较大变化，说明设兴组沉积时冈底斯岩浆弧比塔克那组沉积时地势要高，很可能高于中拉萨地体。

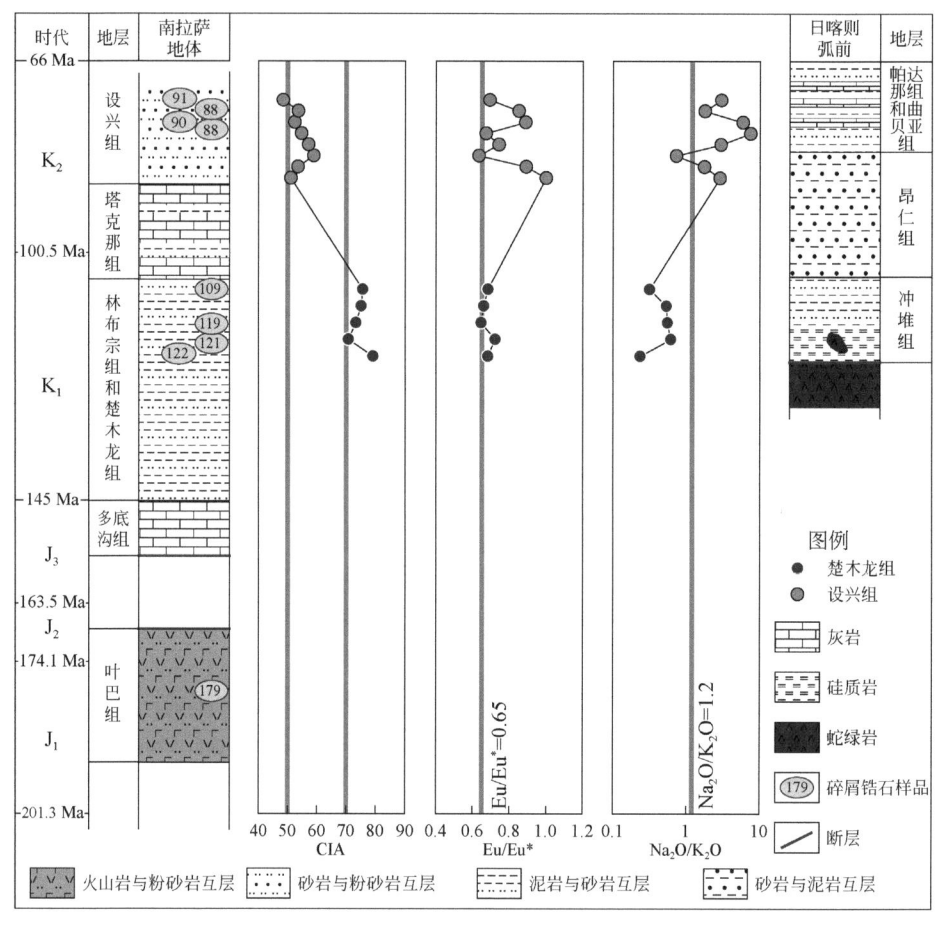

图 5.19 拉萨北部白垩纪地层沉积物成分变化图解（修改自 Wei et al.，2020）

5.1.7 小结

侏罗纪晚期南拉萨地体发育了广泛的海洋沉积作用（如多底沟组灰岩），而林布宗组中含少量煤质夹层，说明在其沉积过程中有部分陆源碎屑物质加入。因此 Meng 等（2019b）认为，在多底沟组到林布宗组的沉积时期，南拉萨地体经历了区域隆升作用并导致侏罗纪晚期—白垩纪早期的岩石组合发生重大变化（图 5.20）。由前文分析可知，由早白垩世到晚白垩世，林周盆地的沉积物源发生了明显变化，由楚木龙组接收多物源沉积，转换至设兴组接受以近源物质为主体的多物源沉积。造成这种现象的原因有下面几种可能：①不同组之间年龄分布的变化反映了物源区时间上的变化。即林布宗组、楚木龙组与设兴组样品均来自同一个物源区，本应具有相同的碎屑锆石年龄分布特征，但物源区发生后期地质作用改造使得较老的物质被年轻的物源完全覆盖（Kelty et al.，2008）。该假设与古水流研究数据相互矛盾，前人研究表明楚木龙组到设兴组的沉积时期，古水流的流向发生了明显的转变（Leier et al.，2007a），代表了其物源很可能并不是来自同一区域。②楚木龙组与设兴组不同的碎屑锆石年龄分布特征代表了它们具有不同的

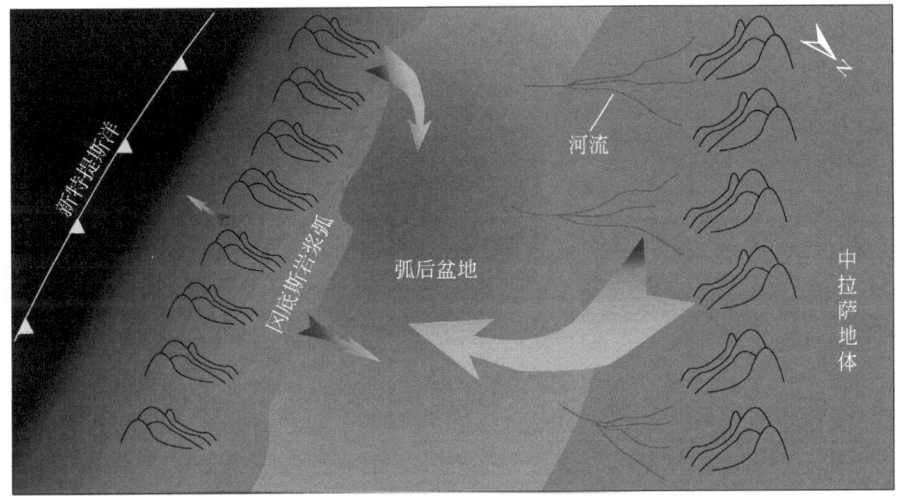

(a)约150~120 Ma

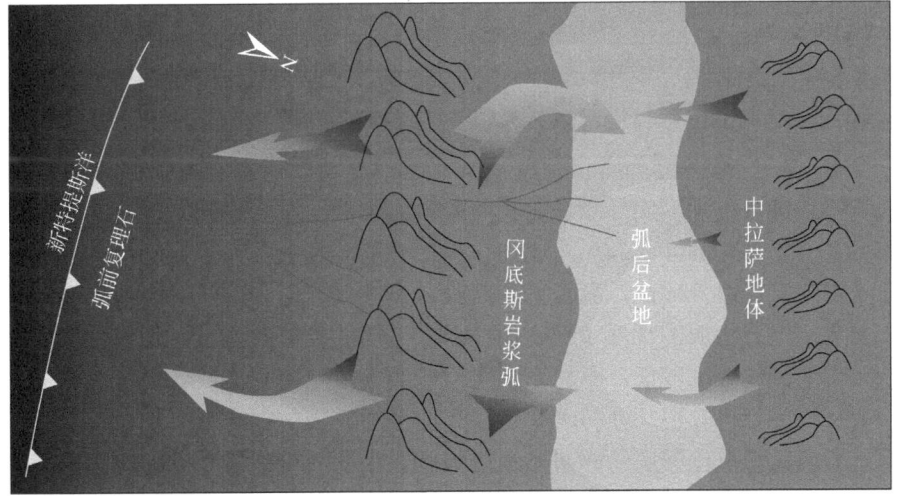

(b)约100~80 Ma

图5.20 拉萨地体晚侏罗世—晚白垩世早期构造环境简图（修改自Meng et al.，2019b）

大箭头代表主要的沉积物来源

物源区。本研究倾向于这种可能性：第一，林周盆地内采集的样品地球化学数据显示（魏友卿，2017），楚木龙组与设兴组的物源区经历了不同程度的化学风化，代表了其构造活动的差异。第二，研究显示楚木龙组到设兴组，古水流方向由自北向南转变为由南向北（Leier et al.，2007a）。第三，林周盆地南北两侧的楚木龙组样品的碎屑锆石年龄分布特征略有不同，北侧林周地区楚木龙组最年轻的年龄峰值在 140 Ma 左右（Leier et al.，2007c），而魏友卿（2017）采集的楚木龙组样品源自盆地最南缘，接收了更年轻的碎屑锆石（年龄峰值 121 Ma）。这也可能与 Leier 等（2007c）获得的楚木龙组碎屑锆石样本数量太少（40 个测点）导致部分物源特征信息遗失有关。

本书研究结果同样表明，从却桑温泉组到设兴组的沉积时期，冈底斯弧后盆地的物源区发生了明显改变。却桑温泉组—林布宗组沉积时期中拉萨地体作为主要物源区为弧后盆地提供了碎屑物质。而林布宗组到设兴组的碎屑锆石年龄曲线也发生了明显变化，表明晚侏罗世—晚白垩世弧后盆地的碎屑物源发生了改变；楚木龙组—塔克那组沉积时期中拉萨地体为主要物源区，冈底斯岩浆弧作为次要物源区开始参与演化，表明在多底沟组（约 149 Ma）沉积之后冈底斯岩浆弧开始形成，下白垩统楚木龙组（约 106 Ma）沉积时期冈底斯岩浆弧已经初具规模。至上白垩统设兴组沉积时期，冈底斯岩浆弧作为主要物源区为弧后盆地提供碎屑物质，中拉萨地体则成为次要物源区提供有限的物源，更多来自南拉萨地体的碎屑物质被输送到弧后盆地，至晚白垩世（82 Ma）冈底斯岩浆弧的地势已经高于中拉萨地体。

5.2　晚中生代沉积岩的沉积环境探讨

研究表明，沉积岩的形成过程受气候背景和构造背景的共同控制。在炎热多雨的热带气候条件下，物理风化、化学风化强度都较大，母岩的解体速度加快，无论是稳定矿物组分还是不稳定矿物组分，均容易遭遇分解与溶解，形成较多的溶解物质，碎屑物质的粒度较细；而在寒冷干燥的气候条件下，物理风化占主导地位，化学风化强度较低，不稳定矿物组分的保留程度较高，各类碎屑物质均可出现，且粒度相对较粗。在持续构造抬升的地质环境中，地形的剧烈起伏将显著增强母岩的物理风化强度及碎屑搬运能力。在相同的气候条件下，这种环境会导致碎屑的搬运距离缩短，粒度变粗，同时碎屑也会迅速被埋藏，因而化学风化过程由于暴露时间短暂而未能充分展开。相反，若地形升降较为缓慢，风化和剥蚀作用能够有效平整地形高差，导致碎屑的搬运距离增加，粒度变细，沉积物的堆积与埋藏速度减缓。此时，风化作用的暴露时间延长，促使不稳定矿物组分在更长的时间尺度上经历化学风化。因此，化学风化强度与构造抬升强度之间呈反比关系，二者的相互作用可通过沉积岩的风化指数来反映，从而为物源区的构造活动与气候变化提供重要的地质信息（Wronkiewicz and Condie，1987；Jacobson et al.，2003）。

陆源碎屑岩中，具有小离子半径的碱金属与碱土金属元素（如 Na、Ca 和 Sr）的含量对风化程度十分敏感，因此其含量变化可为物源区的风化条件和构造背景提供重要的指示信息（Nesbitt et al.，1980；Wronkiewicz and Condie，1987）。例如，处于热带气候且地势低缓的湄公河和刚果河，其沉积物相对上地壳表现出 Na、Ca 和 Sr 元素的亏损；然而印度恒河的沉积物中这些元素相对亏损的程度较小，表明其物源区受到正在隆升的喜马拉雅山脉的影响（Wronkiewicz and Condie，1987）。图 5.21（a）显示，楚木龙组样品的 Na、Ca 和 Sr 元素相对上地壳严重亏损，反映了其物源区可能处于与湄公河和刚果河类似的地势低缓的热带气候环境中；而设兴组样品的 Na、Ca 和 Sr 元素含量接近上地壳的平均水平，表明其物源区经历的化学风化作用较弱，主要为物理风化。结合林周盆地设兴组样品主要由岩屑砂岩和杂砂岩构成这一证据，进一步支持了其物源区处于构造隆升较为活跃的环境中。此外，已有的古地磁数据同样显示，在早白垩世，拉萨地体处于热带纬度范围内（Li Z et al.，2016），这与上述分析结果相一致。Nesbitt 和 Young（1982）提出使用 CIA 来衡量沉积物的风化程度，CIA 越高意味着沉积物中的长石转化为黏土矿物的程度越高。林周盆地楚木龙组样品的 CIA 为 66～78，平均值为 72，表明该组沉积物经历了较为强烈的化学风化（魏友卿，2017）；设兴组样品的 CIA 为 30～47，远低于楚木龙组样品，甚至低于未风化的岩浆岩（未风化岩浆岩指数为 50）（McLennan et al.，1993），这一结果表明设兴组的物源区经历的化学风化过程较为微弱。另一项衡量风化程度的指标是 Th/U 值。风化作用及物源再循环过程通常会伴随氧化作用的发生，导致沉积物中低溶解度的 4 价 U 离子被氧化为更易溶于水的 6 价状态，从而造成 U 元素的溶解析出，这一过程会导致沉积物中的 Th/U 值随着 Th 元素含量的提高而提高（McLennan et al.，1990，1993）。如图 5.21（b）所示，楚木龙组样品普遍比设兴组样品具有更高的 Th 含量和 Th/U 值，表明其经受了更强烈的风化作用。

上述结果表明，林周盆地楚木龙组样品的物源区处于地势低缓的热带气候之下，且经历了较为强烈的化学风化作用；而设兴组样品的碎屑物质以近源物理风化剥蚀作用为主，化学风化程度较低，反映了其物源区彼时正在经历较强程度的构造隆升活动（魏友卿，2017）。

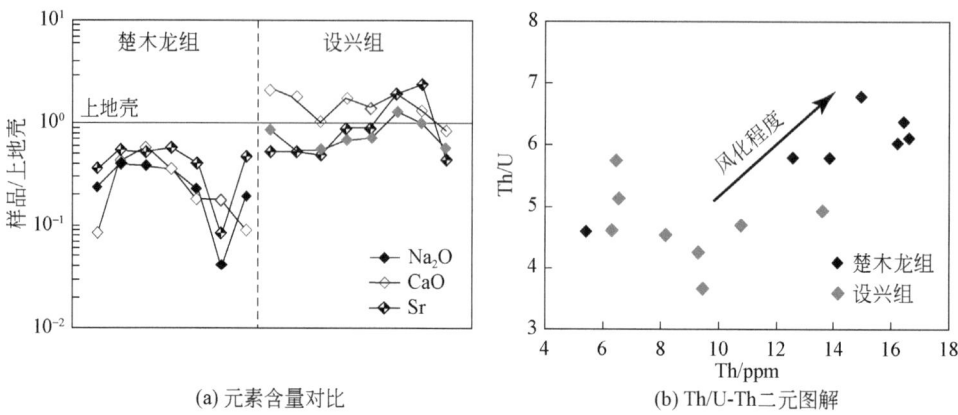

(a) 元素含量对比　　　　(b) Th/U-Th 二元图解

图 5.21　林周盆地白垩系碎屑沉积岩风化强度判别图（修改自魏友卿，2017；上地壳数值来自 Rollinson，1993）

根据碎屑锆石的 Th/U 值结果，观察到研究区冈底斯带弧后盆地晚中生代沉积岩经历了相对较弱的化学风化作用。本研究进一步采用 Gazzi-Dickinson 方法（Dickinson and Suczek，1979）对碎屑碎片进行计数，并将结果绘制在三元判别图上（图 5.22）。岩相学观察结果表明，研究区样品在 Qt-F-L 图上绘制在再旋回造山带（RO）和再旋回造山带物源区（ROP）范围（图 5.22），这表明弧后盆地的大部分沉积物是从拉萨地体的火山岩中再循环而来。

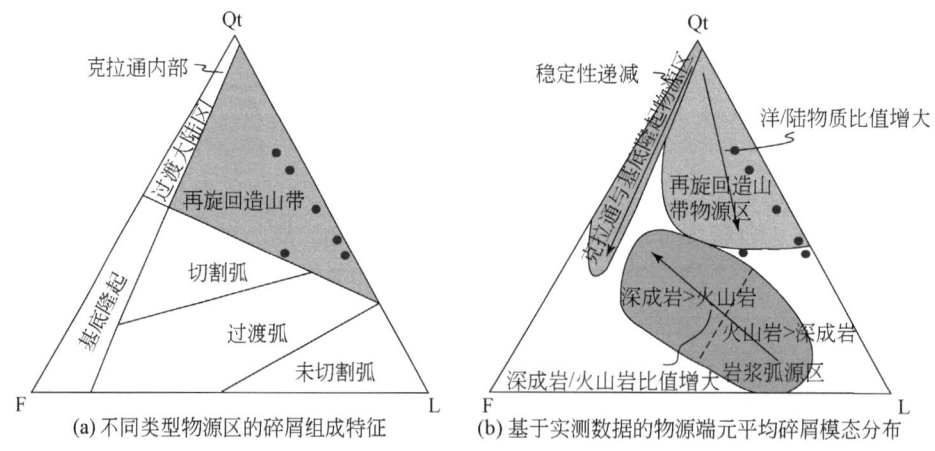

(a) 不同类型物源区的碎屑组成特征　　(b) 基于实测数据的物源端元平均碎屑模态分布

图 5.22　弧后盆地晚中生代不同地层砂岩的三元判别图解（修改自 Dickinson，1985）

Qt-石英（单晶+多晶），F-长石，L-岩屑

此外，已有研究表明沉积盆地中的碎屑锆石可以有效记录源区的岩浆活动，而岩浆岩的形成时代、性质等特征亦能反映其所处的构造环境（Cawood et al.，

2012），这也说明构造运动的变化会在其相邻盆地中被记录下来。因此，碎屑锆石的 U-Pb 年龄概率累积密度曲线分布图解可作为反映沉积盆地构造环境的重要工具。前人研究认为，在汇聚（俯冲）背景下，通常会发生大规模的岩浆活动，形成的中酸性岩浆岩会被快速剥蚀并搬运进入相邻的沉积盆地内，因此在俯冲背景下形成的沉积盆地中最年轻的碎屑锆石年龄峰与地层的沉积年龄相似（Cawood et al.，2012；胡修棉等，2021）。而在拉张背景下，通常以镁铁质的岩浆活动为主，同沉积的岩浆活动中锆石的产出量则相对较小，这类沉积盆地中最年轻的碎屑锆石年龄峰通常要比地层的沉积年龄大几十甚至几百百万年（Cawood et al.，2012）。而通常情况下，处于碰撞环境、伸展环境与克拉通内部的沉积物中会有大量年龄较老的碎屑锆石颗粒（Xu et al.，2019）。因此，碎屑锆石的结晶年龄与地层沉积年龄的差值可以用于区分沉积盆地的原始沉积环境，而这个差值也被称为滞后时间（胡修棉等，2021）。Cawood 等（2012）提出了基于碎屑锆石 U-Pb 年龄概率累积密度曲线而得到的沉积盆地大地构造环境图解，在汇聚背景下有大于 30%的碎屑锆石颗粒滞后时间小于 100 Ma，碰撞背景下有 5%～30%的锆石滞后年龄小于 100 Ma，而在拉张背景下，仅有小于 5%的锆石滞后年龄小于 150 Ma。受源区岩石的风化条件及岩性不同等条件的控制（Malusà and Fitzgerald，2019），来自不同源区、具有不同产出能力的锆石在成图时也会对盆地构造属性的判别有所影响。

目前，判别沉积构造背景的主要方法包括 Dickinson 图解（Dickinson and Gehrels，2015）、全岩元素地球化学法以及 Cawood 的碎屑锆石 U-Pb 年龄概率累积密度曲线分布图解等（Cawood et al.，2012）。Dickinson 图解需对沉积地层的矿物组成进行具体分析，由于不同造岩矿物的特定地球化学组成不同，通过将它们的元素地球化学组成与其对应的全球标准大地构造背景的化学组成作对比，以推测其源区构造背景的不同类型。全岩元素地球化学法则是使用迁移性较差的元素来对构造背景进行分析（Li et al.，2010），但由于成岩过程中受到风化作用、埋藏成岩过程中不稳定矿物的溶解以及胶结物和自生矿物的沉淀等因素的干扰（Garzanti，2016），该方法在判别大地构造环境时相关图解有时存在一定的不确定性。本研究采用 Cawood 提出的碎屑锆石 U-Pb 年龄概率累积密度曲线分布图解，通过分析锆石结晶年龄与地层沉积年龄的差值及它们的累积分布概率来绘制密度曲线，并进一步识别汇聚（俯冲）、碰撞与拉张环境，以期对冈底斯带弧后盆地晚中生代的构造背景进行判别。

关于白垩纪拉萨地体的构造环境，已有诸多研究成果。例如，Wang 等（2020）对林周盆地设兴组进行研究后认为，早白垩世弧后伸展作用发生在 124～108 Ma，伸展作用导致了北拉萨地体大规模的岩浆喷发，北拉萨地体地壳隆升并被快速剥蚀，随之成为中拉萨地体、南拉萨地体的碎屑物质物源区，而后北拉萨地体进入热沉降状态，至晚白垩世冈底斯岩浆弧的地势相较于中拉萨地体与北拉萨地体显著升高。拉萨地体南缘的双峰式火山岩（137 Ma）和马门地区桑日群埃达克岩也被认为是弧后拉张环境的证据（Zhu et al.，2009a；Ding et al.，2017a；Wang C et al.，2017）。弧后伸展作用通常会伴随软流圈物质的上涌，岩石圈的热状态也会随之发生改变，并导致弧后地区岩浆活动爆发，因此弧后伸展不仅是俯冲带演化重要的组成部分，也是识别俯冲体系的标志（袁超，2016）。

根据碎屑锆石 U-Pb 年龄概率累积密度曲线分布图解（图 5.23），本研究区却桑温泉组、多底沟组、楚木龙、林布宗组、塔克那组与设兴组样品均未落入汇聚背景，除多底沟组外，其他各组均为碰撞-拉张环境下的产物，沉积在被动（活动）大陆边缘环境中。地层中广泛存在大量年龄较老的锆石，进一步支持了上述各组沉积岩形成时弧后盆地处于碰撞环境下的假设。其中多底沟组的沉积环境发生了改变，从以碰撞环境为主转变为以拉张环境为主。多底沟组中最年轻的锆石年龄峰值为 159 Ma，比地层沉积年龄晚约 10 Ma，结合前人研究成果，认为研究区多底沟组沉积时，冈底斯带弧后盆地应处于拉张环境。综上所述，在却桑温泉组沉积时期，弧后盆地处于碰撞环境；多底沟组沉积时期盆地环境发生转变，处于

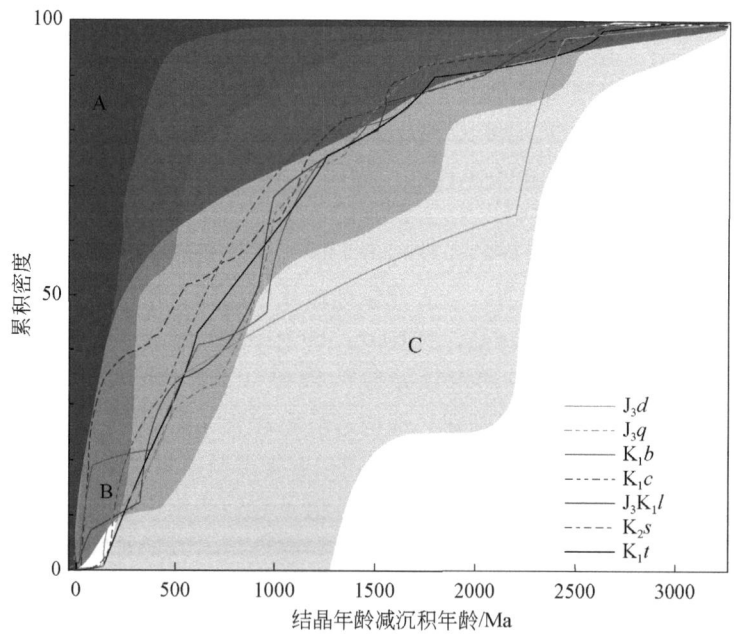

图 5.23 碎屑锆石 U-Pb 年龄概率累积密度曲线分布图解（据 Cawood et al.，2012）

A-汇聚俯冲背景，B-碰撞背景，C-伸展拉张背景

拉张环境，此时南拉萨地体的地壳减薄且发育了弧后伸展环境，导致该地体大规模地岩浆爆发；而后在楚木龙组沉积时期，弧后盆地环境再次转变为碰撞环境；而设兴组中较年轻的碎屑锆石 U-Pb 年龄概率累积密度曲线非常接近汇聚俯冲背景。在汇聚俯冲背景下通常会伴随大型的断层与地层不整合的形成，设兴组与上覆林子宗群火山岩之间的不整合现象也说明拉萨地体在晚白垩世可能处于汇聚俯冲背景，且拉萨地体发生了地壳缩短作用。

前人研究表明，在白垩纪拉萨地体主要为海相沉积。本研究对多底沟组的泥页岩夹层开展了碳氧同位素分析工作，结果表明该组的沉积环境为海相，与前人研究结果相一致。林布宗组、楚木龙组和塔克那组的野外特征与镜下鉴定结果显示，地层沉积时碎屑颗粒的粒度有明显变化，进一步说明地层沉积时水体环境是不断变化的。此外，最新的研究成果表明，林周盆地沉积的白垩系塔克那组自上而下可划分为四个岩性段，分别是以粉砂岩、泥页岩为主的塔四段，以砾屑灰岩、生物漂浮岩、鲕粒灰岩为主的塔三段，以泥灰岩、生物漂浮岩为主的塔二段和以泥晶灰岩、生物碎屑砂岩为主的塔一段。这个沉积过程表明塔克那组沉积时期弧后盆地经历了一个从海进到海退的演变过程，反映了海平面相对上升而后又下降的变化（刘航宇等，2022）。而在上白垩统设兴组沉积末期，顶部的红色砂岩标志着此时弧后盆地处于陆相环境，表明晚中生代地层的沉积环境由海相过渡到了陆相。

前人研究表明，在设兴组沉积之前青藏高原南缘被淹没在陆缘海之下，其主要的沉积环境为潟湖和生物礁［图 5.24（a）］。到设兴组沉积时期，碎屑物质开始从南向北充填盆地，海水逐渐变浅，最终碎屑岩完全覆盖了海相灰岩，陆相沉积环境几乎占据了整个区域，只有拉萨地体最北部可能仍处在海相环境下。在河流系统方面，林周地区受北—北西向的曲流河系统影响，而马乡地区更可能为辫状河系统［图 5.24（b）］，值得注意的是，林周地区的曲流河系统与马乡地区的辫状河系统位于不同的分水岭上。此外，河间的河漫滩区域沉积了多期土壤，进一步反映了该地区的沉积演化过程。河流相地层可能是弧后盆地的后缘隆起—前缘隆起沉积，其中的古土壤也代表了前缘隆起沉降中心。长波长、低振幅的挠曲构造抬升，导致了容纳空间减少，从而形成了较低的沉积速率（DeCelles and Currie，1996）。在随后的设兴组沉积时期，整体粒度逐渐变细，且局部层位发育有灰岩夹层，标志着沉积环境转变为沿岸平原内的河间洪泛平原沉积［图 5.24（c）］。此时的岩相古地理特征表现为一系列相联系的河道、河口及河间的小湖泊共存。这时的细粒沉积物可能为远源前渊沉积的产物。相比于前缘隆起沉积，这一阶段的沉积特征表明容纳空间和沉积速率增加（Tornqvist，1993）。脱压后地层厚度表明盆地沉降速率在该时期有所加快，而发育细粒沉积物的沿岸平原和相连通的河道沉积在远源前渊沉积中十分普遍（Shuster and Steidtmann，1987）。相比于前缘隆起，前渊位置的盆地沉降速率有所增加，但沉积物供给量却保持不变。设兴组上部砂岩的主要沉积环境为北西向流动的砂质辫状河系统［图 5.24（d）］，然而目前，林周及马乡地区在此阶段是一条大河还是多条类似的河流提供物源并不清楚，而马乡地区设兴组砂岩的成分与其他地区沉积的设兴组在成分上存在差异，表明流经

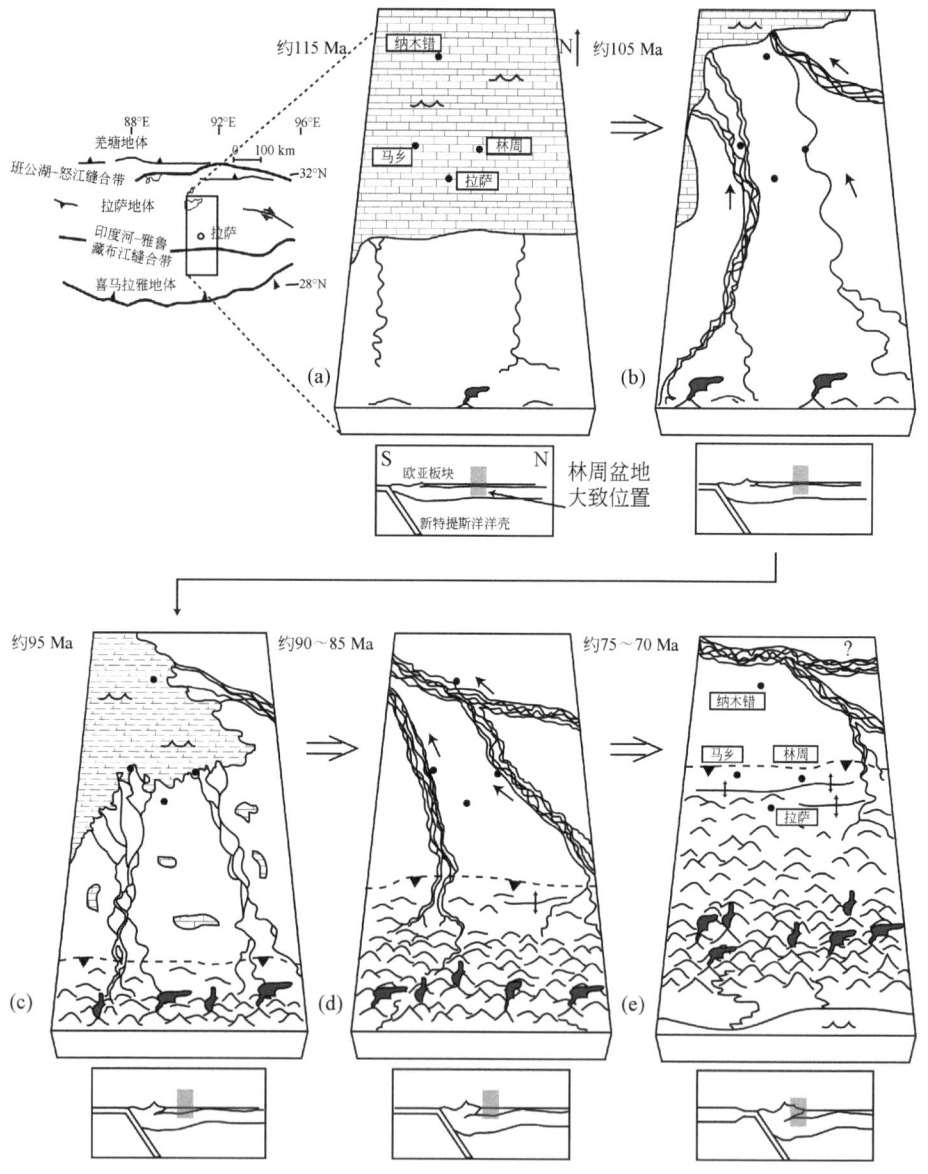

图 5.24 林周盆地古地理重建图解（修改自 Leier et al.，2007a）

马乡的河流穿过了不同的物源区（张佳伟，2018）。设兴组上部向上变粗的序列被认为是近源前渊沉积的结果。总体来看，设兴组的沉积环境、物源和大型河流沉积建造与非海相前陆盆地的充填序列十分相像（Willis，1993；Horton and DeCelles，2001）。设兴组上部砂岩沉积之后（60 Ma 之前），设兴组发生了强烈的褶皱作用并遭受了剥蚀，随后被火山熔岩流和火山灰覆盖所埋藏 [图 5.24（e）]。这一阶段没有沉积记录，表明该地层被卷入了褶皱逆冲带，并发生了向盆内方向的迁移。设兴组和上覆林子宗群之间变形程度的巨大差异表明，在印度-欧亚板块碰撞之前，亚洲南部地壳已经增厚抬高，欧亚板块内部的上升力足够大，所以碰撞产生的巨大水平推力传递到板块内部，而不是被内部张力抵消（England and Searle，1986）。

另外，根据 Allen 和 Allen（2005）提出的方法，利用新获得的数据和 Leier 等（2007a，2007b）编制的地层资料，Wang 等（2020）重建了林周盆地白垩纪的沉降历史。在野外岩相分析基础上，结合 Haq（2014）提出的白垩纪长期海平面变化曲线，Wang 等（2020）还对林周盆地的古水深/古高程和海平面变化进行了校正。由于林周盆地内的地层多为近海平面沉积，因而古水深校正对构造沉降曲线的影响不大。一个例外是顶部的设兴组，它沉积时盆地可能高于海平面。尽管在早白垩世，平均海平面上升了 130 m（图 5.25），但在非常高的沉降率下，

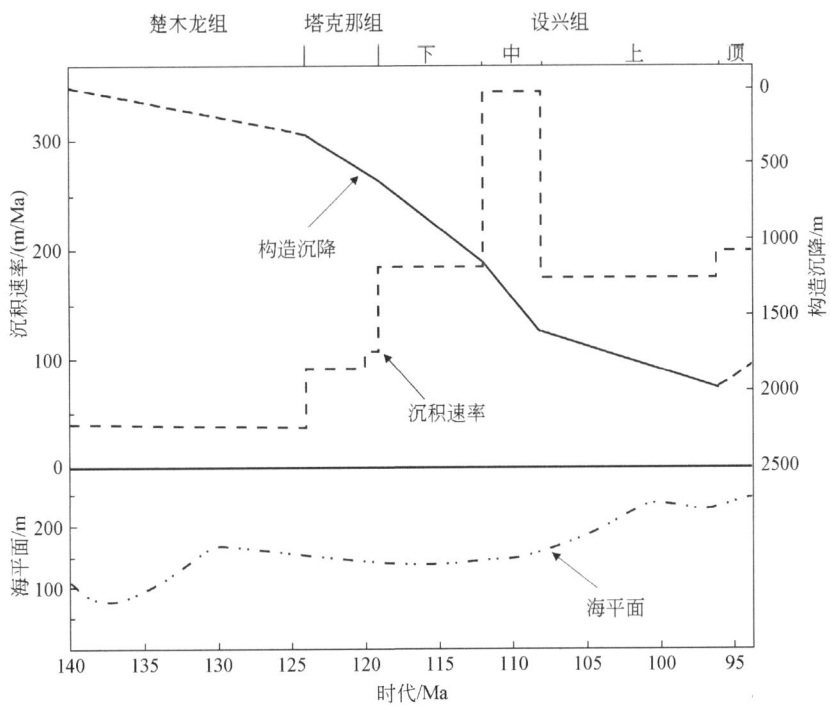

图 5.25　林周盆地下白垩统构造沉降与沉积速率图解（修改自 Wang et al.，2020）

海平面升降的影响仍然可以被认为是微不足道的。在早白垩世，林周盆地的总构造沉降量约为 2 km（图 5.25）。从塔克那组底部到设兴组中段，沉降速率从楚木龙组的 40 m/Ma 显著增加到 350 m/Ma。在设兴组上段沉积期间，沉降速率下降到 170 m/Ma。由于沉积年龄的约束较为有限，无法精确确定设兴组顶部的沉降速率，但其可能记录了晚白垩世冈底斯带弧后盆地的反转和构造隆起过程（Wang et al.，2020）。

第6章 拉萨地体晚中生代的大地构造演化模式

拉萨地体内发育的一系列弧后盆地，在沉积特征和构造背景上表现出显著的相似性，这些盆地记录了高原腹地演化过程中的丰富信息。通过对各盆地之间的相似性与差异性对比分析，可以更深入地探讨高原不同区域在演化过程中所经历的共同特征或区域性差异。在漫长的地质演化过程中，高原的各个阶段呈现出不同的大地构造背景。因此，在研究盆地演化时，必须结合不同时期的构造背景进行区分和分析。本章的主要目标是探讨冈底斯带弧后盆地在晚中生代的沉积与构造演化过程，对前人关于盆地演化的相关研究成果仅作简要总结与讨论，为进一步揭示高原腹地的演化机制提供新的视角。

6.1 弧后盆地对青藏高原隆升史的响应

青藏高原的地壳增厚与地表抬升对全球气候、地貌及资源分布产生了深远影响，因此成为地球科学领域最热门的研究主题之一。相关研究从多个学科视角探讨了高原隆升的多种机制与过程。Murphy 等（1997）提出的上地壳变形模型，Chung 等（1998）关于富钾岩浆作用的研究，Pares 等（2003）基于磁性地层学的分析，Spicer 等（2003）对古植物学的研究，Clark 等（2005）采用的热年代学方法，以及 Rowley 和 Currie（2006）通过氧同位素开展的古海拔重建研究，均为理解青藏高原隆升过程提供了重要的科学依据。这些研究从不同学科角度出发，提出了多种互为补充的青藏高原隆升模型。青藏高原通常被认为是印度-欧亚板块碰撞以及印度岩石圈俯冲至欧亚板块之下的新生代产物（Harrison et al., 1992; Chung et al., 1998）。然而，随着研究的深入，越来越多的学者注意到，这些早期与印度-欧亚板块碰撞相关的高原隆升模型主要基于喜马拉雅和青藏高原新生代数据的研究，缺乏对青藏高原腹地相关资料的约束（罗安波，2022）。因此，这些模型未能全面反映高原隆升过程的复杂性。近年来，随着对青藏高原腹地特提斯造山体系演化过程的深入研究，白垩纪高原隆升的重要证据陆续被发现（Kapp et al., 2007b; Volkmer et al., 2014; Sun et al., 2015a）。这些发现为探讨青藏高原的早期隆升过程提供了新的视角。此外，最新研究表明，亚洲大陆最南端的拉萨地体可能在印度-欧亚板块碰撞之前就已达到较高的海拔，但其具体隆升过程仍不清晰（Murphy et al., 1997; Kapp et al., 2005, 2007b; Leier et al., 2007a; Zhu et al., 2017）。因此，厘清拉萨地体在碰撞前的构造演化历史，对于深入理解青藏高原的形成机制及时间尺度具有重要的科学意义。

尽管前人对青藏高原的隆升史开展了大量的研究工作，且对时空上存在的显著差异已取得一定程度的认识，但关于高原隆升的具体时间和机制仍存在较大争议（Bi et al., 2022），高原内部的地壳增厚历史也缺乏清晰的证据。在隆升时间上，存在白垩纪、始新世以及中新世以来等不同观点；在隆升机制上的争议则集中于拉萨-羌塘地体碰撞、新特提斯洋板片俯冲汇聚、深部下地壳流以及板片断离等多个理论模型。此外，青藏高原大陆岩石圈变形及其地表高程的时空演变仍然未得到明确解释。近年来，随着青藏高原定量古高程数据的不断积累，研究人员逐渐认识到高原具有差异性隆升的特征，部分地区的隆升时间比以前的推测时间或早或晚，现有的动力学模型均不能完整体现高原隆升过程（Ding et al., 2022）。不仅如此，目前对于高原中部的隆升过程仍存在较大争议，主要集中在高原中部早期隆起在时间上的厘定和在空间上的界定。Wang 等（2008a）提出的原西藏高原模式（proto-Tibetan Plateau）认为，高原中部的拉萨地体和羌塘地体至少在始新世中期就已经隆升至现今高度，随后整个高原以原西藏高原为中心向南北方向持续隆升，这一模式与前人通过湖相和古土壤碳酸盐稳定同位素古高程计算得出的结论一致（Rowley and Currie, 2006），也能够较好地解释印度-欧亚板块碰撞前高原发生的地壳缩短和增厚过程。同时，热年代学研究证据显示，西藏中部自始新世中期以来就开始保持相对稳定且缓慢的剥蚀速率（Rohr Mann et al., 2012; Haider et al., 2013）。然而，前人根据其他古高程计算结果或者古生物证据提出了不同于原西藏高原的结论或者模式（邓涛等，2011; Sun et al., 2014）。尽管不同研究方法所得到的结论存在矛盾，使得高原隆升和生长过程更加扑朔迷离，但这些差异性的结果同样反映出高原隆升机制是一个受多种因素交织作用的复杂过程，值得进一步加大研究力度以深入探索其内在机制（韩中鹏，2017）。

根据北拉萨地体缺乏广泛分布的侏罗纪海相地层这一现象，一些学者提出在白垩纪藏南安第斯型造山运动、拉萨-羌塘地体碰撞、印度-欧亚板块碰撞之前青藏高原已经开始抬升了（Yin and Harrison, 2000; Zhang, 2000）。此外，拉萨地体中部措勤地区的构造填图结果表明，自 99 Ma 至印度-欧亚板块碰撞之前，拉萨地体经历了持续的地壳挤压短缩作用，此时该地区的地形高度为 3～4 km（Murphy et al., 1997）。措勤盆地内发育了一套呈东西向延伸的厚度巨大（约 1800 m）的晚白垩世（98～91 Ma）陆相磨拉石沉积建造。通过对措勤盆地内达雄村附近出露较好的地层详细测制，孙高远和胡修棉（2017）将该套地层自底到顶划分为 5 段，依次为中—粗粒砂岩层段、大套砾岩层段、中粒砂岩夹粉砂岩—泥岩层段、大套紫红色与绿色粉砂岩/泥页岩层段以及均质中粒砂岩层段。该地层底部与下伏郎山组含圆笠虫灰岩呈沉积不整合关系，顶部被新生代沉积物所覆盖。基于岩相组合与沉积结构构造分析，孙高远和胡修棉（2017）认为该套地层形成于冲积扇—辫状河沉积环境。该套地层的碎屑锆石 U-Pb 年代学和 Hf 同位素数据显示，中拉萨地体上广泛分布的则弄群火山岩可能为其主要的物源区。综合该套晚白垩世沉积岩的时空分布、岩性组合以及物源区特征，孙高远和胡修棉（2017）将其新命名为"达雄组"。通过将达雄组与中拉萨地体北侧的竟柱山组对比发现，两者可能共同反映了中拉萨地体在晚白垩世早期（98～91 Ma）经历了构造隆升，为青藏高原腹地在印度-欧亚板块碰撞之前的隆升提供了地质证据。

浅海相（郎山组）沉积和河流/冲积砾岩（达雄组和竟柱山组）沉积的停止表明拉萨地体广泛的地壳缩短和地形的加速生长开始于晚白垩世早期（Zhang Q et al.，2011；Sun et al.，2015a；Lai et al.，2019a）。而措勤盆地自达雄组沉积之后（约 91 Ma），直到古新世林子宗群火山岩（65～44 Ma）形成之前，存在约 30 Ma 的地层缺失，同样的情况也发生在尼玛、色林错以及林周盆地中。这表明在晚白垩世，拉萨地体中—北部发生了初始的构造隆升，而达雄组陆相磨拉石的出现即是该隆升事件的标志。这一推测与措勤盆地北侧发现的约 90 Ma 加厚下地壳来源的阿章埃达克质岩石所发育的构造背景相一致。此外，林周盆地中古新世未变形的林子宗群火山岩角度不整合覆盖于强烈变形的白垩系之上；措勤盆地内的构造恢复表明，在整个白垩纪该区域发生了大约 50% 的地壳缩短量等，这一系列证据也证实了青藏高原中部（中—北拉萨地体）在晚白垩世发生了初始隆升。此外，措勤盆地内花岗侵入岩的磷灰石裂变径迹与 U-Th/He 年龄数据显示，该地区在古新世—始新世早期（65～40 Ma）经历了快速冷却过程，考虑到磷灰石较低的封闭温度，推测其可能未保留晚白垩世的隆升冷却历史（孙高远，2015）。北拉萨地体富镁的埃达克质岩浆侵位揭示其下伏地壳在约 90 Ma 之前已经显著增厚（Sun et al.，2015b），这进一步支持了晚白垩世早期青藏高原北部地壳已经增厚并抬升这一观点。以上证据表明拉萨地体可能在印度-欧亚板块碰撞之前就达到了较高的海拔（Kapp et al.，2007b；Ding et al.，2014；Lai et al.，2019a）。

南拉萨地体的冈底斯岩浆弧主体由大型岩基构成。传统观点认为，大型岩基通常形成于伸展背景下，但随着研究的深入，越来越多的证据表明，挤压背景同样可以形成巨型岩基，其形成所需的空间主要通过地壳上部的抬升以及下部或侧部物质的向下运移来获得。这一过程通常伴随着显著的地壳加厚现象（Cao et al.，2017）。基于目前广泛接受的观点，即冈底斯带在早白垩世的地壳厚度约为 37 km，

Wang 等（2022）通过经验公式（Mantle and Collins，2008；Hu F et al.，2017）计算得出，南拉萨地体朗县地区在早白垩世（120～114 Ma）的地壳厚度约为 33.7 km，这进一步证实了该时期南拉萨地体的地壳厚度处于正常范围。此外也有证据显示拉萨地体在 100～80 Ma 的岩浆活动期间海拔缓慢抬升。如林芝地区高温高压麻粒岩相变质岩的温压计算结果显示，90 Ma 时南拉萨地体的地壳厚度至少已经有 55 km，100～90 Ma 地壳厚度显著增加（Zhang Z et al.，2014）。这种岩浆侵位与地壳加厚的同期性也表明了岩浆侵位对地壳厚度的增加有巨大贡献。这进一步说明，在早白垩世，新特提斯洋北向俯冲的作用使拉萨地体处于挤压构造环境中。冈底斯岩浆弧的岩浆岩地球化学特征也支持上述观点。晚侏罗世—早白垩世的岩浆岩显示出钙碱性特征，并具有较低的 $(La/Yb)_N$ 和 Sr/Y 值，而早白垩世晚期—晚白垩世早期的岩浆岩则表现出埃达克质的地球化学特征。这一转变指示拉萨地体的地壳在此期间经历了显著的增厚作用（Meng et al.，2019b）。此外，拉萨地体中部大量约 90 Ma 的增厚下地壳来源的埃达克质岩浆活动进一步支持了这一观点（Wang et al.，2014；Sun et al.，2015a；Lei et al.，2019；Luo et al.，2019，2021）。而低温热年代学数据也表明拉萨地体在晚白垩世（85～70 Ma）经历了中—快速的剥露（Hetzel et al.，2011；Rohrmann et al.，2012），表明该时期拉萨地体的海拔已经升高。

综上所述，拉萨地体的地壳厚度在早白垩世至晚白垩世经历了显著变化，岩浆活动与地壳增厚密切相关，其地壳加厚和海拔升高的过程与新特提斯洋北向俯冲及其伴随的构造挤压背景密切联系。

南拉萨地体大量的沉积岩证据同样支持上述观点。Wei 等（2020）在山南市北部采集的楚木龙组样品显示出较高的 CIA 值，低的 Na_2O/K_2O 值，Na_2O 和 Sr_2O 强烈亏损，以及显著的 Eu 负异常的地球化学特征（图 5.19）。考虑到采集的楚木龙组样品主要为泥岩，其次为含有木屑化石的细粒砂岩这一特征，Wei 等（2020）认为在侏罗纪—早白垩世楚木龙组沉积时期南拉萨地体的气候和地形没有发生明显变化，仍处于低海拔地区。到早白垩世塔克那组沉积时期，该组地层的岩性由塔一段海相沉积变为塔四段陆相沉积，证明此时拉萨地体内部存在地层抬升作用（刘航宇等，2022）。另外，Wang 等（2020）指出，林周盆地塔克那组的浅海相碳酸盐岩向设兴组底部的块状河流相砂岩的过渡反映了拉萨地体的地形增长和强烈侵蚀活动的开始。生物地层学和碎屑锆石的年龄证据将这一转变的时间限制在早白垩世阿普特中期（约 119 Ma）（Wang et al.，2020）。林周盆地设兴组顶段记录了拉萨地体由海相向辫状河流相的转变过程，同样代表了源区由于地壳增厚和地形抬升而快速侵蚀和剥露（Wang et al.，2020）。晚白垩世早期，林周盆地北南向缩短和盆地的反转最终导致了沉积的结束。拉萨地体的隆升还导致了区域水系方向的变化，至晚白垩世康尼亚克早期（约 88 Ma），来自中—北拉萨地体的碎屑物质在河流的搬运作用下开始越过冈底斯岩浆弧到达日喀则弧前盆地（An et al.，2014；Orme and Laskowski，2016）（图6.1）。

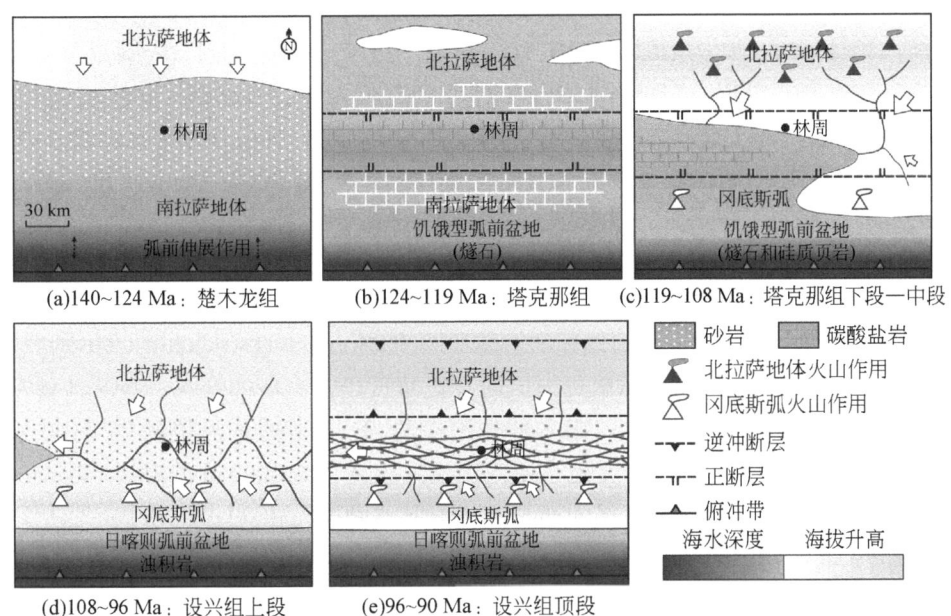

图 6.1 林周盆地物源演化图解（修改自 Wang et al.，2020）

拉萨地体内其他沉积盆地的地层记录同样表明，拉萨地体的初始生长不晚于早白垩世晚期。例如，拉萨地体西北部的多尼组（阿普特期—早阿尔布期）沉积于浅海—河流环境（DeCelles et al.，2007；Zhang Q et al.，2011；Sun et al.，2017）；拉萨地体中部的当雄砾岩（早阿尔布期）沉积于辫状河—冲积扇环境（Wang J G et al.，2017a）；而来自冈底斯岩浆弧的碎屑物质自113～110 Ma开始大量输入日喀则弧前盆地（Dai et al.，2015；Orme and Laskowski，2016；Wang J G et al.，2017b）。早期研究认为，早白垩世南拉萨地体的隆升可能与冈底斯岩浆弧及弧后岩浆活动相关，该时期的构造环境以伸展为主，而非收缩（Wang et al.，2020）。在高原隆起与侵蚀的初期阶段，拉萨地体大部分地区的地形仍较为平缓。受这一早期地形发育的影响，林周盆地内部发育了一个轴向河流体系，该河流接收了大量来自北拉萨地体和南拉萨地体的碎屑物质，并将其输送至新特提斯洋（Wang et al.，2020）。

关于拉萨地体的古海拔，大量研究表明，拉萨地体在早白垩世处于海平面之下（Leier et al.，2007b；Zhang et al.，2013）。随后，在中—晚白垩世，拉萨地体南部的冈底斯岩浆弧从接近海平面的高度迅速抬升，至晚白垩世其海拔可能已达

3000～4000 m（Fielding，1996；丁林和来庆洲，2003；Chu et al.，2006；Wen et al.，2008b；Ji et al.，2009a；刘晓惠等，2017）。位于拉萨地体南部的南木林地区在中新世海拔约为 5000 m（Spicer et al.，2003；Currie et al.，2005，2016；DeCelles et al.，2011；Khan et al.，2014）。而在印度-欧亚板块碰撞期间，冈底斯山的海拔可能已超过 4500 m，并维持至今（刘晓惠等，2017）。与之相对，拉萨地体北部在晚白垩世海拔仍较低（Dürr，1996；丁林和来庆洲，2003；DeCelles et al.，2007），但自始新世起，该区域开始快速抬升（Rowley and Currie，2006；Hetzel et al.，2011），并在晚渐新世至中新世逐渐接近当前高度（Polissar et al.，2009；Deng et al.，2012；Sun et al.，2014；Xu et al.，2016）。

Ding 等（2014）通过对拉萨地体林周盆地中出露的碳酸盐岩与古近纪古土壤样品的碳氧同位素分析，开展了古海拔重建工作。研究显示，在古新世早期（印度-欧亚板块碰撞初期），林周盆地的古海拔约为 4500 m。这一结果进一步支持了在陆-陆碰撞之前，拉萨地体南部地区海拔已接近当前高度的观点。拉萨地体东西部盆地的古海拔数据显示，南木林盆地在约 31 Ma 时的海拔约为 4100 m（Currie et al.，2016），伦坡拉盆地在 40～35 Ma 达到了约 4000 m 的海拔（Rowley and Currie，2006），当惹雍错盆地在约 46 Ma 时达到了约 4000 m 的海拔，而尼玛盆地在约 26 Ma 时达到了约 4600 m 的海拔（DeCelles et al.，2007）。由此可见，位于拉萨地体东部地区的林周盆地在 60～50 Ma 时海拔已达到约 4000 m，向西的南木林和伦坡拉盆地在 40～30 Ma 达到了约 4000 m 的海拔，而位于最西北部地区的尼玛盆地则在约 26 Ma 时才达到了约 4000 m 的海拔。因此，拉萨地体东西部抬升时间具有一定的差异性：在拉萨地体内部，林周盆地内海相地层转变为陆相地层（初始地形抬升）的时间为 114～110 Ma（Leier et al.，2007c），其与当雄砾岩中从海相沉积向陆相沉积转变时间一致（Wang H Q et al.，2017），而此时其南侧的日喀则弧前盆地仍处于较低的海拔（Orme and Laskowski，2016；Wang H Q et al.，2017）；北部的尼玛盆地初始抬升的时间约为 106 Ma（Kapp et al.，2007b）。到晚白垩世，色林开始经历初始地形增长（Zhang Q et al.，2011），措勤盆地在 96～91 Ma 发生地形增长（Sun et al.，2015a；BouDagher-Fadel et al.，2017；Wang H Q et al.，2017）。因此，拉萨地体的地形初始增长具有不连续性，总体上呈现自东南向西北逐渐抬升的趋势，导致东西部地形存在显著差异（东部地区地形高于西部地区）。具体来说，拉萨地体东部地区在 125～110 Ma 已露出海平面，而西部地区直到约 100 Ma 仍处于海平面之下（Wang H Q et al.，2017）。基于上述证据推测，拉萨地体在晚白垩世经历了地壳褶皱与缩短加厚作用，处于挤压构造环境。在印度-欧亚板块碰撞之前，拉萨地体地壳已显著增厚，导致海拔逐步升高。结合弧后盆地沉积特征的变化及沉积岩物源区的演变（详见第五章），推测拉萨地体在晚白垩世早期（100~89 Ma）可能已达到其演化过程中的最高海拔。

6.2 拉萨地体古地理位置与拉萨-羌塘地体碰撞时间

前人研究普遍认为，拉萨地体在二叠纪以前位于冈瓦纳联合古陆之上，其北侧发育有特提斯大洋，并处于典型的活动大陆边缘环境。至中晚二叠世，冈瓦纳大陆与拉萨地体之间出现裂谷盆地，拉萨地体开始从冈瓦纳大陆北缘裂离。然而，在新特提斯洋开启之前（即二叠纪），关于拉萨地体的具体位置仍存在多种重建模型。其中一种模型认为，拉萨地体在二叠纪时靠近印度地体北缘，新特提斯洋在晚三叠世时尚未开启（Metcalfe，2002）。然而，最新研究表明，新特提斯洋在三叠世（255~214 Ma）已经开启（Li et al.，2021），因此上述模型关于拉萨地体位置的推测可能并不准确。另一种模型则认为，在早—中二叠世，拉萨地体位于印度地体北缘。该模型的依据包括：拉萨地体具有与特提斯喜马拉雅相似的泛非期结晶基底、古生代—中生代沉积盖层、晚古生代冈瓦纳相动植物群以及石炭纪—二叠纪滨海相沉积。因此，研究人员推测拉萨地体源自印度大陆北缘（Sengor，1987；李才等，2010）。相关研究进一步指出，在晚二叠世，拉萨地体从印度北缘分离并进入古特提斯洋（Enkin et al.，1992），新特提斯洋的开启也发生在这一时期。然而，已有研究表明，二叠纪印度北缘处于伸展构造背景（Garzanti et al.，1999），而拉萨地体内松多榴辉岩的存在则表明拉萨地体在二叠纪处于岛弧环境（Yin and Harrison，2000；Kapp et al.，2005；Leier et al.，2007c）。基于这一构造背景，先前模型对拉萨地体位置的推测可能需要重新评估。此外，还有一种模型提出，在早二叠世，羌塘地体位于印度地体北缘，而拉萨地体则位于澳大利亚地体北缘。至中晚二叠世，古特提斯洋的南向俯冲导致拉萨地体从澳大利亚地体北缘裂离，并促成了新特提斯洋的开启（Ferrari et al.，2008）。然而，拉萨地体内榴辉岩与皮康花岗岩的存在表明该地体在这一时期处于同碰撞构造背景（朱弟成等，2009），这一现象与上述模型的假设不符。因此，更为合理的解释是，拉萨地体在二叠纪可能作为一个独立地块存在于古特提斯洋内，并在中二叠世末期与澳大利亚地体北部发生碰撞（Zhu et al.，2009b）。随后，至晚二叠世—晚三叠世，冈瓦纳大陆与拉萨地体之间的裂谷持续扩张，导致早期雅鲁藏布江大洋—新特提斯洋胚胎期的形成。随着裂谷进一步张裂，初始洋盆逐渐扩大，新特提斯洋开始成型（Meng et al.，2016a；孟元库等，2024）。进入晚三叠世，随着新特提斯洋的不断演化，拉萨地体前缘出现海沟，大洋扩张逐渐转变为俯冲阶段。此时，冈底斯带中段的岩浆活动与新特提斯洋向拉萨地体之下的北向俯冲密切相关（彭建华等，2013；Meng et al.，2016a，2016b；Wang C et al.，2016；孟元库等，2024）。

在侏罗纪和白垩纪，新特提斯洋的俯冲作用逐渐增强，促使以花岗岩类为主的冈底斯岩基形成，并在拉萨地体南缘发育出高地型岩浆弧，使其呈现典型的安第斯型造山带特征。从早白垩世中后期开始，新特提斯洋板片俯冲角度逐渐增大，导致拉萨地体北部的岩浆活动逐渐减弱或停止，岩浆活动主要集中在拉萨地体南部。在晚白垩世至新生代早期（60~55 Ma），拉萨地体最南缘的埃达克质岩石揭示了新特提斯洋的平板俯冲特征，此时岩浆活动较弱，仅局部区域存在岩浆作用（纪伟强等，2009）。与此同时，晚白垩世也是拉萨地体强烈缩短的时期，大量逆冲断裂活动引发了中上地壳（薄皮构造）的强烈变形与缩短（Li et al.，2015；Kapp and DeCelles，2019）。

拉萨地体与羌塘地体的碰撞是青藏高原中生代最重要的构造事件之一，此次碰撞不仅促使两者完成了从海洋到陆地的转换，还引发了地壳的剧烈缩短和高原的早期隆升（Guillot et al.，2003；Kapp et al.，2003c；张玉修，2007；李华亮，2014）。然而，关于拉萨-羌塘地体的碰撞时间仍存在较大争议，已有研究提出了多个可能的时间框架，包括中侏罗世（Ma et al.，2017；Sun et al.，2019）、晚侏罗世—早白垩世早期（Zhu et al.，2016；Huang et al.，2017；Li S et al.，2017a，2017b）、早白垩世末期（Zhang K J et al.，2012，2014；Fan et al.，2018；Hao et al.，2018；Kapp and DeCelles，2019；Tang et al.，2020）以及晚白垩世早期（Zhang K J et al.，2012，2014）。

班公湖-怒江缝合带西段中侏罗统嘎木龙组砾岩的沉积学特征、年代学和化石特征为探讨拉萨-羌塘地体的碰撞时间提供了关键证据。Sun 等（2019）指出，嘎木龙组沉积于增生杂岩前的海沟环境中，形成了一个响应班公湖-怒江洋岩石圈北向俯冲的沟-弧体系。嘎木龙组的沉积旋回特征及班公湖-怒江缝合带和南羌塘地体的同时代沉积记录共同表明，拉萨-羌塘地体的初始碰撞可能发生在中侏罗世（约 166 Ma）（图 6.2）。林妙琴（2020）通过对拉萨地体晚侏罗世—早白垩世孢粉组合及其与相邻羌塘地体同时期孢粉组合的对比分析发现，两地的孢粉植物群相似，推测拉萨地体与羌塘地体在晚侏罗世之前可能已经完成拼合。然而，由于孢粉记录易受气候变化、土壤条件及其他自然过程的多重影响，其作为地质事件标志的应用仍存在一定局限性（许清海等，2024）。

大部分学者认为班公湖-怒江洋的闭合时间为 140~120 Ma（Chang et al.，1986；Zhang，2000），它的闭合导致了拉萨地体与羌塘地体的拼合（Zhu et al.，2013，2016）。张开均等（2003）认为拉萨地体与班公湖-怒江缝合带处的上侏罗统—下白垩统沙木罗组、下白垩统川巴组为陆源碎屑磨拉石岩系，进一步支持了拉萨-羌塘地体的碰撞时间可能为早白垩世瓦兰今期（139~132 Ma）。后续研究进一步丰富了这一观点。例如，部分研究人员认为南羌塘地体南部早白垩世早期

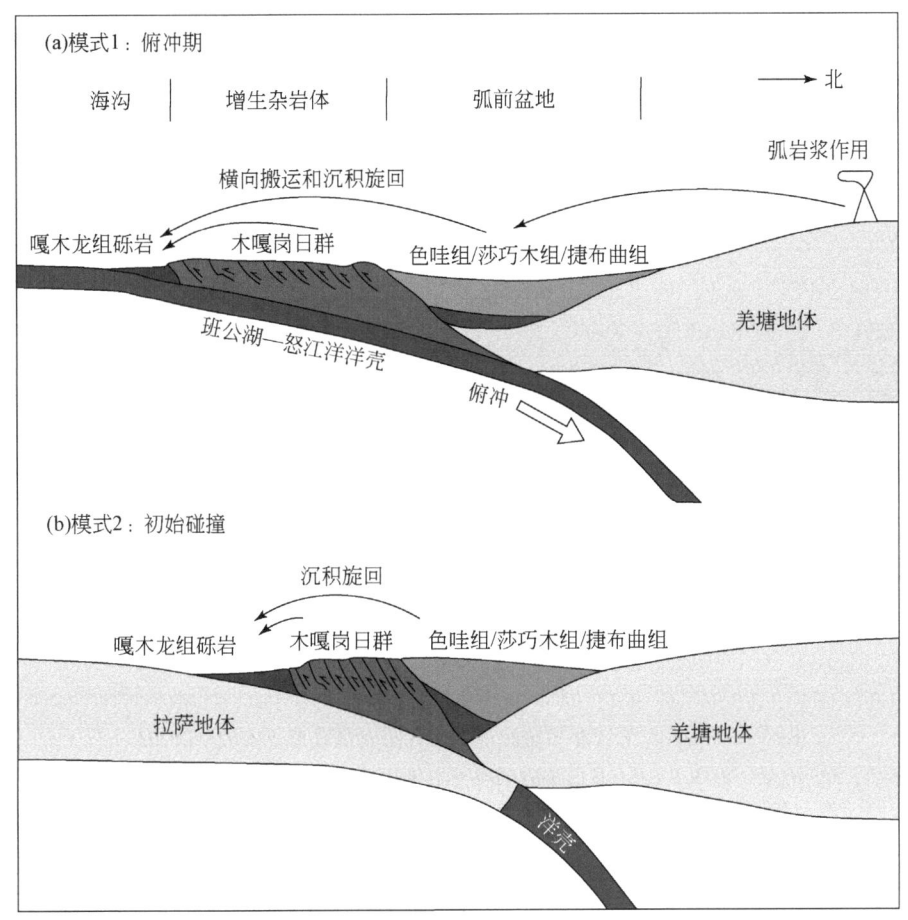

图6.2 嘎木龙组两种可能的构造模式图解

海沟沉积对（a）班公湖-怒江洋岩石圈北向俯冲或（b）拉萨-羌塘地体初始碰撞的响应（修改自 Sun et al.，2019）

的岩浆间断（140～130 Ma）（Li J X et al.，2014）和北拉萨地体早白垩世晚期的 A2 型花岗岩（114 Ma）（Chen et al.，2014）等地质记录进一步印证了其是班公湖-怒江洋闭合于早白垩世早期（140～130 Ma）的相关产物（Zhu et al.，2016；Huang et al.，2017；Li S et al.，2017a，2017b）。此外，Kapp 等（2007b）提出，侏罗纪—白垩纪拉萨地体北缘的海相沉积地层（设兴组）中发生的褶皱作用，是晚白垩世拉萨-羌塘地体碰撞的产物，并推测碰撞时间约为 90 Ma。而拉萨地体中北部在 110 Ma 左右的岩浆大爆发事件也被认为是班公湖-怒江洋南向俯冲过程中发生板片回转并断离所导致的（Tapponnier et al.，2001）。该过程中，拉萨地体的古老基底物质与幔源岩浆混合并形成了中—北拉萨地体的 S 型花岗岩（Zhu et al.，2009a）。鉴于板片断离作用发生在大洋板片俯冲的末期，朱弟成等（2009）

推测拉萨-羌塘地体的碰撞时间可能约为 110 Ma。然而班公湖-怒江缝合带内早白垩世中晚期大洋岩石圈物质的存在（图 6.3），如康穷蛇绿岩（约 115 Ma）（Xu et al.，2015a）与觉鲁蛇绿岩（约 104 Ma）（Liu et al.，2014）、早白垩世海相复理石沉积（Fan et al.，2015a；罗安波等，2019）等，表明班公湖-怒江洋的闭合时间可能晚于早白垩世早期（Li J X et al.，2014；Fan et al.，2015a，2015b）。

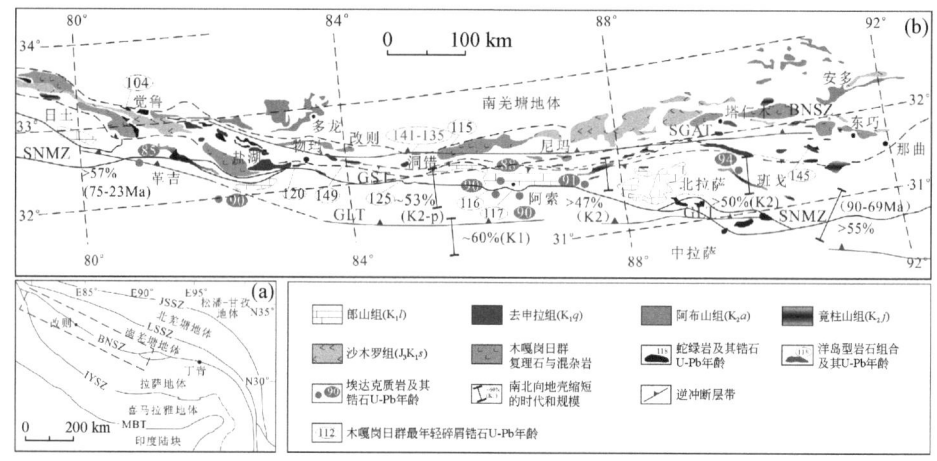

图 6.3　班公湖-怒江洋白垩纪早期闭合图（修改自罗安波，2022）

BNSZ-班公湖-怒江缝合带，GLT-古古拉断层，GST-改则-色林错逆冲推覆，IYSZ-印度河-雅鲁藏布江缝合带，JSSZ-金沙江缝合带，LSSZ-龙木错-双湖缝合带，MFT-主边界逆冲断层，SGAT-狮泉河-改则-安多逆冲断层，SNMZ-狮泉河-纳木错混杂岩带

此外，古地磁研究结果表明，欧亚板块自晚白垩世以来一直位于北半球相对稳定的古位置，南缘的古纬度约为 24°N（Tan et al.，2010；Meng et al.，2012），高原腹地（羌塘地体）约为 26°N。晚白垩世的拉萨地体、羌塘地体古纬度均为 24°～26°N。忽略潜在的短缩量后，孟俊（2013）将羌塘地体阿布山组与拉萨地体设兴组（Tan et al.，2010；Sun et al.，2012；Hinsbergen et al.，2012）的古纬度转化至班公湖-怒江缝合带上（参考点：32°N，88°E）。结果显示，二者的古纬度在误差范围内重合，这表明晚白垩世拉萨地体和羌塘地体已经发生了碰撞拼贴并成为欧亚板块的一部分。

综上所述，前人对此次碰撞发生的时间存在不同认识，而这也表明了拉萨-羌塘地体的碰撞存在东西穿时性。目前，普遍观点认为碰撞拼贴发生于晚侏罗世至白垩世中期（Yin and Harrison，2000；范建军，2016）。结合前人的研究以及冈底斯弧后盆地物源变化的证据，本研究认为拉萨-羌塘地体的初始碰撞发生在中侏罗世，而最终的碰撞时间为 150～130 Ma。而拉萨地体广泛的早白垩世岩浆活动很可能是拉萨-羌塘地体碰撞和新特提斯洋向北俯冲作用的共同结果。

6.3 拉萨地体晚中生代构造演化模式分析

前人对青藏高原晚中生代以来的构造演化进行了大量研究，并取得了丰硕的成果。研究表明，青藏高原的白垩纪古地理演化可划分为3个阶段：①拉萨-羌塘地体早期碰撞阶段（145～125 Ma）；②拉萨-羌塘地体晚期碰撞阶段（125～100 Ma）；③冈底斯山早期隆升阶段（100～66 Ma）。这些阶段的划分为进一步研究青藏高原构造演化提供了重要的时间框架。

对冈底斯晚中生代的沉积盆地进行地层和物源分析，有助于揭示拉萨地体古构造的阶段性演化（图6.4）。如 Wang 等（2020）认为林周盆地塔克那组、设兴

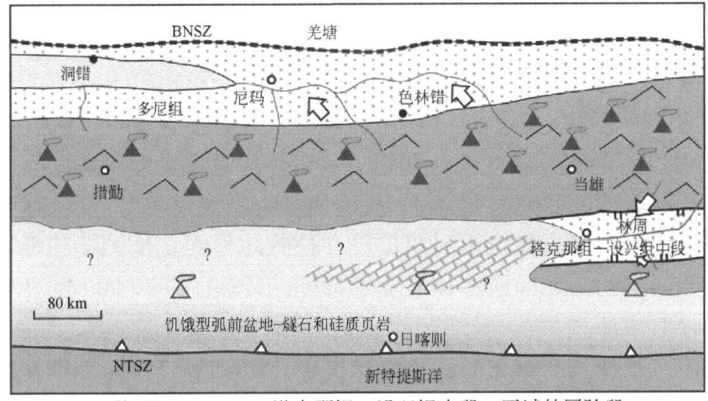

(a) 约125～108 Ma，塔克那组—设兴组中段，区域伸展阶段

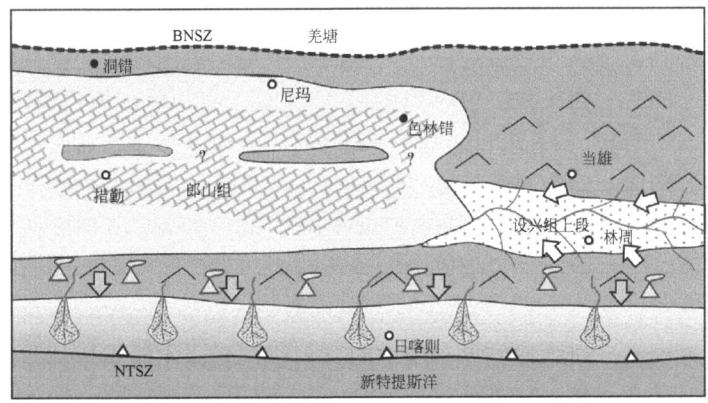

(b) 约108～96 Ma，设兴组上段，后伸展热沉降阶段

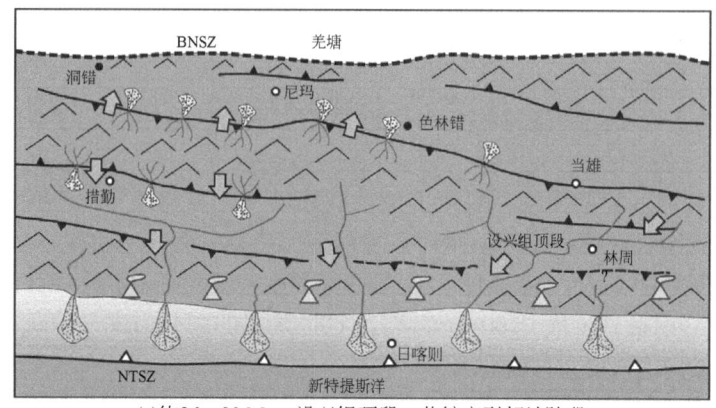

(c)约96～90 Ma，设兴组顶段，收缩变形起始阶段

图6.4 藏南拉萨地体白垩纪古地理演化与地形生长（修改自 Wang et al., 2020）

BNSZ-班公湖-怒江缝合带，NTSZ-新特提斯洋俯冲板片

组下中段以及拉萨地体西北部的火山岩和火山碎屑砂岩记录了125～108 Ma 的拉萨地体区域伸展阶段（Maffione et al., 2015；Xiong et al., 2016；Butler and Beaumont, 2017；Wang J G et al., 2017a）。而林周盆地设兴组上段的沉积物及拉萨地体西北部浅海相灰岩共同记录了108～96 Ma 后伸展热沉降阶段（Wang J G et al., 2017b）。随后，林周盆地设兴组顶段、拉萨地体西北部的陆相砾岩、下白垩统及更古老地层中的南北向逆冲褶皱变形特征，反映了96～90 Ma 拉萨地体经历了南北向的收缩事件。

此外，为了重建拉萨地体的构造演化历史，Wei 等（2020）结合沉积地球化学、碎屑锆石年代学和 Hf 同位素等研究方法对拉萨地体南部弧后盆地的碎屑岩进行了综合分析。研究结果表明，侏罗系—下白垩统沉积序列（即叶巴组和楚木龙组）的碎屑岩具有较高的成分成熟度，经历了中等—较高程度的化学风化作用，而下白垩统上部—上白垩统沉积序列（昂仁组和设兴组）的碎屑成分成熟度较低，化学风化作用不明显。中侏罗世—早白垩世拉萨-羌塘地体碰撞导致了冈底斯带弧后前陆盆地的形成，南向的河流携带了来自北拉萨地体的碎屑物质沉积于南拉萨地体的弧后前陆盆地中。至早—晚白垩世晚期（104～72 Ma），冈底斯岩浆弧快速隆升至海平面以上，此时的日喀则弧前盆地形成了昂仁组浊积岩，而弧后则沉积了设兴组河流相红层。

前人研究表明，拉萨地体早白垩世的沉积和构造演化模式与安第斯山脉的演化过程具有显著相似性（Horton, 2018a）。安第斯弧后前陆盆地是在早期弧后伸展盆地的基础上逐步演化而成。盆地的伸展作用始于晚三叠世至早白垩世，远早于安第斯造山作用的启动。在盆地伸展的初期，沉降速率主要受断层活动控制，随后则由岩石圈冷却驱动的热沉降主导（Horton，2018a）。安第斯造山作用的发生改变了沉积物的运输系统，物源区从东部克拉通逐渐转变为西部安第斯山脉（Horton et al.，2016）。此外，板块汇聚的相对与绝对速率以及俯冲板片的倾角对安第斯山脉的构造演化起到了关键作用（Horton，2018b）。拉萨地体白垩纪中期的古构造演化与南美洲安第斯造山带的形成存在广泛的相似性，这表明两者可能经历了类似的地球动力学过程（Wang et al.，2020）。

综上所述，关于青藏高原晚中生代以来的构造演化历史尚未达成一致结论。同时，新特提斯洋的构造演化历史及其俯冲的确切时间仍存在较大争议（Meng et al.，2016a；Zhang and Zhang，2017）。尽管许多学者围绕这一问题开展了大量研究并取得了一些重要成果，但相关结论仍存在显著分歧。例如，基于对冰川—海洋沉积物的研究，Garzanti 和 Sciunnach（1997）认为新特提斯洋在二叠纪晚期已经开始俯冲，而藏南发育的早二叠世 Bhote Kosi 亚碱性辉长岩具有与洋中脊玄武岩相似的特征，可能是新特提斯洋开始俯冲的标记（Garzanti et al.，1999）。另外，Wang 等（2016b）提出，冈底斯岩浆弧东段贡嘎昌果地区火山岩（约 237 Ma）的形成可能标志着新特提斯洋北向俯冲始于中三叠世。此外，部分学者认为新特提斯洋的打开时代为二叠纪晚期至晚三叠世（Meng et al.，2016a，2016b），而俯冲时代则为晚三叠世至早侏罗世（Chu et al.，2006；Ji et al.，2009a；Kang et al.，2014；Meng et al.，2016b）。他们认为，此时南拉萨地体的岩浆活动与新特提斯洋的北向俯冲密切相关（Ji et al.，2009b；Meng et al.，2016b）。莫宣学和潘桂棠（2006）推测，在古特提斯洋闭合（晚三叠世末至早侏罗世初，约 201 Ma）时或稍早，新特提斯洋的两个分支同时打开，并在早—中侏罗世之交（约 174 Ma）扩张至最大规模后开始俯冲消减。北支班公湖-怒江洋南向俯冲，并在晚侏罗世初期—早白垩世末期（163～100 Ma）闭合，导致了羌塘地体与拉萨地体碰撞；而南支新特提斯洋则北向俯冲到拉萨地体之下，导致了新生代早期（约 60 Ma）印度板块与欧亚板块南缘（拉萨地体）碰撞（余光明和王成善，1990；Hu et al.，2016）。此外，南拉萨地体大竹卡地区晚三叠世（215～205 Ma）的花岗岩类被认为是新特提斯洋北向俯冲的产物（He et al.，2007；Ji et al.，2009a），这进一步表明新特提斯洋的俯冲可能始于晚三叠世甚至更早。这些研究结果表明，新特提斯洋的打开与俯冲过程在时间和空间上具有复杂性，不同区域的构造演化可能存在显著差异。

此外，Li 等（2021）通过对拉萨地体西部最南缘措勤差女地区的辉长岩和闪长岩的地质年代学、地球化学与 Hf 同位素特征分析，发现该地区二叠纪的辉长岩［（254±1.5）Ma］与洋岛玄武岩具有相似特征，而三叠纪的辉长岩［（214.2±2）Ma］与闪长岩［（202.8±1.1）Ma］则表现出与弧岩浆岩的亲缘性。这一结果表明，在 254~214 Ma 欧亚板块最南缘的构造环境发生了显著变化，由二叠世末期的裂陷环境过渡到晚三叠世的岛弧环境，而这也表明新特提斯洋在该时期已经开始俯冲（图 6.5、图 6.6）。根据上述证据与最新的研究结果，本研究认为新特提斯洋在晚二叠世—三叠纪就已经打开并开始俯冲。

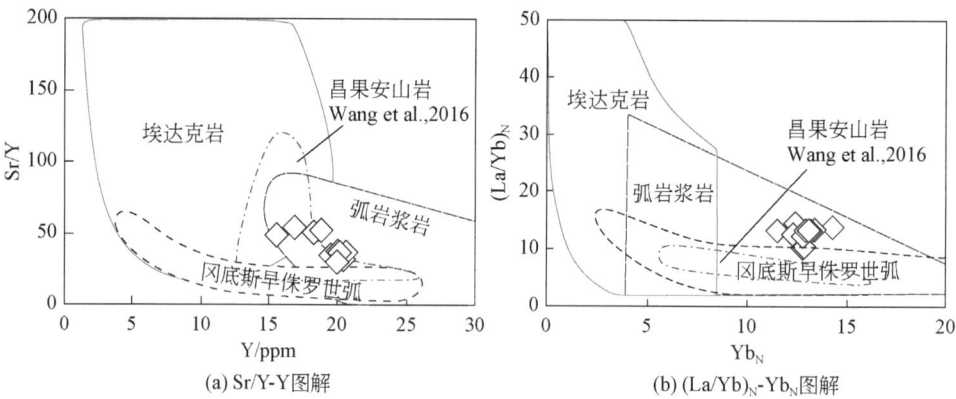

(a) Sr/Y-Y图解　　　　(b) $(La/Yb)_N$-Yb_N图解

图 6.5　措勤闪长岩构造亲和性图解（修改自 Li et al., 2021）

弧岩浆岩与埃达克岩区据 Petford and Atherton, 1996; Defant et al., 2002

随着新特提斯洋的持续俯冲，拉萨地体南缘的构造环境呈现出与安第斯型造山带相似的特征，形成了高地型的岩浆弧（Meng et al., 2016a）。此外，前人研究表明，从二叠世到晚白垩世，冈底斯带弧后盆地的沉积地层均属海相，而其上覆的林子宗群为陆相沉积，林子宗群与设兴组砂岩之间角度不整合代表冈底斯带弧后盆地经历了由伸展到地壳缩短变形、由造山隆升到剥蚀夷平的演化过程，同时也是从洋-陆碰撞到陆-陆碰撞的转换标志（魏友卿，2017）。Wang 等（2020）进一步提出，在早白垩纪新特提斯洋北向俯冲期间，拉萨地体发育了安第斯型造山带，而这个造山带的隆升形态与形成的具体时间仍存在争议。

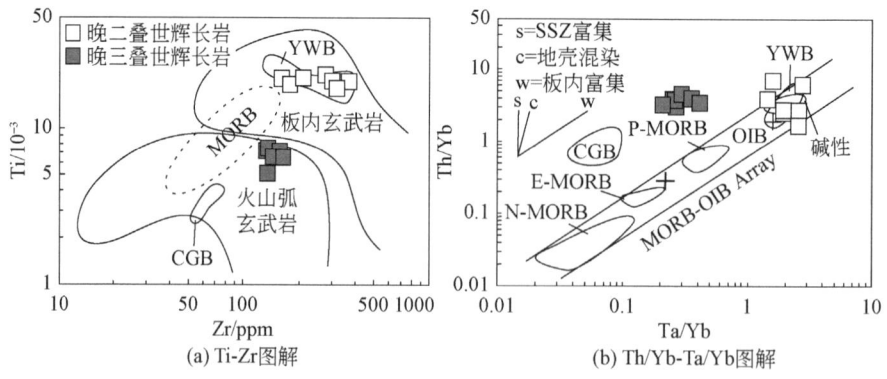

(a) Ti-Zr图解　　　　(b) Th/Yb-Ta/Yb图解

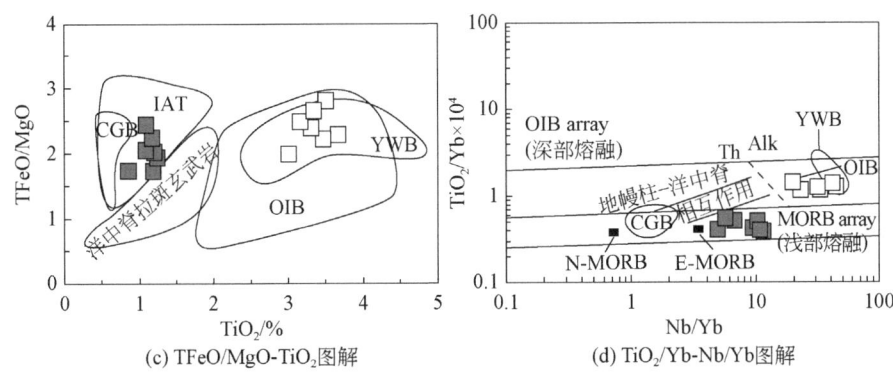

图 6.6 差女辉长岩构造图解（修改自 Li et al., 2021）

CGB-昌果玄武岩，E-MORB-富集型（大陆边缘）洋中脊玄武岩，IAT-岛弧拉斑玄武岩，MORB-洋中脊玄武岩，N-MORB-正常洋中脊玄武岩，P-MORB-地幔柱相关洋脊玄武岩，OIB-洋岛玄武岩，Th-拉斑玄武岩，YWB-Yawa 基性岩侵入（N-MORB、E-MORB、P-MORB、OIB 取自 Sun and McDonough, 1989；CGB 据 Wang J G et al., 2016；YWB 据 Zeng et al., 2019a）

随着新特提斯洋的演化，大洋内部经历了一系列重要的地质事件，如大火成岩省的形成、大洋缺氧、白垩纪大洋红层以及生物辐射与灭绝等（Li Y X et al., 2017；席党鹏等，2019，2024）。新特提斯洋的北向俯冲对晚中生代拉萨地体的构造和岩浆演化也发挥了重要作用，然而，关于拉萨地体的晚白垩世早期岩浆活动的动力学机制仍然存在争议。目前对该岩浆活动机制的解释存在两种模式，一种是洋中脊俯冲模式（Zhang Z et al., 2011；Zhang L L et al., 2019）；另一种是新特提斯洋俯冲板片的回转模式（Ji et al., 2009b；Ma et al., 2013c；Meng et al., 2019a）。前人研究发现，南拉萨地体上以高温—中温麻粒岩相为主的晚白垩世变质岩的形成与在高温—超高温条件下形成的埃达克质紫苏花岗岩有关（Zhang et al., 2010；许志琴等，2016），而这种高温岩浆岩与变质岩共存的现象被认为是洋中脊俯冲的证据（Santosh et al., 2011）。白垩纪新特提斯洋俯冲期间，南拉萨地体发育了一系列岩浆活动，岩浆活动形成的非埃达克质岩类（碱性闪长岩、花岗闪长岩与花岗岩）（Chung et al., 2005；Zhu et al., 2011a）与埃达克质花岗岩（Wen et al., 2008a, 2008b）的共存现象也被认定为洋脊俯冲的结果（Thorkelson and Breitsprecher, 2005）。此外，前人研究表明晚白垩世（95~90 Ma）拉萨地体的"岩浆大爆发"事件也是新特提斯洋洋脊俯冲的结果（Zhang et al., 2010；Zhang Z et al., 2011b；Zhu et al., 2013）。因为此次岩浆爆发若为板片回转的结果（Ma et al., 2013c），那么这一时期的岩浆岩应按照由北向南年龄逐渐变轻的规律分布，但这一时期的岩浆岩是呈近东西向分布的，不符合上述规律。此外，俯冲板片俯冲角度的不同会对弧后区域的构造模式产生显著影响。高角度俯冲会造成板片的拉张，形成弧后盆地，这也为造山带的剥蚀提供了场所。如果板片处于平板俯冲状态，弧后区域主要受到挤压作用进而形成弧背盆地，并伴随有大型的逆冲推覆断层（构造运动）的形成，晚白垩世林周盆地内发育的较大规模的北倾逆冲断层可能表明该时期新特提斯洋板片为低角度或平板俯冲状态（Kapp et al.，2007b）。晚白垩世以来（约 90 Ma）新特提斯洋板片持续的低角度俯冲造成了冈底斯岩浆弧的持续隆升、拉萨地体的缩短变形与弧后地区的挠曲变形。因此，本研究认为在晚白垩世新特提斯洋处于洋脊俯冲状态，且俯冲角度较低。

依据冈底斯带南部拉萨市—林周县等地区的沉积地层学和构造演化特征，前人推测拉萨地体在白垩世主要受新特提斯洋北向俯冲的影响，地壳发生明显的缩短变形并大面积抬升的地质特征（Kapp et al.，2007b；Leier et al.，2007b）。研究表明，南拉萨地体的地壳在晚白垩世—古新世缩短了约 50 km（Kapp et al.，2005）；拉萨地体西部靠近措勤县的地区的地壳在白垩纪从 187 km 收缩至现今的 132 km（约 59%）（Murphy et al.，1997）；北拉萨地体在晚白垩世—古新世收缩了>60 km，至现今的 50 km（55%）（Kapp et al.，2003a）；拉萨地体中西部的改则地区的地壳在中—晚白垩世发生了>41 km 的缩短，至现今的 46 km（约 47%）。与此同时，有研究者指出中拉萨地体白垩系的变形及剥蚀与拉萨地体沿班公湖-怒江缝合带向北俯冲至羌塘地体之下有关，并提出了相关的演化模型（Kapp et al.，2005）。该模型认为：①北拉萨地体靠近班公湖-怒江缝合带的白垩系是在河流相前陆盆地系统中堆积形成的，且其物源包含来自羌塘地体的贡献；②青藏高原中部的地壳在印度-欧亚板块碰撞之前就已显著增厚。

此外，魏友卿（2017）通过前人研究数据与南拉萨地体火山岩及沉积岩的地球化学数据，提出了地壳生长的"弧后增生模型"。该模型指出，拉萨地体在中生代至少经历了三个"弧-盆系统"的演化阶段。其中，中晚三叠世（247~201 Ma）的弧-盆系统是中三叠纪早期新特提斯洋开始俯冲的记录，该弧-盆系统的弧端元为拉萨地体南缘的中晚三叠世岛弧玄武岩—安山岩（Wang J G et al.，2016），而念青唐古拉群的中晚三叠世退变质作用（230~213 Ma）可能是该弧后伸展作用的记录（Li et al.，2010），这一时期盆地的物源区为拉萨地体本身。随着新特提斯洋板片的继续俯冲，造山作用开启，拉萨地体的地壳被挤压并增厚，弧后盆地随之消失。短暂的地壳挤压阶段过后，随着俯冲板片的后撤，新一期的弧后伸展作用开始发育，分布在拉萨地体中的侏罗纪火山岩，可能代表了一个由新特提斯洋北向俯冲的弧-盆系统的残留，其中泽当岛弧玄武岩为残留的前锋弧，叶巴组可能代表了不成熟的弧后盆地环境。在晚白垩世，拉萨地体内部重新发育有一系列由新特提斯洋北向俯冲引发的弧后盆地，这一构造背景已经被岩浆岩与沉积岩的研究所证明。此外，根据林周盆地白垩纪地层的沉积与地球化学特征研究证据，李成志（2020）也提出，拉萨地体南缘的晚中生代弧后盆地经历了多期次的挤压—拉张—挤压构造演化过程。在晚侏罗世—早白垩世（164～100 Ma），中拉萨地体与北拉萨地体同时受到拉萨地体与羌塘地体碰撞和新特提斯洋北向俯冲角度增大的影响，导致地壳显著增厚，海拔相对较高，此时的古水流方向由北向南，与本书研究数据得出的却桑温泉组—塔克那组沉积时期的地形变化相吻合。在晚白垩世（96～92 Ma），拉萨地体经历了强烈的地壳缩短变形与增厚，中—北拉萨地体的地势高于南拉萨地体的冈底斯岩浆弧，这个时期很可能标志着安第斯型造山运动的开启与藏南地区地形的快速增长（Wang et al., 2020）。而在晚白垩世（90～76 Ma），随着新特提斯洋北向俯冲角度变缓，软流圈物质上涌导致了岩浆活动爆发，此时南拉萨地体的地壳快速隆起剥蚀，古水流方向随之改变为由南向北。与此同时，白垩纪地层的物源发生了转换，本研究区上白垩统设兴组的物源区主要为冈底斯岩浆弧同样证实了这个观点。

为了深入探讨晚中生代南拉萨地体活动大陆边缘弧系统的生长模式与演化，Hao 等（2023）通过对日喀则弧前盆地和林周盆地内沉积地层的研究，重建了冈底斯岩浆弧的演化历史（图 6.7）。Hao 等（2023）认为冈底斯岩浆弧在早白垩世晚巴雷姆期—阿尔布期（约 124～108 Ma）是一个未成熟的岩浆弧，仅向弧前和弧后盆地提供了有限的碎屑物质。此时，日喀则弧前盆地的碎屑沉积物主要来自中拉萨地体（Wang J G et al., 2017b）。约 113 Ma 时，冈底斯弧开始了初步地形生长，日喀则弧前盆地冲堆组与林周盆地设兴组中段地层中记录了这一证据（Ding et al., 2014；Dai et al., 2015；Wang J G et al., 2017b）。而此时的冈底斯山脉仍未处于高海拔状态（Ding et al., 2022；Ibarra et al., 2023），发育的水系携带来自中拉萨地体的碎屑物质越过冈底斯岩浆弧注入日喀则弧前盆地中（Wu et al., 2010；Wang J G et al., 2017b）。中—晚阿尔布期，冈底斯带广泛的岩浆作用与地壳缩短作用加速了地壳的增厚和冈底斯岩浆弧的抬升，导致冈底斯岩浆弧形成了更高的地势，并阻止了中—北拉萨地体的沉积物到达弧前盆地（Wu et al., 2010；An et al., 2014）。至晚阿尔布期—塞诺曼期，冈底斯岩浆弧持续隆升并处于更高的地势。

此外，安慰（2015）通过对日喀则弧前盆地内沉积地层（桑祖岗组/冲堆组、昂仁组、帕达那组）的分析，得出了以下结论：冲堆组上段及昂仁组下段的物源主要包括冈底斯岩浆弧晚白垩世岩浆岩、南拉萨地体的古老基底物质以及再旋回的桑祖岗组；昂仁组中段的物源则以冈底斯岩浆弧早白垩世的碎屑物质为主；而昂仁组上段和帕达那组中具有负 $\varepsilon_{Hf}(t)$ 值的中生代锆石，表明中拉萨地体在这一时期开始成为弧前盆地的物源区之一。砂岩岩石学及碎屑锆石数据表明，弧前盆地的物源经历了从晚白垩世冈底斯岩浆弧及其基底与桑祖岗组的初始物源，逐步转变为白垩系、侏罗系及冈底斯岩浆弧，并最终扩展至冈底斯岩浆弧和中拉萨地体。基于以上地层碎屑物质的沉积模式，安慰（2015）认为，冲堆组上段至昂仁组中段的物源变化表明冈底斯岩浆弧并未发生显著的去顶作用；而昂仁组中侏罗纪锆石的出现可能反映了冈底斯带河流流域的扩大。昂仁组中段至帕达那组物源区的进一步变化则清晰表明，河流体系逐渐切穿冈底斯岩浆弧，将中拉萨地体的碎屑物质输送至弧前盆地。前期研究表明，岩石圈拆沉作用引发了拉萨地体广泛分布的晚白垩世岩浆活动，并导致拉萨地体地形抬升，从而促使冈底斯带河流流域的扩展（Li et al., 2013；Wang et al., 2014）。

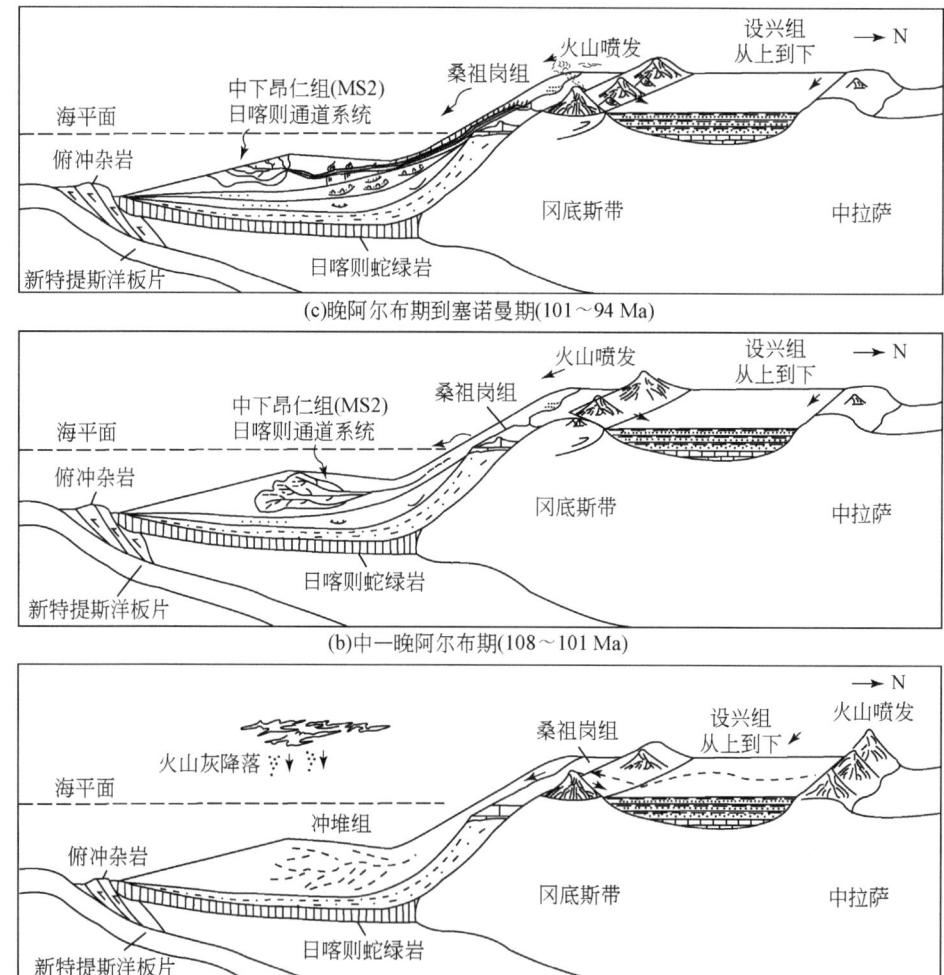

图 6.7 冈底斯带构造演化模式图（修改自 Hao et al., 2023）

井天景（2014）通过对林周盆地马乡地区设兴组砂岩的年代学与地球化学特征分析认为，在侏罗纪—白垩纪，新特提斯洋的北向俯冲形成了冈底斯岩浆弧，同时拉萨地体内部发育陆缘火山弧与弧间盆地；晚侏罗世—早白垩世，地层下降并接受滨海相沉积，而在白垩纪晚期，受局部构造运动影响，弧后盆地发生了褶皱变形作用。此外，晚白垩世（约 90 Ma）的古流向数据显示，弧后盆地的物源从南南东向流向北北西向（陈贝贝，2017），表明此时冈底斯岩浆弧的地势高于中拉萨地体。马元等（2017）通过对拉萨地体中东段拉萨—墨竹工卡地区三套岩系的研究得出以下结论：晚白垩世—始新世（90～62 Ma），印度-欧亚板块的汇聚速率超过 10 cm/a（Lee and Lawver，1995），伴随着强烈的挤压作用，弧后盆地上部地壳发生褶皱、断裂和缩短，随后形成穹隆构造，并最终促成了晚中生代冈底斯山脉的形成、快速隆升与剥蚀。而在晚白垩世末期，中拉萨地体的地势已高于冈底斯岩浆弧。傅焓埔等（2018）通过对雅鲁藏布江缝合带甲查拉组砂岩的碎屑锆石定年、Hf 同位素分析及化石研究得出结论：晚白垩世晚期，中拉萨地体的碎屑物质越过冈底斯岩浆弧，注入南侧新特提斯洋的弧前盆地，与冈底斯岩浆弧的物质共同沉积形成甲查拉组。这一现象揭示了晚白垩世晚期中拉萨地体的地势高于冈底斯岩浆弧，而冈底斯岩浆弧可能经历了构造垮塌作用或已被剥蚀殆尽。此外，有学者认为，晚白垩世末期—古新世（70～55 Ma），新特提斯洋北向俯冲过程中发生了板片回转作用，导致弧后盆地形成了伸展环境，并促使设兴组上覆地层林子宗群火山岩的发育（Chung et al.，2005）。与此相对应，拉萨地体此时处于早期的快速冷却与剥蚀阶段（Li Z et al.，2016），冈底斯岩浆弧可能已被剥蚀平坦（马元等，2017）。日喀则弧前盆地的沉积岩 U-Pb 年龄数据同样表明，晚白垩世晚期冈底斯岩浆弧持续被剥蚀，地势逐渐降低。与此同时，河流系统越过冈底斯岩浆弧，将来自北拉萨地体乃至羌塘地体的碎屑物质输送至南侧新特提斯洋的弧前盆地，为昂仁组上段/帕达那组下段（约 84 Ma）及曲贝亚组（约 78 Ma）的沉积提供了少量碎屑物质（Wu et al.，2010）。

在拉萨地体经历一系列构造演化事件的同时，与其相邻的羌塘地体也经历了多期快速冷却事件（图 6.8）。最新的低温热年代学研究表明，自白垩纪（约 120 Ma）以来，羌塘地体经历了三次显著的快速冷却阶段（Bi et al.，2022），分别为 120～65 Ma、55～35 Ma 与＜25～0 Ma。其中 120～65 Ma 为第一期的快速冷却阶段，从羌塘地体中部向南、北发生扩展。结合区域构造事件，Bi 等（2022）认为，这一阶段的快速冷却可能与拉萨-羌塘地体的碰撞以及中羌塘地体的构造负载作用密切相关。而第二期的快速冷却主要发生在南羌塘地体，可能与印度-欧亚板块连续汇聚诱发拉萨地体和松潘-甘孜地体分别向南、北俯冲有关。第三期的快速冷却则发生在羌塘地体南北向挤压变形结束之后。这些快速冷却事件为理解羌塘地体的构造演化及其与周边地体的相互作用提供了重要线索。

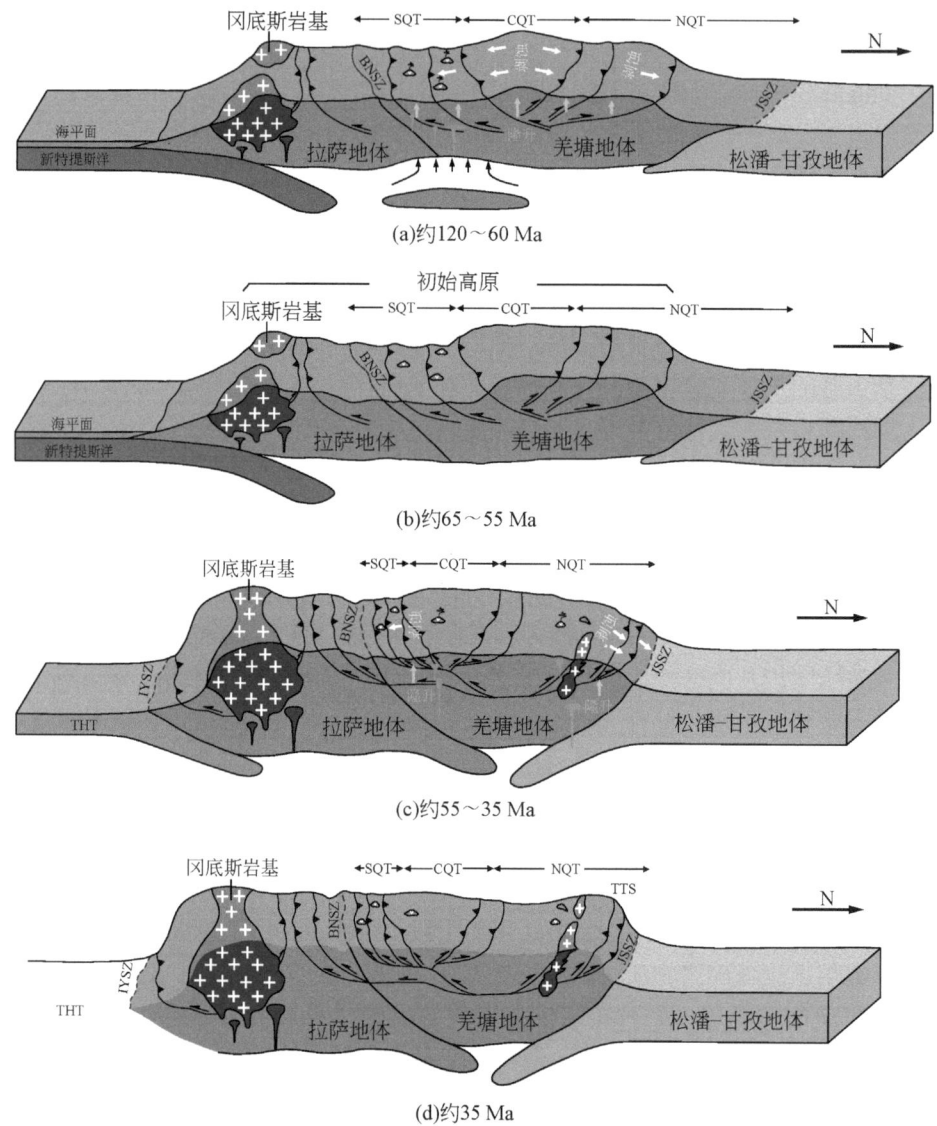

图6.8 羌塘地体白垩纪—始新世构造演化图解（修改自 Bi et al., 2022）

BNSZ-班公湖-怒江缝合带，CQT-中羌塘地体，IYSZ-印度河-雅鲁藏布江缝合带，JSSZ-金沙江缝合带，NQT-北羌塘地体，SQT-南羌塘地体，THT-特提斯喜马拉雅地体，TTS-唐古拉山逆冲带

众所周知，青藏高原的形成经历了始特提斯洋、古特提斯洋和新特提斯洋的演化过程，其构造演化历史漫长且复杂。由于研究资料的限制，本研究仅聚焦于

新特提斯洋俯冲以来的高原构造演化历史。结合前人研究成果以及本研究区域冈底斯弧后盆地晚中生代沉积岩样品的锆石定年结果和 Hf 同位素数据对比分析，本研究提出了晚中生代以来藏南冈底斯带的构造演化过程（图6.9）。

首先，在古特提斯洋闭合之后，新特提斯洋的两个分支开始打开，北支为班公湖-怒江洋，南支为新特提斯洋。这一阶段奠定了冈底斯带及其周缘构造演化的基础。

早—中三叠世（241～237 Ma）：新特提斯洋开始北向俯冲，拉萨地体处于俯冲构造背景下，此时拉萨地体内部可能发育早期的弧后盆地。随着新特提斯洋的持续俯冲，拉萨地体地壳受到挤压，造山作用逐渐启动，导致地壳加厚，原有的盆地沉入深部。同时，班公湖-怒江洋持续扩展，为区域构造演化奠定了基础。

中侏罗世（174～163 Ma）：新特提斯洋继续北向俯冲，拉萨地体南部发育安第斯型造山带。然而，南拉萨地体缺少 170～140 Ma 的岩浆活动记录，也缺乏中侏罗世的沉积地层。下侏罗统叶巴组直接被上侏罗统多底沟组和林布宗组覆盖，且叶巴组表现出强烈的褶皱构造，表明这一时期拉萨地体内部经历了短暂的挤压隆升与剥蚀作用。同时，班公湖-怒江洋向北俯冲至羌塘地体之下，诱发了南羌塘地体的岩浆活动。

晚侏罗世—早白垩世（163～145 Ma）：拉萨地体经历了短暂的地壳挤压作用，新特提斯洋俯冲板片发生回转后撤，拉萨地体由挤压环境转变为拉张环境，并发育弧后伸展作用，伴随地壳减薄。自晚侏罗世至早白垩世，拉萨地体内部逐渐发育一系列弧后盆地。在此期间，班公湖-怒江洋发生双向俯冲并最终闭合，导致拉萨地体与羌塘地体碰撞，形成班公湖-怒江缝合带。碰撞作用使拉萨地体中北部地壳增厚，地势呈现北高南低的格局，古水流方向由北向南。中拉萨地体地势高于南拉萨地体，此时冈底斯岩浆弧尚未大规模形成。

早白垩世—晚白垩世（145～100 Ma）：受拉萨-羌塘地体碰撞及新特提斯洋板片北向俯冲角度增大的影响，中拉萨地体与北拉萨地体地壳进一步增厚，海拔相对较高，古水流方向由北向南。林布宗组—楚木龙组的沉积物源开始发生转变，冈底斯岩浆弧逐渐形成并初具规模，成为弧后盆地的次要物源区，为盆地提供碎屑物质。

晚白垩世（100～70 Ma）：新特提斯洋板片俯冲角度变缓，洋脊俯冲作用导致南拉萨地体地壳增厚，拉萨地体整体地势为南高北低，古水流方向随之改变为由南向北。这一变化导致冈底斯带弧后盆地中白垩系设兴组的物源发生转变。晚白垩世末期，冈底斯岩浆弧可能经历了构造垮塌或强烈剥蚀，其地势低于中拉萨地体。同时，羌塘地体正处于第一期快速冷却阶段。

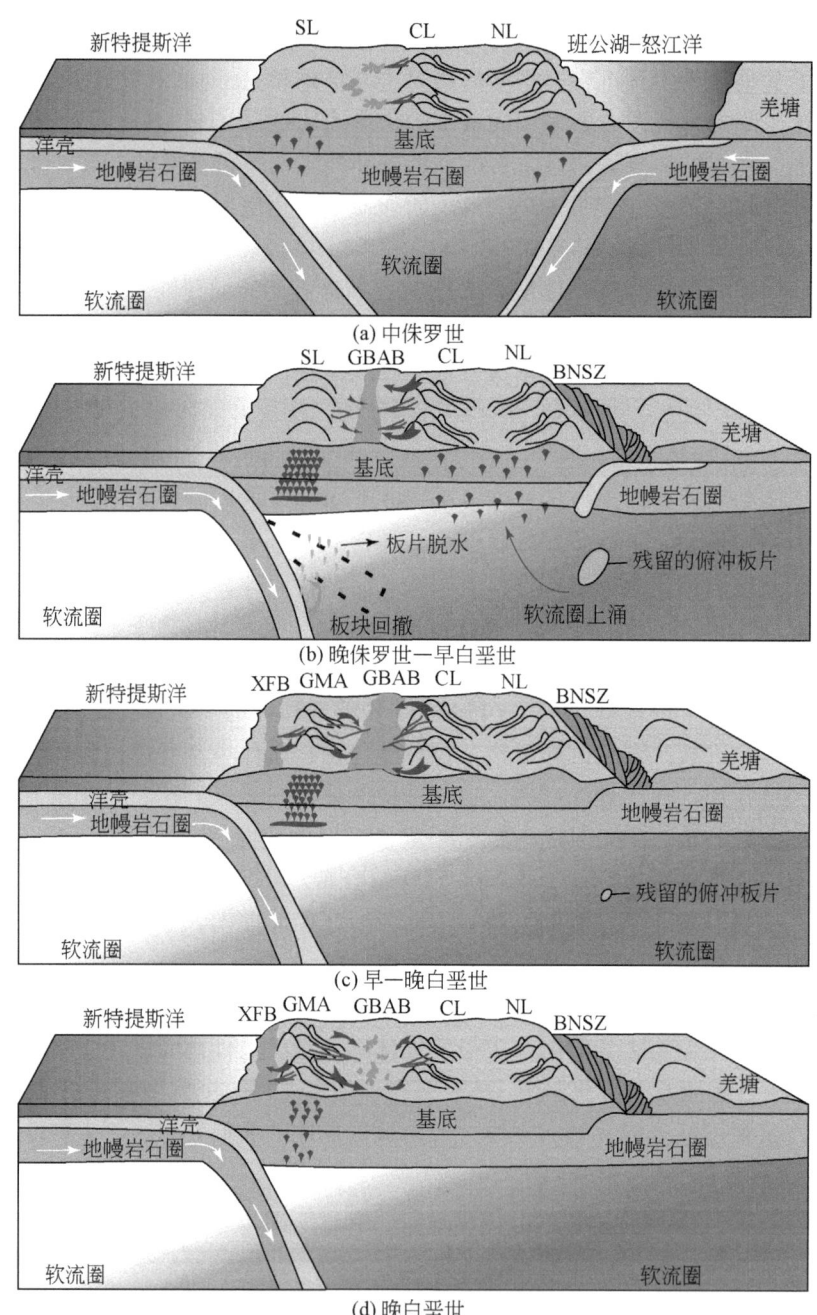

图 6.9 藏南冈底斯带中生代构造演化图解

BNSZ-班公湖-怒江缝合带，CL-中拉萨地体，GBAB-冈底斯弧后盆地，GMA-冈底斯岩浆带，NL-北拉萨地体，SL-南拉萨地体，XFB-日喀则弧前盆地

晚白垩世末—古新世（70～55 Ma）：新特提斯洋以低角度继续北向俯冲，俯冲板片受重力作用影响再次发生回转。南拉萨地体发育弧后伸展环境，软流圈物质上涌促成了设兴组上覆地层林子宗群火山岩的发育。此时，羌塘地体进入第二期快速冷却阶段，构造活动与热演化过程相互交织。

始新世末—渐新世初：整个藏南地区处于统一的残余洋盆状态，渐新世初期海水逐渐退出，标志着自三叠纪以来新特提斯洋演化进程的结束。此后，青藏高原进入一个全新的地质历史阶段——快速隆升阶段，为现代高原地貌的形成奠定了基础。

参 考 文 献

安慰. 2015. 西藏日喀则地区新特提斯洋俯冲体系沉积记录与盆地演化[D]. 南京: 南京大学.

蔡华伟. 1998. 西藏拉萨地区白垩纪塔克那组双壳类动物群[C]//北京大学地质系. 北京大学国际地质科学学术研讨会论文集. 北京: 地震出版社: 439-453.

陈贝贝. 2017. 林周盆地晚白垩世—早始新世关键地质事件对青藏高原南部构造演化的制约[D]. 北京: 中国地质大学(北京).

陈贝贝, 丁林, 许强, 等. 2016. 西藏林周盆地林子宗群火山岩的精细年代框架[J]. 第四纪研究, 36(5): 1037-1054.

陈芬, 杨关秀. 1983. 西藏狮泉河一带早白垩世植物化石[J]. 地球科学-武汉地质学院学报, 1: 129-136.

陈金华. 2009. 论类三角蚌类——兼论藏东的景星动物群[J]. 古生物学报, 48: 589-610.

陈锦石, 陈文正. 1983. 碳同位素地质学概论[M]. 北京: 地质出版社: 25-40.

陈希节, 许志琴, 孟元库, 等. 2014. 冈底斯带中段中新世埃达克质岩浆作用的年代学、地球化学及 Sr-Nd-Hf 同位素制约[J]. 岩石学报, 30(8): 2253-2268.

程立人, 王天武, 李才, 等. 2002. 藏北申扎地区上二叠统木纠错组的建立及皱纹珊瑚组合[J]. 地质通报, 3: 140-143.

储雪蕾, 张同钢, 张启锐, 等. 2003. 蓟县元古界碳酸盐岩的碳同位素变化[J]. 中国科学 D 辑: 地球科学, 33(10): 951-959.

邓胜徽, 卢远征, 樊茹, 等. 2012. 中国白垩纪植物群与生物地层学[J]. 地层学杂志, 36: 241-265.

邓涛, 王世骐, 颉光普, 等. 2011. 藏北伦坡拉盆地丁青组哺乳动物化石对时代和古高度的指示[J]. 科学通报, 56(34): 2873-2880.

丁林, 来庆洲. 2003. 冈底斯地壳碰撞前增厚及隆升的地质证据: 岛弧拼贴对青藏高原隆升及扩展历史的制约[C]//中国科学院地质与地球物理研究所二〇〇三学术论文汇编·第二卷(青藏高原).

丁巍伟, 李家彪. 2019. 九州-帕劳海脊南段的深部结构探测及对板块俯冲起始机制的可能启示[J]. 海洋地质与第四纪地质, 39(5): 98-103.

董昕. 2008. 西藏冈底斯带西南部中新生代花岗岩年代学与地球化学[D]. 北京: 中国地质大学(北京).

董昕, 张泽明. 2013. 拉萨地体南部早侏罗世岩浆岩的成因和构造意义[J]. 岩石学报, 29(6): 1933-1948.

董昕, 张泽明. 2015. 青藏高原东南部寒武纪花岗岩类: 岩石学和锆石Hf同位素研究[J]. 岩石学报, 31(5): 1183-1199.

范建军. 2016. 班公湖-怒江洋中西段晚中生代汇聚消亡时空重建[D]. 长春: 吉林大学.

方鹏高. 2020. 汇聚背景下新生代陆缘盆地的沉降特征及主控因素: 以东海冲绳海槽和地中海瓦伦西亚海槽为例[D]. 杭州: 浙江大学.

傅德荣, 刘训, 姚培毅. 1990. 西藏南部晚侏罗世—白垩纪沉积与构造背景探讨[J]. 地球学报, 2: 21-40.

傅焓埔, 胡修棉, Erica M, 等. 2018. 西藏雅鲁藏布缝合带甲查拉组: 晚白垩世新特提斯洋海沟沉积[J]. 中国科学: 地球科学, 48(10): 1275-1292.

耿全如, 潘桂棠, 金振民, 等. 2005. 西藏冈底斯带叶巴组火山岩地球化学及成因[J]. 地球科学, 30(6): 747-760.

耿全如, 潘桂棠, 王立全, 等. 2006. 西藏冈底斯带叶巴组火山岩同位素地质年代[J]. 沉积与特提斯地质, 26(1): 1-7.

耿全如, 潘桂棠, 王立全, 等. 2011. 班公湖-怒江带,羌塘地块特提斯演化与成矿地质背景[J]. 地质通报, 30(8): 1261-1274.

苟宗海. 1985. 西藏拉萨彭波农场地区白垩纪的双壳类动物群[J]. 青藏高原地质文集, 17: 233-254.

管琪, 朱弟成, 赵志丹, 等. 2010. 西藏南部冈底斯带东段晚白垩世埃达克岩: 新特提斯洋脊俯冲的产物?[J]. 岩石学报, 26(7): 2165-2179.

韩中鹏. 2017. 西藏中部陆相沉积盆地演化及其对高原隆升的响应[D]. 北京: 中国地质大学(北京).

郝杰, 翟明国. 2004. 罗迪尼亚超大陆与晋宁运动和震旦系[J]. 地质科学, 39(1): 139-152.

何青, 解鸿儒, 郎兴海, 等. 2023. 西藏谢通门雄村地区洞嘎金矿赋矿凝灰岩的年代学和地球化学特征[J]. 地质论评, 69(5): 1694-1718.

和钟铧, 杨德明, 郑常青, 等. 2005. 西藏冈底斯带门巴地区印支期花岗岩地球化学特征及其构造意义[J]. 地质通报, 24(4): 354-359.

和钟铧, 杨德明, 郑常青, 等. 2006. 冈底斯带门巴花岗岩同位素测年及其对新特提斯洋俯冲时代的约束[J]. 地质论评, 52(1): 100-106.

贺娟, 王启宇, 王保弟, 等. 2020. 西藏拉萨地体狮泉河则弄群凝灰岩的年代学及动力学背景[J]. 地球科学, 45(8): 2857-2867.

侯增谦, 王二七. 2008. 印度-亚洲大陆碰撞成矿作用主要研究进展[J]. 地球学报, 18(3): 275-292.

侯增谦, 莫宣学, 高永丰, 等. 2003. 埃达克岩: 斑岩铜矿的一种可能的重要含矿母岩——以西藏和智利斑岩铜矿为例[J]. 矿床地质, 22(1): 1-12.

胡道功, 吴珍汉, 江万, 等. 2005. 西藏念青唐古拉岩群 SHRIMP 锆石 U-Pb 年龄和 Nd 同位素研究[J]. 中国科学(D 辑: 地球科学), 1: 29-37.

胡敬仁, 范跃春, 尼玛次仁, 等. 2014. 中华人民共和国区域地质调查报告日喀则市幅(H45C003004)比例尺 1:250000[M]. 武汉: 中国地质大学出版社.

胡培远, 翟庆国, 唐跃, 等. 2016. 青藏高原拉萨地体新元古代(～925 Ma)变质辉长岩的确立及其地质意义[J]. 科学通报, 61(19): 2176-2186.

胡修棉, 薛伟伟, 赖文, 等. 2021. 造山带沉积盆地与大陆动力学[J]. 地质学报, 95(1): 139-158.

黄丰, 许继峰, 陈建林, 等. 2015. 早侏罗世叶巴组与桑日群火山岩: 特提斯洋俯冲过程中的陆缘弧与洋内弧?[J]. 岩石学报, 31(7): 2089-2100.

黄永高, 韩飞, 康志强, 等. 2024. 西藏南木林盆地林子宗群火山岩年代学和地球化学特征[J]. 地球科学, 49(3): 822-836.

纪伟强. 2010. 藏南冈底斯岩基东段花岗岩时代与成因[D]. 北京: 中国科学院研究生院.

纪伟强, 吴福元, 锺孙霖, 等. 2009. 西藏南部冈底斯岩基花岗岩时代与岩石成因[J]. 中国科学(D 辑), 39(7): 849-871.

纪占胜, 杨欣德, 臧文拴, 等. 2002. 西藏拉萨地块设兴组孢粉化石新发现及其地层学意义[J]. 地球学报, 23: 6.

纪占胜, 王大宁, 姚建新, 等. 2005. 拉萨北部堆龙德庆县设兴组古近纪孢粉化石的发现及其地质意义[J]. 地质通报, 24: 3.

纪占胜, 杨欣德, 臧文栓, 等. 2006. 拉萨地区林周盆地设兴组上部(古近系)年代研究的新进展及意义[J]. 古生物学报, 45: 6.

贾共祥, 杜凤军, 刘伟. 2007. 西藏尼玛一带上白垩统竞柱山组的厘定及其意义[J]. 地质调查与研究, 30: 172-177.

井天景. 2014. 西藏马乡设兴组砂岩锆石 U-Pb 年代学, 岩石地球化学及其意义[D]. 北京: 中国地质大学(北京).

康志强, 许继峰, 董彦辉, 等. 2008. 拉萨地体中北部白垩纪则弄群火山岩: Slainajap 洋南向俯冲的产物?[J]. 岩石学报, 24(2): 303-314.

康志强, 许继峰, 王保弟, 等. 2009. 拉萨地块北部白垩纪多尼组火山岩的地球化学: 形成的构造环境[J]. 地球科学-中国地质大学学报, 34: 89-104.

冷秋锋, 李文昌, 戴成龙, 等. 2022. 中拉萨地块那茶淌地区晚侏罗世—早白垩世花岗岩成因及构造背景: 地球化学、年代学及 Hf 同位素制约[J]. 岩石学报, 38(1): 209-229.

李才, 王天武, 李惠民, 等. 2003. 冈底斯地区发现印支期巨斑花岗闪长岩-古冈底斯造山的存在证据[J]. 地质通报, 22(5): 364-366.

李才, 吴彦旺, 王明, 等. 2010. 青藏高原泛非-早古生代造山事件研究重大进展——冈底斯地区寒武系和泛非造山不整合的发现[J]. 地质通报, 29: 1733-1736.

李成志. 2020. 西藏冈底斯白垩纪盆地林布宗组物源特征与盆地构造演化[D]. 成都: 成都理工大学.

李奋其, 刘伟, 王保弟, 等. 2012. 拉萨地块内部古特提斯洋早—中三叠世仍在俯冲——来自火山岩和高压变质岩的证据[J]. 岩石矿物学杂志, 31(20): 119-132.

李华亮. 2014. 班公湖-怒江缝合带西段洋陆转换的标志及时间[D]. 武汉: 中国地质大学(武汉).

李华亮, 高成, 李正汉, 等. 2016. 西藏班公湖地区竟柱山组时代及其构造意义[J]. 大地构造与成矿学, 40: 663-673.

李继亮. 2009. 全球大地构造相刍议[J]. 地质通报, 28(10): 1375-1381.

李佩娟. 1982. 西藏东部多尼组早白垩世植物化石的初步研究[M]//中国科学院南京地质古生物研究所. 川西藏东地区地层与古生物(第二册). 成都: 四川人民出版社: 71-105.

李晓雄, 江万, 梁锦海, 等. 2015. 西藏林周盆地设兴组玄武岩地球化学特征及意义[J]. 岩石学报, 31(5): 1285-1297.

林蕾. 2019. 西藏冈底斯中段尼木侵入杂岩体成因及其对构造演化的启示[D]. 南京: 南京大学.

林蕾, 邱检生, 王睿强, 等. 2018. 西藏尼木渐新世花岗岩中的岩浆混合作用: 对岩石成因及陆壳增生的启示[J]. 地质学报, 92(12): 2388-2409.

林妙琴. 2020. 中国北方和西藏地区晚侏罗世至早白垩世孢粉植物群及其古环境意义[D]. 合肥: 中国科学技术大学.

刘安, 陈林, 陈孝红, 等. 2021. 湘中坳陷泥盆系碳氧同位素特征及其古环境意义[J]. 地球科学, 46(4): 13.

刘德民, 王杰, 姜淮, 等. 2024. 青藏高原形成演化动力机制及其远程效应[J]. 地学前缘, 31(1): 154-169.

刘航宇, 石开波, 刘波, 等. 2022. 拉萨地块林周盆地下白垩统塔克那组: 新特提斯洋活动陆缘伸展阶段沉积记录[J]. 地质学报, 96(3): 783-804.

刘晓惠, 许强, 丁林. 2017. 差异抬升:青藏高原新生代古高度变化历史[J]. 中国科学: 地球科学, 47(1): 40-56.

刘训, 付德荣, 姚培毅. 1990. 西藏南部中生代的沉积-构造演化[J]. 中国地质研究院地质研究所所刊, 11(2): 9-20.

陆松年. 2001. 从罗迪尼亚到冈瓦纳超大陆-对新元古代超大陆研究几个问题的思考[J]. 地学前缘, 8(4): 441-448.

罗安波. 2022. 班公湖-怒江洋消亡时限和过程[D]. 长春: 吉林大学.

罗安波, 范建军, 王明, 等. 2019. 班公湖-怒江洋复理石沉积时代: 来自改则县亚多村碎屑锆石的制约[J]. 地球科学, 44(7): 2426-2444.

马林. 2013. 藏南冈底斯晚白垩世—早第三纪镁铁质侵入岩与共生岩石的成因及其对地壳生长、深部动力学的启示[D]. 北京: 中国科学院大学.

马绪宣, 许志琴, 刘飞, 等. 2021. 大陆弧岩浆幕式作用与地壳加厚: 以藏南冈底斯弧为例[J]. 地质学报, 95(1): 107-123.

马元. 2017. 西藏南冈底斯中东段白垩纪弧后盆地构造演化[D]. 北京: 中国地质大学(北京).

马元, 许志琴, 李广伟, 等. 2017. 藏南冈底斯白垩纪弧后盆地的地壳变形及及初始高原的形成[J]. 岩石学报, 33(12): 3861-3872.

孟俊. 2013. 西藏高原晚中生代以来重要构造事件的古地磁学约束[D]. 北京: 中国地质大学(北京).

孟元库, 许志琴, 高存山, 等. 2018a. 藏南冈底斯岩浆带中段始新世岩浆作用的厘定及其大地构造意义[J]. 岩石学报, 34(3): 513-546.

孟元库, 马士委, 许志琴, 等. 2018b. 冈底斯带甲玛矿区花岗斑岩类年代学、地球化学及岩石成因[J]. 地球科学, 43(4): 1142-1163.

孟元库, 袁昊岐, 魏友卿, 等. 2022. 藏南冈底斯岩浆岩带研究进展与展望[J]. 高校地质学报, 28(1): 1-38.

孟元库, 栾锡武, 魏友卿, 等. 2024. 藏南冈底斯带中段岩浆演化与构造特征[M]. 合肥: 中国科学技术大学出版社.

莫宣学. 2011. 岩浆作用与青藏高原演化[J]. 高校地质学报, 17(3): 351-367.

莫宣学, 潘桂棠. 2006. 从特提斯到青藏高原形成: 构造-岩浆事件的约束[J]. 地学前缘, 13(6): 43-51.

莫宣学, 赵志丹, 邓晋福, 等. 2003. 印度-亚洲大陆主碰撞过程的火山作用响应[J]. 地学前缘, 10(3): 135-148.

莫宣学, 董国臣, 赵志丹, 等. 2005. 西藏冈底斯带花岗岩的时空分布特征及地壳生长演化信息[J]. 高校地质学报, 11(3): 281-290.

莫宣学, 赵志丹, 喻学惠, 等. 2009. 青藏高原新生代碰撞-后碰撞火成岩[M]. 北京: 地质出版社.

潘桂棠, 朱弟成, 王立全, 等. 2004. 班公湖-怒江缝合带作为冈瓦纳大陆北界的地质地球物理证据[J]. 地学前缘, 11(4): 371-382.

潘桂棠, 莫宣学, 侯增谦, 等. 2006. 冈底斯造山带的时空结构及演化[J]. 岩石学报, 22(3): 521-533.

彭建华, 赵希良, 何俊, 等. 2013. 西藏冈底斯西部地区印支期岩浆岩的发现及其意义[J]. 东华理工大学学报(自然科学版), 36(S2): 21-26.

邱检生, 王睿强, 赵姣龙, 等. 2015. 冈底斯中段早侏罗世辉长岩-花岗岩杂岩体成因及其对新特提斯构造演化的启示: 以日喀则东嘎岩体为例[J]. 岩石学报, 31(12): 3569-3580.

宋绍玮, 刘泽, 朱弟成, 等. 2014. 西藏打加错晚三叠世安山质岩浆作用的锆石 U-Pb 年代学和 Hf 同位素[J]. 岩石学报, 30(10): 3100-3112.

宋之琛, 尚玉珂, 刘兆生, 等. 2000. 中国孢粉化石(第二卷)[M]. 北京: 科学出版社.

苏鑫. 2020. 西藏林周盆地下白垩统楚木龙组物源分析及构造意义[D]. 成都: 成都理工大学.

孙高远. 2015. 西藏南部措勤盆地白垩纪沉积演化及拉萨地体早期隆升的约束[D]. 南京: 南京大学.

孙高远, 胡修棉. 2017. 拉萨中部上白垩统达雄组的建立及构造隆升意义[J]. 地质学报, 91(12): 2623-2637.

孙高远, 胡修棉, 王建刚. 2011. 藏南江孜县白沙地区宗卓混杂岩: 岩石组成与物源区分析[J]. 地质学报, 85(8): 1343-1351.

孙卫东, 林秋婷, 张丽鹏, 等. 2018. 跳出南海看南海——新特提斯洋闭合与南海的形成演化[J]. 岩石学报, 34(12): 3467-3478.

唐菊兴, 王勤, 杨欢欢, 等. 2017. 西藏斑岩-矽卡岩-浅成低温热液铜多金属成矿作用、勘查方向与资源潜力[J]. 地球学报, 38(5): 571-613.

万天丰, 赵维明. 2002. 论中国大陆的板内变形机制[J]. 地学前缘, 9(2): 451-455.

万晓樵, 吴艳华, 李国彪, 等. 2003. 西藏白垩纪中期(有孔虫)的分布与古地理意义[J]. 地质学报, 77: 1-8.

王程, 魏启荣, 刘小念, 等. 2014. 冈底斯印支晚期后碰撞花岗岩: 锆石 U-Pb 年代学及岩石地球化学证据[J]. 地球科学, 39(4): 1277-1290.

王东, 赵安坤, 万友利, 等. 2022. 藏北班戈地区早白垩世欧特里夫期菊石的发现及其对下白垩统地层对比的约束[J]. 地质通报, 41: 1720-1727.

王金丽, 张泽明, 董昕, 等. 2009. 西藏拉萨地体南部晚白垩纪石榴石二辉麻粒岩的发现及其构造意义[J]. 岩石学报, 25(7): 1695-1706.

王建刚, 胡修棉. 2008. 砂岩副矿物的物源区分析新进展[J]. 地质论评, 54(5): 670-678.

王建刚, 胡修棉, 吴福元. 2009. 印度-亚洲大陆碰撞时间和青藏高原初始隆升: 藏南柳区砾岩碎屑锆石 U-Pb 年龄和 Hf 同位素制约[C]//第四届全国沉积学大会, 2009-10, 青岛.

王剑, 谭富文, 付修根, 等. 2015. 沉积岩工作方法[M]. 北京: 地质出版社: 246-264.

王乃文, 王思恩, 刘桂芳, 等. 1983. 西藏拉萨地区的海陆交互相侏罗系与白垩系[J]. 地质学报, 57(1): 83-95.

王全海, 王保生, 李金高, 等. 2002. 西藏冈底斯岛弧及其铜多金属矿带的基本特征与远景评估[J]. 地质通报, 21(1): 35-40.

王琪, 郝乐伟, 陈国俊, 等. 2010. 白云凹陷珠海组砂岩中碳酸盐胶结物的形成机理[J]. 石油学报, 31(4): 553-558.

韦天伟, 康志强, 杨锋, 等. 2019. 西藏拉萨地块西部赛利普地区捷嘎组火山岩的年代学、地球化学及地质意义[J]. 地学前缘, 26: 157-168.

魏友卿. 2017. 西藏拉萨地体南缘中生代火山岩与碎屑沉积岩的年代学, 地球化学及构造意义[D].

北京: 中国地质大学(北京).

吴福元, 万博, 赵亮, 等. 2020. 特提斯地球动力学[J]. 岩石学报, 36: 1627-1674.

吴元保, 郑永飞. 2004. 锆石成因矿物学研究及其对 U-Pb 年龄解释的制约[J]. 科学通报, 49(16): 1589-1604.

西藏自治区地质矿产局. 1993. 西藏自治区区域地质志[M]. 北京: 地质出版社, 302.

席党鹏, 万晓樵, 李国彪, 等. 2019. 中国白垩纪综合地层和时间框架[J]. 中国科学: 地球科学, 49: 257-288.

席党鹏, 李国彪, 姜仕军, 等. 2024. 青藏高原及其周边白垩纪综合地层、生物群与古地理演化[J]. 中国科学: 地球科学, 54(4): 1244-1307.

夏代祥, 刘世坤. 1997. 西藏自治区地质矿产局.西藏自治区岩石地层[M]. 武汉: 中国地质大学出版社.

肖文交, 李继亮, 宋东方, 等. 2019. 增生型造山带结构解析与时空制约[J]. 地球科学, 44(5): 1661-1687.

解超明, 宋宇航, 王明, 等. 2019. 冈底斯中部松多岩组形成时代及物源: 来自碎屑锆石 U-Pb 年代学证据[J]. 地球科学, 44(7): 2224-2236.

谢尧武, 彭兴阶, 西洛朗杰, 等. 2005. 西藏区域地质调查报告 1∶250000 拉萨市幅, 泽当镇幅[R]. 拉萨: 西藏自治区地质调查院.

邢莉圆, 赵志丹, 齐宁远, 等. 2020. 藏南林周盆地设兴组砂岩及其中玄武岩夹层的地球化学与成因[J]. 岩石学报, 36(9): 2729-2768.

徐仁, 朱家楠, 陈晔, 等. 1979. 中国晚三叠世宝鼎植物群[M]. 北京: 科学出版社.

徐旺春. 2010. 西藏冈底斯花岗岩类锆石 U-Pb 年龄和 Hf 同位素组成的空间变化及其地质意义[D]. 武汉: 中国地质大学.

许清海, 吕厚远, 郑卓. 2024. 第四纪孢粉学面临的主要挑战与机遇[J]. 中国科学: 地球科学, 54(7): 2178-2192.

许志琴, 杨经绥, 李海兵, 等. 2007. 造山的高原——青藏高原的地体拼合、碰撞造山及隆升机制[M]. 北京: 地质出版社, 1-458.

许志琴, 杨经绥, 侯增谦, 等. 2016. 青藏高原大陆动力学研究若干进展[J]. 中国地质, 43(1): 1-42.

闫臻, 王宗起, 闫全人, 等. 2018. 造山带汇聚板块边缘沉积盆地的鉴别与恢复[J]. 岩石学报, 34(7): 87-102.

杨德明, 胡波, 董清水. 2009. 西藏嘉黎巴嘎地区早白垩世多尼组地层特征与沉积环境[J]. 世界地质, 28: 280-283.

杨经绥, 许志琴, 耿全如, 等. 2006. 中国境内可能存在一条新的高压/超高压(?)变质带——青藏高原拉萨地体中发现榴辉岩带[J]. 地质学报, 80(12): 1783-1792.

杨经绥, 许志琴, 李天福, 等. 2007. 青藏高原拉萨地块中的大洋俯冲型榴辉岩: 古特提斯洋盆的残留?[J]. 地质通报, 26(10): 1277-1287.

杨小菊, 李建国. 2016. 西藏拉萨早白垩世种子蕨-新种[J]. 古生物学报, 55: 467-472.

姚培毅, 刘训, 傅德荣. 1992. 西藏拉萨北部海相白垩系遗迹化石及其环境意义[J]. 中国地质科学院地质研究所文集.

叶加鹏, 胡修棉, 孙高远, 等. 2019. 革吉最高海相层约束班怒残留海消亡时间(~94 Ma)[J]. 科学通报, 64: 1620-1636.

叶丽娟, 赵志丹, 刘栋, 等. 2015. 西藏南木林晚白垩世辉绿岩与花岗质脉岩成因及其揭示的伸展背景[J]. 岩石学报, 31(5): 1298-1312.

余光明, 王成善. 1990. 西藏特提斯沉积地质[R]. 中华人民共和国地质矿产部地质专报三, 岩石矿物地球化学第 12 号, 64-140.

俞恂, 陈立辉. 2020. 弧后盆地玄武岩的成分变化及其成因[J]. 岩石学报, 36(7): 1953-1972.

袁超. 2016. 提出冈底斯弧后伸展新证据[J]. 矿物岩石地球化学通报, 35(2): 404.

张宏飞, 徐旺春, 郭建秋, 等. 2007. 冈底斯南缘变形花岗岩锆石U-Pb年龄和Hf同位素组成: 新特提斯洋早侏罗世俯冲作用的证据[J]. 岩石学报, 23(6): 1347-1353.

张佳伟. 2018. 西藏中生代羌塘及马乡-林周盆地形成演化与剥露过程[D]. 北京: 中国地质大学(北京).

张开均, 夏斌, 夏邦栋, 等. 2003. 冈底斯弧弧后早白垩世裂谷作用的沉积学证据[J]. 沉积学报, 21(1): 31-3.

张立雪, 王青, 朱弟成, 等. 2013. 拉萨地体锆石 Hf 同位素填图: 对地壳性质和成矿潜力的约束[J]. 岩石学报, 29(11): 3681-3688.

张望平. 1995. Dicheiropollis 在云南富民盆地安宁组孢粉组合中的出现及意义[J]. 微体古生物学报, 1-20.

张修政, 董永胜, 李才, 等. 2013. 青藏高原拉萨地体北部新元古代中期蛇绿混杂岩带的厘定及其意义[J]. 岩石学报, 29(02): 698-722.

张予杰, 张以春, 庞维华, 等. 2013. 西藏申扎地区拉嘎组岩相/沉积相分析[J]. 沉积学报, 31(02): 269-281.

张玉修. 2007. 班公湖-怒江缝合带中西段构造演化[D]. 广州: 中国科学院研究生院(广州地球化学研究所).

张泽明, 王金丽, 董昕, 等. 2009. 青藏高原冈底斯带南部的紫苏花岗岩: 安第斯型造山作用的证据[J]. 岩石学报, 25(7): 1707-1720.

张泽明, 董昕, 耿官升, 等. 2010. 青藏高原拉萨地体北部的前寒武纪变质作用及构造意义[J]. 地质学报, 84(4): 449-456.

张泽明, 丁慧霞, 董昕, 等. 2018. 冈底斯弧的岩浆作用: 从新特提斯俯冲到印度-亚洲碰撞[J].

地学前缘, 25(6): 78-91.

张泽明, 丁慧霞, 董昕, 等. 2019. 冈底斯岩浆弧的形成与演化[J]. 岩石学报, 35(2): 275-294.

张庄, 庞江, 杨映涛, 等. 2022. 川西坳陷中段须家河组四段砂岩中碳酸盐胶结物碳氧同位素特征及成因探讨[J]. 地质学报, 96(6): 2094-2106.

赵兵, 刘登忠, 陶晓风, 等. 2005. 西藏措勤-申扎地层分区新建中—上侏罗统仁多组[J]. 地质通报, 7: 637-641.

赵志丹, 莫宣学, Sebastien N, 等. 2006. 青藏高原拉萨地块碰撞后超钾质岩石的时空分布及其意义[J]. 岩石学报, 22(4): 787-794.

赵志丹, 刘栋, 王青, 等. 2018. 锆石微量元素及其揭示的深部过程[J]. 地学前缘, 25(6): 124-135.

郑永飞, 陈伊翔, 戴立群, 等. 2015. 发展板块构造理论: 从洋壳俯冲带到碰撞造山带[J]. 中国科学: 地球科学, 58(7): 1045-1069.

钟大赉, 丁林. 1996. 青藏高原的隆起过程及其机制探讨[J]. 中国科学, 26(4): 289-295.

周长勇, 朱弟成, 赵志丹, 等. 2008. 西藏冈底斯带西部达雄岩体的岩石成因: 锆石 U-Pb 年龄和 Hf 同位素约束[J]. 岩石学报, 24(2): 348-358.

周光第. 1994. 西藏拉萨地区林布宗组的孢粉组合及古气候探讨[J]. 西藏地质, 1: 7-12.

周建波, 韩伟, 宋明春. 2016. 苏鲁地体折返与郯庐断裂活动: 莱阳盆地中生界碎屑锆石年代学的制约[J]. 岩石学报, 32(4): 171-182.

周肃, 莫宣学, 董国臣, 等. 2004. 西藏林周盆地林子宗火山岩 $^{40}Ar/^{39}Ar$ 年代格架[J]. 科学通报, 49(20): 2095-2103.

周豫. 2021. 西藏德庆地区中侏罗统却桑温泉组物源分析及大地构造意义[D]. 成都: 成都理工大学.

周豫, 杨文光, 朱利东, 等. 2023. 西藏林周盆地中侏罗统却桑温泉组碎屑锆石 U-Pb 年代学及地质意义[J]. 沉积与特提斯地质, 43(4): 747-758.

朱弟成, 潘桂棠, 王立全, 等. 2008. 西藏冈底斯带中生代岩浆岩的时空分布和相关问题的讨论[J]. 地质通报, 27(9): 187-202.

朱弟成, 莫宣学, 赵志丹, 等. 2009. 西藏南部二叠纪和早白垩世构造岩浆作用与特提斯演化: 新观点[J]. 地学前缘, 16(2): 001-020.

朱弟成, 赵志丹, 牛耀龄, 等. 2012. 拉萨地体的起源和古生代演化[J]. 高校地质学报, 18(1): 01-15.

朱志才, 翟庆国, 胡培远, 等. 2020. 拉萨-羌塘地体碰撞时限: 来自班公湖-怒江缝合带中段多尼组沉积的约束[J]. 沉积学报, 38: 712-726.

Allen J F, Gorton M P. 1992. Geochemistry of igneous rocks from Legs127 and 128, Sea of Japan[J]. Proceedings of the Ocean Drilling Program, Scientific Results, 2: 905-929.

Allen P A, Allen J R. 2005. Basin analysis: Principles and applications[M]. Oxford: Wiley-Blackwell: 451.

An W, Hu X, Garzanti E, et al. 2014. Xigaze forearc basin revisited (South Tibet): Provenance changes and origin of the Xigaze Ophiolite[J]. Geological Society of America Bulletin, 126: 1595-1613.

An Z S, Kutzbach J E, Prell W, et al. 2001. Evolution of Asian monsoons and phased uplift of the Himalaya-Tibetan Plateau since Late Miocene times[J]. Nature, 411: 62-66.

Artyushkov E V, Baer M A. 1990. Formation of hydrocarbon basins: subsidence without stretching in West Siberia[C]//The Potential of Deep Seismic Profiling for Hydrocarbon Exploration. Proc 5th IFP Conference, Arles: 45-61.

Barth A P, Wooden J L, Jacobson C E, et al. 2013. Detrital zircon as a proxy for tracking the magmatic arc system: The California arc example[J]. Geology, 41(2): 223-226.

Belousova E, Griffin W, Oreilly S, et al. 2002. Igneous zircon: Trace element composition as an indicator of source rock type[J]. Contributions to Mineralogy and Petrology, 143(5): 602-622.

Bhatia M R. 1985. Rare earth element geochemistry of Australian Paleozoic graywackes and mudrocks: Provenance and tectonic control[J]. Sedimentary Geology, 45: 97-113.

Bhatia M R, Crook K A W. 1986. Trace element characteristics of graywackes and tectonic setting discrimination of sedimentary basins[J]. Contributions to Mineralogy and Petrology, 92(2): 181-193.

Bi W, Li Y, Kamp P J J, et al. 2022. Cretaceous-Cenozoic cooling history of the Qiangtang terrane and implications for Central Tibet formation[J]. Geological Society of America Bulletin, 135(5-6): 1587-1601.

Bian W, Yang T, Ma Y, et al. 2017. New Early Cretaceous palaeomagnetic and geochronological results from the far western Lhasa terrane: Contributions to the Lhasa-Qiangtang collision[J]. Scientific Reports, 7(1): 16216.

Bird P. 1991. Lateral extrusion of lower crust from under high topography[J]. Journal of Geophysical Research Atmospheres, 96: 10275-10286.

BouDagher-Fadel M K. 2015. Biostratigraphic and Geological Significance of Planktonic Foraminifera[M]. 2nd ed. London: Office of the Vice Provost Research (OVPR), University College: 307.

BouDagher-Fadel M K, Hu X, Price G D, et al. 2017. Foraminiferal biostratigraphy and palaeoenvironmental analysis of the Mid-Cretaceous limestones in the southern Tibetan Plateau[J]. Journal of Foraminiferal Research, 47(2): 188-207.

Bridge J S. 1993. The interaction between channel geometry, water flow, sediment transport and deposition in braided rivers[J]. Geological Society, London, Special Publication, 75: 13-71.

Brigaud B, Andrieu S, Blaise T, et al. 2020. Calcite uranium-lead geochronology applied to hardground lithification and sequence boundary dating[J]. Sedimentology, 68: 168-195.

Burg J P, Chen G M. 1984. Tectonics and structural formation of southern Tibet, China[J]. Nature, 311(5983): 311-223.

Butler J P, Beaumont C. 2017. Subduction zone decoupling retreat modeling explains south Tibet (Xigaze) and other supra-subduction zone ophiolites and their UHP mineral phases[J]. Earth and Planetary Science Letters, 463: 101-117.

Cao H, Zhang Y, Santosh M, et al. 2019. Petrogenesis and metallogenic implications of Cretaceous magmatism in Central Lhasa, Tibetan Plateau: A case study from the Lunggar Fe skarn deposit and perspective review[J]. Geological Journal, 54(4): 2323-2346.

Cao M, Qin K, Li G, et al. 2016. Tectono-magmatic evolution of Late Jurassic to Early Cretaceous granitoids in the west central Lhasa subterrane, Tibet[J]. Gondwana Research, 39: 386-400.

Cao Y, Sun Z, Li H, et al. 2017. New Late Cretaceous paleomagnetic data from volcanic rocks and red beds from the Lhasa terrane and its implications for the paleolatitude of the southern margin of Asia prior to the collision with India[J]. Gondwana Research, 41: 337-351.

Capaldi T N, McKenzie N R, Horton B K, et al. 2021. Detrital zircon record of Phanerozoic magmatism in the southern Central Andes[J]. Geosphere, 17: 876-897.

Cawood P A, Kroner A, Collins W J, et al. 2009. Earth accretionary systems in space and time[J]. Geological Society London Special Publications, 318: 1-36.

Cawood P A, Hawkesworth C J, Dhuime B. 2012. Detrital zircon record and tectonic setting[J]. Geology, 40(10): 875-878.

Chang C F, Chen N S, Coward M P, et al. 1986. Preliminary conclusions of the Royal Society and Academia Sinica 1985 geotraverse of Tibet[J]. Nature, 323(6088): 501-507.

Chapman J B, Kapp P. 2017. Tibetan Magmatism Database[J]. Geochemistry, Geophysics, Geosystems, 18: 4229-4234.

Chen W, Yang T, Zhang S, et al. 2012. Paleomagnetic results from the Early Cretaceous Zenong Group volcanic rocks, Cuoqin, Tibet, and their paleogeographic implications[J]. Gondwana Research, 22(2): 461-469.

Chen W W, Zhang S H, Ding J K, et al. 2017. Combined paleomagnetic and geochronological study on Cretaceous strata of the Qiangtang terrane, central Tibet[J]. Gondwana Research, 41: 373-389.

Chen X, Idakieva V, Stoykova K, et al. 2017. Ammonite biostratigraphy and organic carbon isotope chemostratigraphy of the early Aptian oceanic anoxic event (OAE1a) in the Tethyan Himalaya of southern Tibet[J]. Palaeogeography, Palaeoclimatology, Palaeoecology, 485: 531-542.

Chen Y, Zhu D C, Zhao Z D, et al. 2014. Slab breakoff triggered ca.113Ma magmatism around Xainza area of the Lhasa Terrane, Tibet[J]. Gondwana Research, 26: 449-463.

Chu M F, Sun L C, Song B, et al. 2006. Zircon U-Pb and Hf isotope constraints on the Mesozoic tectonics and crustal evolution of southern Tibet[J]. Geology, 34(9): 745-748.

Chung S L, Lo C H, Lee T Y, et al. 1998. Diachronous uplift of the Tibetan plateau starting 40 Myr ago[J]. Nature, 394(6695): 769-773.

Chung S L, Liu D Y, Ji J Q, et al. 2003. Adakites from continental collision zones: Melting of thickened lower crust in southern Tibet[J]. Geology, 31(11): 1021-1024.

Chung S L, Chu M F, Zhang Y, et al. 2005. Tibetan tectonic evolution inferred from spatial and temporal variations in post-collisional magmatism[J]. Earth-Science Reviews, 68(3-4): 173-196.

Clark M K, House M A, Royden L H, et al. 2005. Late Cenozoic uplift of southeastern Tibet[J]. Geology, 33(6): 525-528.

Cong F, Tian J, Hao F, et al. 2022. Calcite U-Pb ages constrain petroleum migration pathways in tectonic complex basins[J]. Geology, 50(6): 644-649.

Copeland P, Harrison T M, Yun P, et al. 1995. Thermal evolution of the Gangdese batholith, southern Tibet: A history of episodic unroofing[J]. Tectonics, 14(2): 223-236.

Corfu F. 2003. Atlas of Zircon Textures[J]. Reviews in Mineralogy and Geochemistry, 53(1): 469-500.

Coulon C, Maluski H, Bollinger C, et al. 1986. Mesozoic and Cenozoic volcanic rocks from central and southern Tibet: ^{39}Ar-^{40}Ar dating, petrological characteristics and geodynamical significance[J]. Earth and Planetary Science Letters, 79: 281-302.

Currie B S, Rowley D B, Tabor N J. 2005. Middle Miocene paleoaltimetry of southern Tibet: Implications for the role of mantle thickening and delamination in the Himalayan orogen[J]. Geology, 33(3): 181-184.

Currie B S, Polissar P J, Rowley D B, et al. 2016. Multiproxy paleoaltimetry of the Late Oligocene-Pliocene Oiyug Basin, southern Tibet[J]. American Journal of Science, 316: 401-436.

Dai J G, Wang C S, Hourigan J, et al. 2013a. Exhumation history of the gangdese batholith, Southern Tibetan Plateau: Evidence from apatite and zircon(U-Th)/He thermochronology[J]. Journal of Geology, 121(2): 155-172.

Dai J G, Wang C S, Polat A, et al. 2013b. Rapid forearc spreading between 130-120Ma: Evidence from geochronology and geo-chemistry of the Xigaze Ophiolite, southern Tibet[J]. Lithos, 172-173: 1-16.

Dai J G, Wang C S, Zhu D C, et al. 2015. Multi-stage volcanic activities and geodynamic evolution of the Lhasa terrane during the Cretaceous: Insights from the Xigaze forearc basin[J]. Lithos, 218-219:

127-140.

Dai J G, Wang C S, Stern R J, et al. 2021. Forearc magmatic evolution during subduction initiation: Insights from an Early Cretaceous Tibetan ophiolite and comparison with the Izu-Bonin Mariana fore-arc[J]. Geological Society of America Bulletin, 133(3-4): 753-776.

DeCelles P G, Hertel F. 1989. Petrology of fluvial sands from the Amazonian foreland basin, Peru and Bolivia[J]. Geological Society of America Bulletin, 101(12): 1552-1562.

DeCelles P G, Currie B S. 1996. Long-term sediment accumulation in the Middle Jurassic early Eocene Cordilleran retroarc foreland-basin system[J]. Geology, 24(7): 591-594.

DeCelles P G, Kapp P, Ding L, et al. 2007. Late Cretaceous to mid-Tertiary basin evolution in the central Tibetan Plateau: Changing environments in response to tectonic partitioning, aridification, and regional elevation gain[J]. Geological Society of America Bulletin, 119(5-6): 654-680.

DeCelles P G, Kapp P, Quade J, et al. 2011. Oligocene-Miocene Kailas basin, southwestern Tibet: Record of postcollisional upper-plate extension in the Indus-Yarlung suture zone[J]. Geological Society of America Bulletin, 123: 1337-1362.

DeCelles P G, Gehrels G E, Najman Y, et al. 2015. Detrital geochronology and geochemistry of Cretaceous-Early Miocene strata of Nepal: Implications for timing and diachroneity of initial Himalayan orogenesis[J]. Earth and Planetary Science Letters, 227(3-4): 313-330.

Defant M J, Xu J F, Kepezhinskas J, et al. 2002. Adakites: Some variations on a theme[J]. Acta Petrologica Sinica (English Edition), 18(2): 129-142.

Dewey J F, Bird J M. 1970. Mountain belts and new global tectonics[J]. Journal of Geophysical Research, 75: 2625-2647.

Deng T, Wang S Q, Xie G P, et al. 2012. A mammalian fossil from the Dingqing Formation in the Lunpola Basin, northern Tibet, and its relevance to age and paleo-altimetry[J]. Chinese Science Bulletin, 57: 261-269.

Dickinson W R, Gehrels G E. 2015. U-Pb ages of detrital zircons in relation to paleogeography: triassic paleodrainage networks and sediment dispersal across Southwest Laurentia[J]. Journal of Sedimentary Research, 78(12): 745-764.

Dickinson W R, Suczek C A. 1979. Plate tectonics and sandstone compositions[J]. AAPG Bulletin, 63: 2164-2182.

Dickinson W R. 1976. Plate tectonic evolution of Sedimentary Basins[M]. Tulsa: American Association of Petroleum Geologists: 1-62.

Dickinson W R. 1995. Forearc basin[M]//Busby C J, Ingersoll R V. Tectonics of sedimentary basins. Oxford: Black well Science: 221-261.

Dickinson W R. 1985. Interpreting provenance relations from detrital modes of sandstones[M]//Zuffa

G G. Provenance of arenites. Dordrecht: Springer: 333-361.

Dingle R V, Lavelle M. 1998. Late Cretaceous-Cenozoic climatic variations of the northern Antarctic Peninsula: New geochemical evidence and review[J]. Palaeogeography Palaeoclimatology, Palaeoecology, 141(3-4): 215-232.

Ding H, Zhang Z, Dong X, et al. 2015. Cambrian ultrapotassic rhyolites from the Lhasa terrane, south Tibet: Evidence for Andean-type magmatism along the northern active margin of Gondwana[J]. Gondwana Research, 27: 1616-1629.

Ding L, Lai Q. 2003. New geological evidence of crustal thickening in the Gangdese block prior to the Indo-Asian collision[J]. Chinese Science Bulletin, 48(15): 1604-1610.

Ding L, Xu Q, Yue Y H, et al. 2014. The Andean-type Gangdese Mountains: Paleoelevation record from the Paleocene-Eocene Linzhou Basin[J]. Earth and Planetary Science Letters, 392: 250-264.

Ding L, Cai F L, Laskowski A K, et al. 2016. Late Triassic paleogeographic reconstruction along the Neo-Tethyan Ocean margins, southern Tibet[J]. Earth and Planetary Science Letters: A Letter Journal Devoted to the Development in Time of the Earth and Planetary System, 435: 105-114.

Ding L, Wang C, Liu C Z, et al. 2017a. Early Cretaceous bimodal volcanic rocks in the southern Lhasa terrane, south Tibet: Age, petrogenesis and tectonic implications[J]. Lithos: An International Journal of Mineralogy, Petrology, and Geochemistry, 268-271: 260-273.

Ding L, Spicer R A, Yang J, et al. 2017b. Quantifying the rise of the Himalaya orogen and implications for the south Asian monsoon[J]. Geology, 45(3): 215-218.

Ding L, Kapp P, Cai F, et al. 2022. Timing and mechanisms of Tibetan Plateau uplift[J]. Nature Reviews Earth and Environment, 3: 652-667.

Dobbs S C, Riggs N R, Marsaglia K M, et al. 2021. The Permian Monos formation: Stratigraphic and detrital zircon evidence for Permian cordilleran arc development along the southwestern margin of Laurentia (northwestern Sonora, Mexico)[J]. Geosphere, 17(2): 520-537.

Dong G C, Mo X X, Zhao Z D, et al. 2005. Geochronological constraints by SHRIMP II zircon U-Pb dating on magma underplating in the Gangdise belt following India-Eurasia collision[J]. Acta Geologica Sinica (English Edition), 79(6): 787-784.

Dong X, Zhang Z M, Liu F, et al. 2011a. Zircon U-Pb geochronology of the Nyainqêntanglha Group from the Lhasa terrane: New constraints on the Triassic orogeny of the south Tibet[J]. Journal of Asian Earth Sciences, 42(4): 732-739.

Dong X, Zhang Z, Santosh M, et al. 2011b. Late neoproterozoic thermal events in the northern Lhasa terrane, south Tibet: Zircon chronology and tectonic implications[J]. Journal of Geodynamics, 52(5): 389-405.

Driscoll N W, Karner G D. 1998. Lower crustal extension across the Northern Carnarvon basin,

Australia: Evidence for an eastward dipping detachment[J]. Journal of Geophysical Research Solid Earth, 103(B3): 4975-4991.

Drollner M, Barham M, Kirkland C L. 2022. Gaining from loss: Detrital zircon source-normalized α-dose discriminates first-versus multi-cycle grain histories[J]. Earth and Planetary Science Letters, 579: 117346.

Dürr S B. 1996. Provenance of Xigaze fore-arc basin clastic rocks (Cretaceous, south Tibet)[J]. Geological Society of America Bulletin, 108: 669-684.

Einsele G. 2000. Sedimentary basins: Evolution, facies, and sediment budgets[M]. Heidelberg: Springer-Verlag, 792.

Elsasser W M. 1971. Sea-floor spreading as thermal convection[J]. Journal of Geophysical Research, 76: 1101-1112.

England P, Searle M. 1986. The Cretaceous-tertiary deformation of the Lhasa Block and its implications for crustal thickening in Tibet[J]. Tectonics, 5(1): 1-14.

Enkin R J, Yang Z Y, Chen Y, et al. 1992. Paleo magnetic constraints on the geodynamic history of the major blocks of China from the Permian to the present[J]. Journal of Geophysical Research, 97(B10): 13953-13989.

Fan J J, Li C, Liu Y M, et al. 2015a. Age and nature of the late Early Cretaceous Zhaga Formation northern Tibet: Constraints on when the Bangong-Nujiang Neo-Tethys Ocean closed[J]. International Geology Review, 57(3): 342-353.

Fan J J, Li C, Xie C M, et al. 2015b. Petrology and U-Pb zircon geochronology of bimodal volcanic rocks from the Maierze Group northern Tibet: Constraints on the timing of closure of the Banggong-Nujiang Ocean[J]. Lithos, 227(15): 148-160.

Fan J J, Li C, Wang M, et al. 2018. Reconstructing in space and time the closure of the middle and western segments of the Bangong-Nujiang Tethyan Ocean in the Tibetan Plateau[J]. International Journal of Earth Sciences, 107: 231-249.

Fan S, Ding L, Murphy M A, et al. 2017. Late Paleozoic and Mesozoic evolution of the Lhasa Terrane in the Xainza area of southern Tibet[J]. Tectonophysics, 721: 415-434.

Fedo C M, Sircombe K N, Rainbird R H. 2003. Detrital Zircon Analysis of the Sedimentary Record[J]. Reviews in Mineralogy and Geochemistry, 53(1): 277-303.

Ferrari O M, Hochard C, Stampfli G M. 2008. An alternative plate tectonic model for the Palaeozoic-Early Mesozoic Palaeotethyan evolution of Southeast Asia (Northern Thailand-Burma)[J]. Tectonophysics, 451: 346-365.

Fielding E J. 1996. Tibet uplift and erosion[J]. Tectonophysics, 260(1-3): 55-84.

Fielding E, Isacks B, Barazangi M, et al. 1994. How flat is Tibet?[J]. Geology, 22(2): 163-167.

Finzel E S, Enkelmann E, Falkowski S, et al. 2016. Long-term fore-arc basin evolution in response to changing subduction styles in southern Alaska[J]. Tectonics, 35(7): 1735-1759.

Gao Y, Hou Z, Kamber B S, et al. 2007. Adakite-like porphyries from the southern Tibetan continental collision zones: Evidence for slab melt metasomatism[J]. Contributions to Mineralogy and Petrology, 153(1): 105-120.

Garzanti E. 2016. From static to dynamic provenance analysis-Sedimentary petrology upgraded[J]. Sedimentary Geology, 336: 3-13.

Garzanti E. 2019. Petrographic classification of sand and sandstone[J]. Earth-Science Reviews, 192: 545-563.

Garzanti E, Sciunnach D. 1997. Early Carboniferous onset of Gondwanian glaciation and Neo-tethyan rifting in South Tibet[J]. Earth and Planetary Science Letters, 148(1-2): 359-365.

Garzanti E, Fort P L, Sciunnach D. 1999. First report of Lower Permian basalts in South Tibet: Tholeiitic magmatism during break-up and incipient opening of Neotethys[J]. Journal of Asian Earth Sciences, 17(4): 533-546.

Ge Y K, Dai J G, Wang C S, et al. 2017. Cenozoic thermo-tectonic evolution of the Gangdese batholith constrained by low-temperature thermochronology[J]. Gondwana Research, 41: 451-462.

Gehrels G E, Decelles P G, Ojha T P, et al. 2006. Geologic and U-Th-Pb geochronologic evidence for Early Paleozoic tectonism in the Kathmandu thrust sheet, central Nepal Himalaya[J]. Geological Society of America Bulletin, 118(1): 185-198.

Gradstein F M, Ogg J G, Schmitz M D, et al. 2012. The Geologic Time Scale 2012[M]. Amsterdam: Elsevier: 1144.

Guillot S, Garzanti E, Baratoux D, et al. 2003. Reconstructing the total shortening history of the NW Himalaya[J]. Geochemistry Geophysics Geosystems, 4(7): 1064.

Guo L, Jagoutz O, Shinevar W J, et al. 2020. Formation and composition of the Late Cretaceous Gangdese arc lower crust in southern Tibet[J]. Contributions to Mineralogy and Petrology, 175: 58.

Guynn J H, Kapp P, Pullen A, et al. 2006. Tibetan basement rocks near Amdo reveal "missing" Mesozoic tectonism along the Bangong suture, central Tibet[J]. Geology, 34(6): 505-508.

Haider V L, Dunkl I, Von Eynatten H, et al. 2013. Cretaceous to Cenozoic evolution of the northern Lhasa Terrane and the Early Paleogene development of peneplains at Nam Co, Tibetan Plateau[J]. Journal of Asian Earth Sciences, 70-71: 79-98.

Hao L L, Wang Q, Zhang C, et al. 2018. Oceanic plateau subduction during closure of the Bangong-Nujiang Tethyan Ocean: Insights from central Tibetan volcanic rocks[J]. Geological Society of America Bulletin, 131(5-6): 864-880.

Hao M, Malkowski M A, Cao S, et al. 2022. Sm-Nd isotopic compositions of deep-marine mudstones,

Xigaze forearc basin, southern Tibet: Implications for drainage evolution and expansion[J]. Journal of Asian Earth Sciences, 234: 105228.

Hao M G, Malkowski M A, Zhu D C, et al. 2023. Sedimentary Record of the middle Cretaceous uplift across the Gangdese magmatic arc system in southern Tibet[J]. Basin Research, 36(3): e12866.

Haq B U. 2014. Cretaceous eustasy revisited[J]. Global and Planetary Change, 113: 44-58.

Harrison T M, Copeland P, Kidd W S, et al. 1992. Raising tibet[J]. Science, 255(5052): 1663-1670.

He S, Kapp P, DeCelles P G, et al. 2007. Cretaceous-Tertiary geology of the Gangdese arc in the Linzhou area, southern Tibet[J]. Tectonophysics, 433(1-4): 15-37.

Hetzel R, Dunkl I, Haider V, et al. 2011. Peneplain formation in southern Tibet predates the India-Asia collision and plateau uplift[J]. Geology, 39(10): 983-986.

Hill C A, Polyak V J, Asmerom Y, et al. 2016. Constraints on a Late Cretaceous uplift, denudation, and incision of the Grand Canyon region, southwestern Colorado Plateau, USA, from U-Pb dating of lacustrine limestone[J]. Tectonics, 35(3-4): 896-906.

Hinsbergen D J J, Lippert P C, Dupont Nivet G, et al. 2012. Greater India Basin hypothesis and a two-stage Cenozoic collision between India and Asia[J]. Proceedings of the National Academy of Sciences, 109: 7659-7664.

Horton B K. 2018a. Sedimentary record of Andean Mountain building[J]. Earth-Science Reviews, 178: 279-309.

Horton B K. 2018b. Tectonic regimes of the central and southern Andes: Responses to variations in plate coupling during subduction[J]. Tectonics, 37: 402-429.

Horton B K, DeCelles P G. 2001. Modern and ancient fluvial megafans in the foreland basin system of the central Andes, southern Bolivia: Implications for drainage network evolution in fold-thrust belts[J]. Basin Research, 13(1): 43-63.

Horton B K, Fuentes F, Boll A, et al. 2016. Andean stratigraphic record of the transition from backarc extension to orogenic shortening: A case study from the northern Neuquén basin, Argentina[J]. Journal of South American Earth Sciences, 71: 17-40.

Hoskin P W O, Schaltegger U. 2003. The Composition of Zircon and Igneous and Metamorphic Petrogenesis[J]. Reviews in Mineralogy and Geochemistry, 53(1): 27-62.

Hoskin P W O, Black L P. 2010. Metamorphic zircon formation by solid-state recrystallization of protolith igneous zircon[J]. Journal of Metamorphic Geology, 18(4): 423-439.

Hou Z, Duan L, Lu Y, et al. 2015a. Lithospheric architecture of the Lhasa Terrane and its control on ore deposits in the Himalayan-Tibetan Orogen[J]. Economic Geology, 110(6): 1541-1575.

Hou Z, Yang Z, Lu Y, et al. 2015b. A genetic linkage between subduction and collision-related porphyry Cu deposits in continental collision zones[J]. Geology, 43(3): 247-250.

Hou Z Q, Gao Y F, Qu X M, et al. 2004. Origin of adakitic intrusives generated during mid-Miocene east-west extension in southern Tibet[J]. Earth and Planetary Science Letters, 220(1-2): 139-155.

Hu F, Ducea M N, Liu S, et al. 2017. Quantifying crustal thickness in continental collisional belts: Global perspective and a geologic application[J]. Scientific Reports, 7(1): 7058.

Hu P Y, Li C, Wang M, et al. 2013. Cambrian volcanism in the Lhasa terrane, southern Tibet: Record of an early Paleozoic Andean-type magmatic arc along the Gondwana proto-Tethyan margin[J]. Journal of Asian Earth Sciences, 77: 91-107.

Hu P Y, Zhai Q G, Zhao G C, et al. 2018a. Early Neoproterozoic (ca.900 Ma) rift sedimentation and mafic magmatism in the North Lhasa Terrane, Tibet: Paleogeographic and tectonic implications[J]. Lithos, 320-321: 403-415.

Hu P Y, Zhai Q G, Wang J, et al. 2018b. Ediacaran magmatism in the North Lhasa terrane, Tibet and its tectonic implications[J]. Precambrian Research, 307: 137-154.

Hu X M, Jansa L, Wang C, et al. 2005. Upper Cretaceous oceanic red beds (CORBs) in the Tethys: Occurrences, lithofacies, age, and environments[J]. Cretaceous Research, 26(1): 3-20.

Hu X M, Scott R W, Cai Y, et al. 2012. Cretaceous oceanic red beds (CORBs): Different time scales and models of origin[J]. Earth-Science Reviews, 115(4): 217-248.

Hu X M, Garzanti E, Moore T, et al. 2015. Direct stratigraphic dating of India-Asia collision onset at the Selandian (middle Paleocene, 59 ± 1 Ma)[J]. Geology, 43(10): 859-862.

Hu X M, Garzanti E, Wang J G, et al. 2016. The timing of India-Asia collision onset-Facts, theories, controversies[J]. Earth-Science Reviews, 160: 264-299.

Hu Z C, Liu Y S, Gao S, et al. 2012. Improved in situ Hf isotope ratio analysis of zircon using newly designed X skimmer cone and Jet sample cone in combination with the addition of nitrogen by laser ablation multiple collector ICP-MS[J]. Journal of Analytical Atomic Spectrometry, 27: 1391-1399.

Hu Y, Liu J, Ling M, et al. 2017. Constraints on the origin of adakites and porphyry Cu-Mo mineralization in Chongjiang, southern Gangdese, Tibetan Plateau[J]. Lithos, 292-293: 424-436.

Huang T T, Xu J F, Chen J L, et al. 2017. Sedimentary record of Jurassic northward subduction of the Bangong-Nujiang ocean: Insights from detrital zircons[J]. International Geology Review, 59(2): 166-184.

Huang Y, Ren M, Jowitt S M, et al. 2021. Middle Triassic arc magmatism in the southern Lhasa terrane: Geochronology, petrogenesis and tectonic setting[J]. Lithos, 380-381: 105857.

Huber B, Bahlburg H, Berndt J, et al. 2018. Provenance of the surveyor fan and precursor sediments in the gulf of alaska-implications of a combined U-Pb, (U-Th)/He, Hf, and Rare Earth element study of detrital zircons[J]. The Journal of Geology, 126(6): 577-600.

Ibarra D E, Dai J, Gao Y, et al. 2023. High-elevation Tibetan Plateau before India-Eurasia collision recorded by triple oxygen isotopes[J]. Nature Geoscience, 16: 810-815.

Ingalls M, Rowley D, Olack G, et al. 2017. Paleocene to Pliocene low-latitude, high-elevation basins of southern Tibet: Implications for tectonic models of India-Asia collision, Cenozoic climate, and geochemical weathering[J]. Geological Society of America Bulletin, 130(1-2): 307-330.

Ingersoll R V, Cavazz W, Graham S A. 1987. Provenance of impure calclithites in the Laramide foreland of southwestern Montana[J]. Journal of Sedimentary Petrology, 57(6): 995-1003.

Ingersoll R V. 1979. Evolution of the Late Cretaceous forearc basin, northern and central California[J]. Geological Society of America Bulletin, 90(9): 813-826.

Ingersoll R V. 1988. Tectonics of sedimentary basins[J]. Geological Society of America Bulletin, 100: 1704-1719.

Jacobson A D, Blum J D, Chamberlain C P, et al. 2003. Climatic and tectonic controls on chemical weathering in the New Zealand Southern Alps[J]. Geochimica Et Cosmochimica Acta, 67(1): 29-46.

Ji W Q, Wu F Y, Chung S L, et al. 2009a. Zircon U-Pb geochronology and Hf isotopic constraints on petrogenesis of the Gangdese batholith, southern Tibet[J]. Chemical Geology, 262(3-4): 229-245.

Ji W Q, Wu F Y, Liu C Z, et al. 2009b. Geochronology and petrogenesis of granitic rocks in Gangdese batholith, southern Tibet[J]. Science in China Series D: Earth Sciences, 52: 1240-1261.

Jiang X D, Li Z X, Li H B. 2013. Uplift of the West Kunlun Range, northern Tibetan Plateau, dominated by brittle thickening of the upper crust[J]. Geology, 41(4): 439-442.

Johnson H D, Baldwin C T. 1996. Shallow clastic seas, sedimentary environments: Processes, facies and stratigraphy[M]. 3rd ed. Oxford: Blackwell Science: 232-280.

Kang Z Q, Xu J F, Wilde S A, et al. 2014. Geochronology and geochemistry of the Sangri Group Volcanic Rocks, Southern Lhasa Terrane: Implications for the early subduction history of the Neo-Tethys and Gangdese Magmatic Arc[J]. Lithos, 200-201: 157-168.

Kapp P, DeCelles P G. 2019. Mesozoic-Cenozoic geological evolution of the Himalayan-Tibetan orogen and working tectonic hypotheses[J]. American Journal of Science, 319(3): 159-254.

Kapp P, Murphy M A, Yin A. 2003a. Mesozoic and Cenozoic tectonic evolution of the Shiquanhe area of western Tibet[J]. Tectonics, 22(4): 252-259.

Kapp P, Yin A, Manning C E, et al. 2003b. Tectonic evolution of the early Mesozoic blueschist-bearing Qiangtang metamorphic belt, central Tibet[J]. Tectonics, 22(4): 1-17.

Kapp P, Murphy M A, Yin A, et al. 2003c. Mesozoic and Cenozoic tectonic evolution of the Shiquanhe area of western Tibet[J]. Tectonics, 22(4): 1029.

Kapp P, DeCelles P G, Leier A, et al. 2004. The Gangdese retroarc fold-thrust belt revealed Denver Annual Meeting[J]. Geological Society of America Abstracts with Programs, 36(5): 49.

Kapp P, Yin A, Harrison T M, et al. 2005. Cretaceous-Tertiary shortening, basin development, and volcanism in central Tibet[J]. Geological Society of America Bulletin, 117(7-8): 865-878.

Kapp P, DeCelles P G, Gehrels G E, et al. 2007a. Geological records of the Lhasa-Qiangtang and Indo-Asian collisions in the Nima area of central Tibet[J]. Geological Society of America Bulletin, 119(7-8): 917-933.

Kapp P, DeCelles P G, Leier A, et al. 2007b. The Gangdese retroarc thrust belt revealed[J]. GSA Today, 17(7): 4-9.

Kaufman A J, Knoll A H. 1995. Neoproterozoic variations in the C-isotopic composition of seawater: Stratigraphic and biogeochemical implications[J]. Precambrian Research, 73(1-4): 27-49.

Keith M L, Weber J N. 1964. Carbon and oxygen isotopic composition of selected limestones and fossils[J]. Geochimica et Cosmochimica Acta, 28(10-11): 1787-1816.

Kelty T K, Yin A, Dash B, et al. 2008. Detrital-zircon geochronology of Paleozoic sedimentary rocks in the Hangay-Hentey basin, north-central Mongolia: Implications for the tectonic evolution of the Mongol-Okhotsk Ocean in central Asia[J]. Tectonophysics, 451(1-4): 290-311.

Khan M A, Spicer R A, Bera S, et al. 2014. Miocene to Pleistocene floras and climate of the Eastern Himalayan Siwaliks, and new palaeoelevation estimates for the Namling-Oiyug Basin, Tibet[J]. Global and Planetary Change, 113: 1-10.

Kidd W, Yusheng P, Chengfa C, et al. 1988. Geological mapping of the 1985 Chinese-British Tibetan (Xizang-Qinghai) Plateau Geotraverse route[J]. Philosophical Transactions of the Royal Society A: Mathematical, Physical and Engineering Sciences, 327: 287-305.

Kylander-Clark A. 2020. Expanding the limits of laser-ablation U-Pb calcite geochronology[J]. Geochronology, 2(2): 343-354.

Lai W, Hu X M, Garzanti E, et al. 2019a. Initial growth of the northern Lhasaplano in the early Late Cretaceous (ca.92 Ma)[J]. Geological Society of America Bulletin, 131(11-12): 1823-1836.

Lai W, Hu X, Garzanti E, et al. 2019b. Early Cretaceous sedimentary evolution of the northern Lhasa terrane and the timing of initial Lhasa-Qiangtang collision[J]. Gondwana Research, 73: 136-152.

Lai W, Hu X, Ma A, et al. 2022. From the southern Gangdese Yeba arc to the Bangong Nujiang Ocean: Provenance of the Upper Jurassic-Lower Cretaceous Lagongtang Formation (northern Lhasa, Tibet)[J]. Palaeogeography, Palaeoclimatology, Palaeoecology, 588(12): 110837.

Lang X H, Wang X H, Tang J X, et al. 2018. Composition and age of Jurassic diabase dikes in the Xiongcun porphyry copper-gold district, southern margin of the Lhasa terrane, Tibet, China: Petrogenesis and tectonic setting[J]. Geological Journal, 53: 1973-1993.

Lang X H, Wang X H, Deng Y L, et al. 2019. Early Jurassic volcanic rocks in the Xiongcun district, southern Lhasa subterrane, Tibet: Implications for the tectono-magmatic events associated with the early evolution of the Neo-Tethys Ocean[J]. Lithos, 340-341: 166-180.

Lee T Y, Lawver L. 1995. Cenozoic plate reconstruction of Southeast Asian[J]. Tectonophysics, 251(1-4): 85-138.

Leeder M R, Smith A B, Jixiang Y. 1988. Sedimentology, palaeoecology and palaeoenvironmental evolution of the 1985 Lhasa to Golmud Geotraverse[J]. Royal Society of London Philosophical Transactions. A Mathematical and Physical Sciences, 327: 107-143.

Lei M, Chen J L, Xu J F, et al. 2019. Late Cretaceous magmatism in the NW Lhasa Terrane, southern Tibet: Implications for crustal thickening and initial surface uplift[J]. Geological Society of America Bulletin, 132(1-2): 334-352.

Leier A L. 2005. The Cretaceous evolution of the Lhasa terrane, southern Tibet[D]. Tucson: University of Arizona.

Leier A L, DeCelles P G, Kapp P, et al. 2007a. The Takena Formation of the Lhasa terrane, southern Tibet: The record of a Late Cretaceous retroarc foreland basin[J]. Geological Society of America Bulletin, 119(1-2): 31-48.

Leier A L, DeCelles P G, Kapp P, et al. 2007b. Lower Cretaceous strata in the Lhasa Terrane, Tibet, with implications for understanding the early tectonic history of the Tibetan Plateau[J]. Journal of Sedimentary Research, 77(10): 809-825.

Leier A L, DeCelles P G, Kapp P, et al. 2007c. Detrital zircon geochronology of Phanerozoic sedimentary strata in the Lhasa terrane and implications for the tectonic evolution of southern Tibet[J]. Basin Research, 19(3): 361-378.

Li G, Liu X, Pullen A, et al. 2010. In-situ detrital zircon geochronology and Hf isotopic analyses from Upper Triassic Tethys sequence strata[J]. Earth and Planetary Science Letters, 297(3-4): 461-470.

Li G, Sandiford M, Liu X, et al. 2014. Provenance of Late Triassic sediments in central Lhasa terrane, Tibet and its implication[J]. Gondwana research: international geoscience journal, 25(4): 1680-1689.

Li G, Kohn B, Sandiford M, et al. 2016. Synorogenic morphotectonic evolution of the Gangdese batholith, South Tibet: Insights from low-temperature thermochronology[J]. Geochemistry, 17(1): 101-112.

Li H Q, Xu Z Q, Webb A A G, et al. 2017. Early Jurassic tectonism occurred within the Basu metamorphic complex, eastern central Tibet: Implications for an archipelago-accretion orogenic model[J]. Tectonophysics: International Journal of Geotectonics and the Geology and Physics of the Interior of the Earth, 702: 29-41.

Li J X, Qin K Z, Li G M, et al. 2014. Geochronology, geochemistry, and zircon Hf isotopic compositions of Mesozoic intermediate-felsic intrusions in central Tibet: Petrogenetic and tectonic implications[J]. Lithos, 198-199(2): 77-91.

Li Q H, Zhang K J, Yan L L, et al. 2021. Contrasting latest Permian intracontinental gabbro and Late Triassic arc gabbro-diorite in the Gangdese constrain the subduction initiation of the Neo-Tethys[J]. International Geology Review, 63(18): 2356-2375.

Li S, Ding L, Guilmette C, et al. 2017a. The subduction-accretion history of the Bangong-Nujiang ocean: Constraints from provenance and geochronology of the Mesozoic strata near Gaize, central Tibet[J]. Tectonophysics, 702: 42-60.

Li S, Guilmette C, Ding L, et al. 2017b. Provenance of Mesozoic clastic rocks within the Bangong-Nujiang suture zone, central Tibet: Implications for the age of the initial Lhasa-Qiangtang collision[J]. Journal of Asian Earth Sciences, 147: 469-484.

Li S M, Wang Q, Zhu D C, et al. 2018. One or two Early Cretaceous arc systems in the Lhasa Terrane, southern Tibet[J]. Journal of Geophysical Research: Solid Earth, 123: 3391-3413.

Li Y, He J, Wang C S. et al. 2013. Late Cretaceous K-rich magmatism in central Tibet: Evidence for early elevation of the Tibetan plateau?[J]. Lithos, 160: 1-13.

Li Y L, Wang C S, Dai J G, et al. 2015. Propagation of the deformation and growth of the Tibetan-Himalayan orogen: A review[J]. Earth-Science Reviews, 143: 36-61.

Li Y X, Montañez I P, Liu Z H, et al. 2017. Astronomical constraints on global carbon-cycle perturbation during Oceanic Anoxic Event 2 (OAE2)[J]. Earth and Planetary Science Letters, 462: 35-46.

Li Z, Ding L, Lippert P C, et al. 2016. Paleomagnetic constraints on the Mesozoic drift of the Lhasa terrane (Tibet) from Gondwana to Eurasia[J]. Geology, 44(9): 727-730.

Lin M Q, Li J G. 2020. Late Jurassic-Early Cretaceous palynofloras in the Lhasa Block, central Xizang, China and their bearing on palaeoenvironments[J]. Palaeogeography, Palaeoclimatology, Palaeoecology, 515: 95-106.

Lippert P C, Hinsbergen D J, Dupont-Nivet G. 2014. Early Cretaceous to present latitude of the central proto-Tibetan Plateau: A paleomagnetic synthesis with implications for Cenozoic tectonics, paleogeography, and climate of Asia[J]. Geological Society of America Special Papers, 507: 1-21.

Liu D, Zhao Z, Depaolo D J, et al. 2017. Potassic volcanic rocks and adakitic intrusions in southern Tibet: Insights into mantle-crust interaction and mass transfer from Indian plate[J]. Lithos, 268-271: 48-64.

Liu T, Wu F Y, Zhang L L, et al. 2016. Zircon U-Pb geochronological constraints on rapid exhumation of the mantle peridotite of the Xigaze ophiolite, southern Tibet[J]. Chemical Geology, 443: 67-86.

Liu W L, Xia B, Zhong Y, et al. 2014. Age and composition of the Rebang Co and Julu ophiolites, central Tibet: Implications for the evolution of the Bangong Meso-Tethys[J]. International Geology Review, 56(4): 430-447.

Liu Y, Hu Z, Gao S, et al. 2008. In situ analysis of major and trace elements of anhydrous minerals by LA-ICP-MS without applying an internal standard[J]. Chemical Geology, 257(1): 34-43.

Liu Y, Hu Z, Zong K, et al. 2010. Reappraisement and refinement of zircon U-Pb isotope and trace element analyses by LA-ICP-MS[J]. Science Bulletin, 55: 1535-1546.

Liu Z, Zhao X, Wang C, et al. 2003. Magnetostratigraphy of Tertiary sediments from the Hoh Xil Basin: Implications for the Cenozoic tectonic history of the Tibetan Plateau[J]. Geophysical Journal International, 154(2): 233-252.

Liu Z C, Ding L, Zhang L Y, et al. 2018. Sequence and petrogenesis of the Jurassic volcanic rocks (Yeba Formation) in the Gangdese arc, southern Tibet: Implications for the Neo-Tethyan subduction[J]. Lithos, 312-313: 72-88.

Ludwig K R. 2003. ISOPLOT 3.0: A geochronological toolkit for Microsoft Excel[J]. Berkeley Geochronology Center Special Publication, 39: 91-445.

Luo A B, Wang M, Li C, et al. 2019. Petrogenesis of early Late Cretaceous Asa-intrusive rocks in central Tibet, western China: Post-collisional partial melting of thickened lower crust[J]. International Journal of Earth Sciences, 108(6): 1979-1999.

Luo A B, Wang M, Zeng X W, et al. 2021. An extensional collapse model for the Lhasa-Qiangtang orogen in Central Tibet[J]. Gondwana Research, 89: 66-87.

Ma A, Hu X, Garzanti E, et al. 2017. Sedimentary and tectonic evolution of the southern Qiangtang Basin: Implications for the Lhasa-Qiangtang collision timing[J]. Journal of Geophysical Research: Solid Earth, 122: 4790-4813.

Ma L, Wang Q, Wyman D A, et al. 2013a. Late Cretaceous (100-89Ma) magnesian charnockites with adakitic affinities in the Milin area, eastern Gangdese: Partial melting of subducted oceanic crust and implications for crustal growth in southern Tibet[J]. Lithos, 175-176: 315-332.

Ma L, Wang Q, Wyman D A, et al. 2013b. Late Cretaceous crustal growth in the Gangdese area, southern Tibet: Petrological and Sr-Nd-Hf-O isotopic evidence from Zhengga diorite-gabbro[J]. Chemical Geology, 349-350: 54-70.

Ma L, Wang Q, Li Z X, et al. 2013c. Early Late Cretaceous (ca.93Ma) norites and hornblendites in the Milin area, eastern Gangdese: Lithosphere-asthenosphere interaction during slab roll-back and an insight into early Late Cretaceous (ca.100-80Ma) magmatic "flare-up" in southern Lhasa[J]. Lithos, 172-173: 17-30.

Ma X X, Attia S, Cawood T, et al. 2022. Arc tempos of the Gangdese batholith, southern Tibet[J].

Journal of Geodynamics, 149: 101897.

Ma Y M, Yang T S, Bian W W, et al. 2016. Early Cretaceous paleomagnetic and geochronologic results from the Tethyan Himalaya: Insights into the Neotethyan paleogeography and the India-Asia collision[J]. Scientific Reports, 6: 21605.

Ma Y M, Yang T S, Bian W W, et al. 2018. A stable southern margin of Asia during the Cretaceous: Paleomagnetic constraints on the Lhasa-Qiangtang collision and the maximum width of the NeoTethys[J]. Tectonics, 37: 3853-3876.

Martinez F, Okino K, Ohara Y, et al. 2007. Back-Arc basins[J]. Oceanography, 20: 116-127.

Maffione M, Hinsbergen D, Koornneef L, et al. 2015. Forearc hyperextension dismembered the south Tibetan ophiolites[J]. Geology, 43(6): 475-478.

Malusà M G, Fitzgerald P G. 2019. The geologic interpretation of the detrital thermochronology record within a stratigraphic framework, with examples from the European Alps, Taiwan and the Himalayas[J]. Earth-Science Reviews, 201(4): 103074.

Mantle G W, Collins W J. 2008. Quantifying crustal thickness variations in evolving orogens: Correlation between arc basalt composition and Moho depth[J]. Geology, 36(1): 87-90.

Marsaglia K M. 1995. Interarc and backarc basins[M]//Busby C J, Ingersoll R V. Tectonics of Sedimentary Basins[M]. Oxford: Blackwell Science: 299-329.

Mattauer M. 1986. Intracontinental subduction, crust-mantle decollement and crustal-stacking wedge in the Himalayas and other collision belts[J]. Geological Society of London Special Publications, 19: 37-50.

McLennan S M, Taylor S R. 1991. Sedimentary rocks and crustal evolution: Tectonic setting and secular trands[J]. The Journal of Geology, 99: 1-21.

McLennan S M, Taylor S R, Mcculloch M T, et al. 1990. Geochemical and Nd-Sr isotopic composition of deep-sea turbidites: Crustal evolution and plate tectonic associations[J]. Geochimica Et Cosmochimica Acta, 54(7): 2015-2050.

McLennan S M, Hemming S, Mcdaniel D K, et al. 1993. Geochemical approaches to sedimentation, provenance, and tectonics[J]. Special Paper of the Geological Society of America, 284: 21-40.

Metcalfe I. 2002. Permian tectonic framework and palaeogeography of SE Asian[J]. Journal of Asian Earth Sciences, 20: 551-566.

Meng J, Wang C, Zhao X, et al. 2012. India-Asia collision was at 24°N and 50 Ma: Paleomagnetic proof from southernmost Asia[J]. Scientific Reports, 2: 925.

Matte P, Tapponnier P, Arnaud N, et al. 1996. Tectonics of Western Tibet, between the Tarim and the Indus[J]. Earth and Planetary Science Letters, 142(3): 311-330.

Meng Y K, Xu Z, Santosh M, et al. 2016b. Late Triassic crustal growth in southern Tibet: Evidence from the Gangdese magmatic belt[J]. Gondwana Research, 37: 449-464.

Meng Y K, Xu Z Q, Xu Y, et al. 2018. Late Triassic granites from the Quxu batholith shedding a new light on the evolution of the Gangdese belt in Southern Tibet[J]. Acta Geologica Sinica (English Edition), 92(2): 462-481.

Meng Y K, Dong H W, Cong Y, et al. 2016a. The early-stage evolution of the Neo-Tethys Ocean: Evidence from granitoids in the middle Gangdese batholith, southern Tibet[J]. Journal of Geodynamics, 94-95: 34-49.

Meng Y K, Xu Z, Santosh M, et al. 2016b. Late Triassic crustal growth in southern Tibet: Evidence from the Gangdese magmatic belt[J]. Gondwana Research, 37: 449-464.

Meng Y K, Xu Z Q, Xu Y, et al. 2018. Late Triassic granites from the Quxu batholith shedding a new light on the evolution of the Gangdese belt in Southern Tibet[J]. Acta Geologica Sinica (English Edition), 92(2): 462-481.

Meng Y K, Xiong F H, Xu Z Q, et al. 2019a. Petrogenesis of Late Cretaceous mafic enclaves and their host granites in the Nyemo region of southern Tibet: Implications for the tectonic-magmatic evolution of the Central Gangdese Belt[J]. Journal of Asian Earth Sciences, 176: 27-41.

Meng Y K, Mooney W D, Ma Y, et al. 2019b. Back-arc basin evolution in the southern Lhasa sub-terrane, southern Tibet: Constraints from U-Pb ages and in-situ Lu-Hf isotopes of detrital zircons[J]. Journal of Asian earth sciences, 185: 104026.

Meng Y K, Wang Q L, Wang X, et al. 2021. Late Mesozoic diorites of the middle Gangdese magmatic belt of southern Tibet: New insights from SHRIMP U-Pb dating and Sr-Nd-Hf-O isotopes[J]. Lithos, 404-405: 106420.

Metcalf I. 2002. Permian tectonic framework and palaeogeography of SE Asian[J]. Journal of Asian Earth Sciences, 20: 551-566.

Meyer B, Tapponnier P, Bourjot L, et al. 1998. Crustal thickening in Gansu-Qinghai, lithospheric mantle subduction, and oblique, strike-slip controlled growth of the Tibet plateau[J]. Geophysical Journal International, 135: 1-47.

Miall A D. 1978. Lithofacies types and vertical profile models in braided river deposits: A summary. Fluvial Sedimentology[M]. Calgary: Canadian Society of Petroleum Geologists.

Miall A D. 1996. The geology of fluvial deposits[M]. Berlin: Springer-Verlag, 582.

Moberly R. 1972. Origin of lithosphere behind island arcs, with reference to the western Pacific[M]//Shagam R, Hargraves R B, Morgan W J, et al. Studies in Earth and space sciences. Boulder: Geological Society of America.

Mo X X, Dong G C, Zhao Z D, et al. 2005. Timing of magma mixing in the Gangdise magmatic belt during the India-Asia collision: Zircon SHRIMP U-Pb dating[J]. Acta Geologica Sinica (English

Edition), 79(1): 66-76.

Mo X X, Niu Y L, Dong G, et al. 2008. Contribution of syncollisional felsic magmatism to continental crust growth: A case study of the Paleogene Linzizong volcanic Succession in southern Tibet[J]. Chemical Geology, 250(1-4): 49-67.

Molnar P. 2005. Mio-Pliocene growth of the Tibetan plateau and evolution of east Asian climate[J]. Palaeontologia Electronica, 8: 2A-1-2A-23.

Molnar P, Boos W R, Battisti D S. 2010. Orographic controls on climate and paleoclimate of Asia: Thermal and mechanical roles for the Tibetan Plateau[J]. Annual Review of Earth and Planetary Sciences, 38: 77-102.

Morley C K, Westaway R. 2006. Subsidence in the super-deep Pattani and Malay basins of Southeast Asia: A coupled model incorporating lower-crustal flow in response to post-rift sediment loading[J]. Basin Research, 18(1): 51-84.

Murphy M A, Yin A, Harrison T M, et al. 1997. Did the Indo-Asian collision alone create the Tibetan plateau[J]. Geology, 25(8): 719-722.

Nesbitt H W, Young G M. 1982. Early proterozoic climates and plate motions inferred from major element chemistry of lutites[J]. Nature, 299: 715-717.

Nesbitt H W, Markovics G, Price R C. 1980. Chemical processes affecting alkalis and alkaline earths during continental weathering[J]. Geochimica Et Cosmochimica Acta, 44(11): 1659-1666.

Niu C, Ma Y, Wang H, et al. 2023. The Cretaceous stationary Lhasa terrane constrained by the paleolatitude of 103 Ma volcanic rocks from the Nima area[J]. Global and Planetary Change, 220: 103998.

Nuriel P, Wotzlaw J F, Ovtcharova M, et al. 2021. The use of ASH-15 flowstone as a matrix-matched reference material for laser-ablation U-Pb geochronology of calcite[J]. Geochronology, 3(1): 35-47.

Orme D A, Laskowski A K. 2016. Basin analysis of the Albian-Santonian Xigaze Forearc, Lazi region, south-central Tibet[J]. Journal of Sedimentary Research, 86(8): 894-913.

Orme D A, Carrapa B, Kapp P. 2015. Sedimentology, provenance and geochronology of the upper cretaceous-lower Eocene western Xigaze forearc basin, southern Tibet[J]. Basin Research, 27: 387-411.

Pan G T, Wang L Q, Li R S, et al. 2012. Tectonic evolution of the Qinghai-Tibet Plateau[J]. Journal of Asian Earth Sciences, 53(2): 3-14.

Pan Y, Copeland P, Roden M K, et al. 1993. Thermal and unroofing history of the Lhasa area, southern Tibet-evidence from apatite fission track thermochronology[J]. Nuclear Tracks and Radiation Measurements, 21(4): 543-554.

Pares J M, Van der Voo R, Downs W R, et al. 2003. Northeastward growth and uplift of the Tibetan Plateau: Magnetostratigraphic insights from the Guide Basin[J]. Journal of Geophysical Research: Solid Earth, 108(B1): EPM 1-1-EPM 1-11.

Paton C, Woodhead J, Hellstrom J, et al. 2010. Improved laser ablation U-Pb zircon geochronology through robust downhole fractionation correction[J]. Geochemistry Geophysics Geosystems, 11(3): Q0AA06.

Patriat P, Achache J. 1984. India-Eurasia collision chronology has implications for crustal shortening and driving mechanism of plates[J]. Nature, 311(5987): 615-621.

Petford N, Atherton M. 1996. Na-rich partial melts from newly underplated basaltic crust: The Cordillera Blanca Batholith[J]. Peru: Journal of Petrology, 37(6): 1491-1521.

Polissar P J, Freeman K H, Rowley D B, et al. 2009. Paleoaltimetry of the Tibetan Plateau from D/H ratios of lipid biomarkers-ScienceDirect[J]. Earth and Planetary Science Letters, 287(1-2): 64-76.

Pullen A, Kapp P, Mccallister A T, et al. 2011. Qaidam Basin and northern Tibetan Plateau as dust sources for the Chinese Loess Plateau and paleoclimatic implications[J]. Geology, 39(11): 1031-1034.

Qu X, Hou Z, Li Y. 2004. Melt components derived from a subducted slab in late orogenic ore-bearing porphyries in the Gangdese copper belt, southern Tibetan plateau[J]. Lithos, 74(3): 131-148.

Rao X, Skelton P W, Sha J, et al. 2015. Mid-Cretaceous rudists (Bivalvia: Hippuritida) from the Langshan Formation, Lhasa block, Tibet[J]. Papers Palaeontology, 1: 401-424.

Rao X, Skelton P W, Sano S I, et al. 2017. Evolution and palaeogeographical dispersion of the radiolitid rudist genus Auroradiolites (Bivalvia, Hippuritida) with descriptions of new material from Tibet and archived specimens from Afghanistan[J]. Papers Palaeontology, 3: 297-315.

Rao X, Skelton P W, Sano S, et al. 2020. Shajia, a new genus of polyconitid rudist from the Langshan Formation of the Lhasa block, Tibet, and its palaeogeographical implications[J]. Cretaceous Research, 105: 104151.

Ratschbacher L, Frisch W, Chen C, et al. 1992. Deformation and motion along the southern margin of the Lhasa block(Tibet) prior to and during the India-Asia collision[J]. Journal of Geodynamics, 16(1-2): 21-54.

Raymo M, Ruddiman W. 1992. Tectonic forcing of late Cenozoic climate[J]. Nature, 359: 117-122.

Richter F M, Rowley D B, Depaolo D J. 1992. Sr isotope evolution of seawater: The role of tectonics[J]. Earth and Planetary Science Letters, 109: 11-23.

Roberts N, Rasbury E T, Parrish R R, et al. 2017. A calcite reference material for LA-ICP-MS U-Pb geochronology[J]. Geochemistry, Geophysics, Geosystems, 18: 2807-2814.

Rohrmann A, Kapp P, Carrapa B, et al. 2012. Thermochronologic evidence for plateau formation in central Tibet by 45 Ma[J]. Geology, 40(2): 187-190.

Rollinson H. 1993. Using geochemical data to assess the significance of mineral assemblages in the interpretation of metamorphic processes[J]. Journal of Metamorphic Geology, 11(2): 242-249.

Romans B W, Castelltort S, Covault J A, et al. 2016. Environmental signal propagation in sedimentary systems across timescales[J]. Earth-Science Reviews, 153: 7-29.

Roser B P, Korsch R J. 1986. Determination of Tectonic Setting of Sandstone-Mudstone Suites Using SiO_2 Content and K_2O/Na_2O Ratio[J]. Journal of Geology, 94(5): 635-650.

Roser B P, Cooper R A, Nathan S, et al. 1996. Reconnaissance sandstone geochemistry, provenance, and tectonic setting of the lower Paleozoic terranes of the West Coast and Nelson, New Zealand[J]. New Zealand Journal of Geology and Geophysics, 39(1): 1-16.

Rowley D B. 1996. Age of initiation of collision between India and Asia: A review of stratigraphic data[J]. Earth and Planetary Science Letters, 145(1-4): 1-13.

Rowley D B, Currie B S. 2006. Palaeo-altimetry of the late Eocene to Miocene Lunpola basin, central Tibet[J]. Nature, 439: 677-681.

Royden L H, Burchfiel B C, King R W, et al. 1997. Surface deformation and lower crustal flow in eastern Tibet[J]. Science, 276(5313): 788-790.

Santosh M, Kusky T, Wang L. 2011. Supercontinent cycles, extreme metamorphic processes and changing fluid regimes[J]. International Geology Review, 53: 1403-1423.

Scholz C H, Campos J. 1995. On the mechanism of seismic decoupling and back arc spreading at subduction zones[J]. Journal of Geophysical Research, 100: 22103-22115.

Schwartz T M, Surpless K D, Colgan J P, et al. 2021. Detrital zircon record of magmatism and sediment dispersal across the North American Cordilleran arc system (28-48°N)[J]. Earth-Science Reviews, 220: 103734.

Sdrolias M, Muller R. 2006. Controls on back-arc basin formation[J]. Geochemistry, Geophysics, Geosystems, 7: Q04016.

Sengor A M C. 1987. Tectonics of the Tethysides: Orogenic collage development in a collisional setting[J]. Annual Review of Earth and Planetary Sciences, 15: 213-244.

Sharman G R, Malkowski M A. 2020. Needles in a haystack: Detrital zircon U-Pb ages and the maximum depositional age of modern global sediment[J]. Earth-Science Reviews, 203: 103109.

Sharman G R, Graham S A, Grove M, et al. 2015. Detrital zircon provenance of the Late Cretaceous-Eocene California forearc: Influence of Laramide low-angle subduction on sediment dispersal and paleogeography[J]. Geological Society of America Bulletin, 127(1-2): 38-60.

Shen D, Wang M, Yu C S, et al. 2023. Tectonic evolution of the north Lhasa subterrane: Insights from early Cretaceous marine strata in the Asuo area, central Tibet[J]. International Journal of Earth

Sciences, 112: 1941-1956.

Shui X F, He Z Y, Klemd R, et al. 2018. Early Jurassic adakitic rocks in the southern Lhasa sub-terrane, southern Tibet: Petrogenesis and geodynamic implications[J]. Geological Magazine, 155(1): 132-148.

Shuster M W, Steidtmann J R. 1987. Fluvial-sandstone architecture and thrust-induced subsidence, northern Green River Basin, Wyoming[M]. Fort Collins, CO: Geological Society of America: 39.

Silva S L, Riggs N R, Barth A P. 2015. Quickening the pulse: Fractal tempos in continental arc magmatism[J]. Elements, 11: 113-118.

Sleep N H. 1980. Platform basins[J]. Annual review of earth and planetary sciences, 8: 17-34.

Spicer R A, Harris N B W, Widdowson M, et al. 2003. Constant elevation of southern Tibet over the past 15 million years[J]. Nature, 421: 622-624.

Sun G Y, Hu X M, Sinclair H D, et al. 2015a. Late Cretaceous evolution of the Coqen Basin (Lhasa terrane) and implications for early topographic growth on the Tibetan Plateau[J]. Geological Society of America Bulletin, 127(7-8): 1001-1020.

Sun G Y, Hu X M, Zhu D C, et al. 2015b. Thickened juvenile lower crust-derived 90 Ma adakitic rocks in the central Lhasa terrane, Tibet[J]. Lithos, 224-225: 225-239.

Sun G Y, Hu X M, Sinclair H D. 2017. Early Cretaceous palaeogeographic evolution of the Coqen Basin in the Lhasa Terrane, southern Tibetan Plateau[J]. Palaeogeography, Palaeoclimatology, Palaeoecology, 485: 101-118.

Sun G Y, Hu X M, Xu Y W, et al. 2019. Discovery of middle Jurassic trench deposits in the Bangong-Nujiang suture zone: implications for the timing of Lhasa-Qiangtang initial collision[J]. Tectonophysics, 750: 344-358.

Sun Z M, Pei J L, Li H B, et al. 2012. Palaeomagnetism of late Cretaceous sediments from southern Tibet: Evidence for the consistent palaeolatitudes of the southern margin of Eurasia prior to the collision with India[J]. Gondwana Research, 21(1): 53-63.

Sun J M, Xu Q H, Liu W M, et al. 2014. Palynological evidence for the latest Oligocene-early Miocene paleoelevation estimate in the Lunpola Basin, central Tibet[J]. Palaeogeography, Palaeoclimatology, Palaeoecology, 399: 21-30.

Sun S, McDonough W F. 1989. Chemical and isotopic systematics of oceanic basalts: Implications for mantle composition and processes[J]. Geological Society of London Special Publications, 42(1): 313-345.

Sundell K, Saylor J E, Pecha M. 2019. Provenance and recycling of detrital zircons from Cenozoic Altiplano strata and the crustal evolution of western South America from combined U-Pb and Lu-Hf isotopic analysis[M]//Horton B K, Folguera A. Andean Tectonics: 363-397.

Surpless K D. 2015. Geochemistry of the Great Valley Group: An integrated provenance record[J]. International Geology Review, 57: 747-766.

Tafti R, Lang J R, Mortensen J K, et al. 2014. Geology and geochronology of the Xietongmen (Xiongcun) Cu-Au porphyry district, Southern Tibet, China[J]. Economic Geology, 109(7): 1967-2001.

Tan X, Gilder S, Kodama K, et al. 2010. New paleomagnetic results from the Lhasa block: Revised estimation of latitudinal shortening across Tibet and implications for dating the India-Asia collision[J]. Earth and Planetary Science Letters: A Letter Journal Devoted to the Development in Time of the Earth and Planetary System, 293(3-4): 396-404.

Tang W L, Huang F, Xu J F, et al. 2024. Cretaceous magmatism in the northern Lhasa Terrane: Implications for the tectonic evolution and crustal growth tempos of central Tibet[J]. Geological Society of America Bulletin, 136(7-8): 3440-3456.

Tang Y, Zhai Q G, Chung S L, et al. 2020. First mid-ocean ridge-type ophiolite from the meso-Tethys suture zone in the north-central Tibetan Plateau[J]. Geological Society of America Bulletin, 132(9-10): 2202-2220.

Tapponnier P, Xu Z Q, Roger F, et al. 2001. Oblique stepwise rise and growth of the Tibet plateau[J]. Science, 294: 1671-1677.

Taylor B, Karner G D. 1983. On the evolution of marginal basins[J]. Reviews of Geophysics and Space Physics, 21: 1727-1741.

Taylor S R. 1967. The origin and growth of continents[J]. Tectonophysics, 4(1): 17-34.

Thorkelson D J, Breitsprecher K. 2005. Partial melting of slab window margins: Genesis of adakitic and non-adakitic magmas[J]. Lithos, 79(1-2): 25-41.

Tornqvist T E. 1993. Holocene alternation of meandering and anastomosing fluvial systems in the Rhine-Meuse Delta (Central Netherlands) controlled by sea-level rise and subsoil erodibility[J]. Journal of Sedimentary Petrology, 63(4): 683-693.

Tremblay M M, Fox M, Schmidt J L, et al. 2015. Erosion in southern Tibet shut down at～10Ma due to enhanced rock uplift within the Himalaya[J]. Proceedings of the National Academy of Sciences, 112(39): 12030-12035.

Vermeesch P. 2012. On the visualization of detrital age distributions[J]. Chemical Geology, 312-313: 190-194.

Volkmer J E, Kapp P, Guynn J H, et al. 2007. Cretaceous-Tertiary structural evolution of the north central Lhasa terrane, Tibet[J]. Tectonics, 26: TC6007.

Volkmer J E, Kapp P, Horton B K, et al. 2014. Northern Lhasa thrust belt of central Tibet: Evidence of Cretaceous-early Cenozoic shortening within a passive roof thrust system?[J]. Geological

Society of America, Special Paper, 507: 59-70.

Walker R G, Plint A G. 1992. Wave and storm dominated shallow marine systems[J]. Earth-Science Reviews, 32(3-4): 251-271.

Wang B D, Wang L Q, Chung S L, et al. 2016. Evolution of the Bangong-Nujiang Tethyan ocean: Insights from the geochronology and geochemistry of mafic rocks within ophiolites[J]. Lithos, 245: 18-33.

Wang C, Li X, Liu Z, et al. 2012. Revision of the Cretaceous-Paleogene stratigraphic framework, facies architecture and provenance of the Xigaze forearc basin along the Yarlung Zangbo suture zone[J]. Gondwana Research, 22: 415-433.

Wang C, Ding L, Zhang L Y, et al. 2016. Petrogenesis of Middle-Late Triassic volcanic rocks from the Gangdese belt, southern Lhasa terrane: Implications for early subduction of Neo-Tethyan oceanic lithosphere[J]. Lithos, 262: 320-333.

Wang C, Ding L, Liu Z C, et al. 2017. Early Cretaceous bimodal volcanic rocks in the southern Lhasa terrane, south Tibet: Age, petrogenesis and tectonic implications[J]. Lithos, 268-271: 260-273.

Wang C S, Zhao X X, Liu Z F, et al. 2008. Constraints on the early uplift history of the Tibetan Plateau[J]. Proceedings of the National Academy of Sciences, 105(13): 4987-4992.

Wang E, Kirby E, Furlong K P, et al. 2012. Two-phase growth of high topography in eastern Tibet during the Cenozoic[J]. Nature Geoscience, 5: 640-645.

Wang H Q, Ding L, Cai F L, et al. 2017. Early Tertiary deformation of the Zhongba-Gyangze Thrust in central southern Tibet[J]. Gondwana Research, 41: 235-248.

Wang J G, Wu F Y, Garzanti E, et al. 2016. Upper Triassic turbidites of the northern Tethyan Himalaya (Langjiexue Group): The terminal of a sediment-routing system sourced in the Gondwanide Orogen[J]. Gondwana Research, 34: 84-98.

Wang J G, Hu X M, Garzanti E, et al. 2017a. Early cretaceous topographic growth of the Lhasaplano, Tibetan plateau: Constraints from the Damxung conglomerate Topographic growth on Tibetan Plateau[J]. Journal of Geophysical Research: Solid Earth, 122(7).

Wang J G, Hu X M, Garzanti E, et al. 2017b. The birth of the Xigaze Forearc Basin in southern Tibet[J]. Earth and Planetary Science Letters, 465: 38-47.

Wang J G, Hu X, Garzanti E, et al. 2020. From extension to tectonic inversion: Mid-Cretaceous onset of Andean-type orogeny in the Lhasa block and early topographic growth of Tibet[J]. Geological Society of America Bulletin, 132: 2432-2454.

Wang Q, Zhu D C, Zhao Z D, et al. 2014. Origin of the ca.90Ma magnesia-rich volcanic rocks in SE Nyima, central Tibet, products of lithospheric delamination underneath the Lhasa-Qiangtang collision zone[J]. Lithos, 198-199: 24-37.

Wang Q L, Meng Y K, Wei Y Q, et al. 2022. Identification of the early cretaceous granitic pluton and tectonic implications in the middle gangdese belt, southern Tibet[J]. Frontiers in Earth Science, 10: 979313.

Wang R, Richards J P, Hou Z Q, et al. 2015. Zircon U-Pb age and Sr-Nd-Hf-O isotope geochemistry of the Paleocene-Eocene igneous rocks in western Gangdese: Evidence for the timing of Neo-Tethyan slab breakoff[J]. Lithos, 224-225: 179-194.

Wang Y F, Zeng L S, Gao J H, et al. 2019. Along-arc variations in isotope and trace element compositions of Paleogene gabbroic rocks in the Gangdese batholith, southern Tibet[J]. Lithos, 324-325: 877-892.

Wei Y, Zhao Z, Niu Y, et al. 2020. Geochemistry, detrital zircon geochronology and Hf isotope of the clastic rocks in southern Tibet: Implications for the Jurassic-Cretaceous tectonic evolution of the Lhasa terrane[J]. Gondwana Research, 78: 41-57.

Wei Y Q, Zhao Z D, Niu Y L, et al. 2017. Geochronology and geochemistry of the Early Jurassic Yeba Formation volcanic rocks in southern Tibet: Initiation of back-arc rifting and crustal accretion in the southern Lhasa terrane[J]. Lithos, 278-281: 477-490.

Wen D R, Chung S L, Song B, et al. 2008a. Late Cretaceous Gangdese intrusions of adakitic geochemical characteristics, SE Tibet: Petrogenesis and tectonic implications[J]. Lithos, 105(1-2): 1-11.

Wen D R, Liu D Y, Chung S L, et al. 2008b. Zircon SHRIMP U-Pb ages of the Gangdese Batholith and implications for Neotethyan subduction in southern Tibet[J]. Chemical Geology, 252: 191-201.

Wen S X. 2000. Cretaceous bivalves of Kangpa Group, south Xizang, China and their biogeography[J]. Acta Palaeontologica Sinica (English Edition), 39: 1-27.

Willis B. 1993. Ancient River Systems in the Himalayan Foredeep, Chinji Village Area, Northern Pakistan[J]. Sedimentary Geology, 88(1-2): 1-76.

Woods H. 1906. A Monograph of the Cretaceous Lamellibranchia of England. Pinnidæ Astartidæ, Carditidæ, Crassatellitidæ. and Cyprinidæ[M]//Monograph of the Palaeontographical Society, 60: 97-132.

Wronkiewicz D J, Condie K C. 1987. Geochemistry of Archean shales from the Witwatersrand Supergroup, South Africa: Source-area weathering and provenance[J]. Geochimica et Cosmochimica Acta, 51: 2401-2416.

Wu F Y, Ji W Q, Liu C Z, et al. 2010. Detrital zircon U-Pb and Hf isotopic data from the Xigaze fore-arc basin: Constraints on Transhimalayan magmatic evolution in southern Tibet[J]. Chemical Geology, 271(1-2): 13-25.

Wu Z H, Barosh P J, Ye P, et al. 2015. Late Cretaceous tectonic framework of the Tibetan Plateau[J].

Journal of Asian Earth Sciences, 114: 693-703.

Xiong Q, Griffin W L, Zheng J P, et al. 2016. Southward trench migration at 130-120 Ma caused accretion of the Neo-Tethyan forearc lithosphere in Tibetan ophiolites[J]. Earth and Planetary Science Letters, 438: 57-65.

Xu J, Xia X, Lai C, et al. 2019. When Did the Paleotethys Ailaoshan Ocean Close: New Insights from Detrital Zircon U-Pb age and Hf Isotopes[J]. Tectonics, 38: 1798-1823.

Xu Q, Ding L, Hetzel R, et al. 2016. Low elevation of the northern Lhasa terrane in the Eocene: Implications for relief development in south Tibet[J]. Terra Nova, 27(6): 458-466.

Xu Q, Ding L, Cao Y, et al. 2022. Late Cretaceous-early Paleogene rise of the Gangdese magmatic arc (south Tibet) from sea level to high mountains[J]. Geological Society of America Bulletin, 135(7-8): 1939-1954.

Xu W, Li C, Xu M J, et al. 2015a. Petrology, geochemistry, and geochronology of boninitic dikes from the Kangqiong ophiolite: Implications for the early cretaceous evolution of Bangong-Nujiang Neo-Tethys Ocean in Tibet[J]. International Geology Review, 57: 2028-2043.

Xu W, Zhang H, Luo B, et al. 2015b. Adakite-like geochemical signature produced by amphibole-dominated fractionation of arc magmas: An example from the Late Cretaceous magmatism in Gangdese belt, south Tibet[J]. Lithos, 232: 197-210.

Xu W C, Zhang H F, Guo L, et al. 2010. Miocene high Sr/Y magmatism, south Tibet: Product of partial melting of subducted Indian continental crust and its tectonic implication[J]. Lithos, 114(3): 293-306.

Yang Z, Lu Y, Hou Z, et al. 2015. High-Mg Diorite from Qulong in Southern Tibet: Implications for the Genesis of Adakite-like Intrusions and Associated Porphyry Cu Deposits in Collisional Orogens[J]. Journal of Petrology, 56(2): 227-254.

Yi J K, Wang Q, Zhu D C, et al. 2018. Westward-younging high-Mg adakitic magmatism in central Tibet: Record of a westward-migrating lithospheric foundering beneath the Lhasa Qiangtang collision zone during the Late Cretaceous[J]. Lithos, 316-317: 92-103.

Yin A, Harrison T M. 2000. Geologic evolution of the Himalayan-Tibetan orogen[J]. Annual Review of Earth and Planetary Sciences, 28(1): 211-280.

Yin A, Harrison T M, Ryerson F J, et al. 1994. Tertiary structural evolution of the Gangdese thrust system, southeastern Tibet[J]. Journal of Geophysical Research, 99(9): 18175-18201.

Yin J, Xu J, Chengjie L, et al. 1988. The Tibetan Plateau: Regional stratigraphic context and previous work[J]. Royal Society of London Philosophical Transactions, A Mathematical and Physical Sciences, 327: 5-52.

Yuan W, Wang S, Li S, et al. 2002. Apatite fission track dating evidence on the tectonization of

Gangdese block, south Qinghai-Tibetan Plateau[J]. Chinese Science Bulletin, 47(3): 240-244.

Zeng X W, Wang M, Li H, et al. 2022. Diachronous closure of the Mesotethys along the Shiquanhe-Namco mélange belt: Evidence from age and nature of the Aptian turbidites in Central Tibet[J]. Palaeogeography, Palaeoclimatology, Palaeoecology, 587: 110791.

Zeng Y C, Xu J F, Ducea M N, et al. 2019a. Initial rifting of the Lhasa terrane from Gondwana: Insights from the Permian (~262Ma) amphibole-rich lithospheric mantle-derived Yawa basanitic intrusions in southern Tibet[J]. Journal of Geophysical Research: Solid Earth, 124: 2564-2581.

Zeng Y C, Xu J F, Huang F, et al. 2019b. Generation of the 105-100 Ma Dagze volcanic rocks in the north Lhasa Terrane by lower crustal melting at different temperature and depth: Implications for tectonic transition[J]. GSA Bulletin, 132(5-6): 1257-1272.

Zhang K J. 2000. Cretaceous paleogeography of Tibet and adjacent areas (China): Tectonic implications[J]. Cretaceous Research, 21: 23-33.

Zhang K J. 2004. Secular geochemical variations of the Lower Cretaceous silici clastic rocks from central Tibet (China) indicate a tectonic transition from continental collision to back-arc rifting[J]. Earth and Planetary Science Letters, 229(1-2): 73-89.

Zhang K J, Xia B, Wang G, et al. 2004. Early Cretaceous stratigraphy, depositional environments, sandstone provenance, and tectonic setting of central Tibet, western China[J]. Geological Society of America Bulletin, 116(9-10): 1202-1222.

Zhang K J, Zhang Y X, Li B, et al. 2007. Nd isotopes of siliciclastic rocks from Tibet, western China: Constraints on provenance and pre-Cenozoic tectonic evolution[J]. Earth and Planetary Science Letters, 256(3-4): 604-616.

Zhang K J, Zhang Y X, Tang X C, et al. 2012. Late Mesozoic tectonic evolution and growth of the Tibetan plateau prior to the Indo-Asian collision[J]. Earth-Science Reviews, 114: 236-249.

Zhang K J, Xia B, Zhang Y X, et al. 2014. Central Tibetan Meso-Tethyan oceanic plateau[J]. Lithos, 210-211: 278-288.

Zhang L L, Zhu D C, Wang Q, et al. 2019. Late Cretaceous volcanic rocks in the Sangri area, southern Lhasa terrane, Tibet, evidence for oceanic ridge subduction[J]. Lithos, 326-327: 144-157.

Zhang Q, Ding L, Cai F, et al. 2011. Early Cretaceous Gangdese retroarc foreland basin evolution in the Selin Co basin, central Tibet: Evidence from sedimentology and detrital zircon geochronology[J]. Geological Society, London, Special Publications, 353: 27-44.

Zhang Q H, Willems H, Ding L. 2013. Evolution of the Paleocene-Early Eocene larger benthic foraminifera in the Tethyan Himalaya of Tibet, China[J]. International Journal of Earth Sciences, 102(5): 1427-1445.

Zhang W, Hu Z, Spectroscopy A. 2020. Estimation of Isotopic Reference Values for Pure Materials and Geological Reference Materials[J]. Atomic Spectroscopy, 41(3): 93-102.

Zhang Y X, Zhang K J. 2017. Early Permian Qiangtang flood basalts, northern Tibet, China: A mantle plume that disintegrated northern Gondwana?[J]. Gondwana Research, 44: 96-108.

Zhang Z M, Zhao G C, Santosh M, et al. 2010. Late Cretaceous charnockite with adakitic affinities from the Gangdese batholith, southeastern Tibet: Evidence for Neo-Tethyan mid-ocean ridge subduction?[J]. Gongwana Research, 17(4): 615-631.

Zhang Z, Shen K, Santosh M, et al. 2011. High density carbonic fluids in a slab window: Evidence from the Gangdese charnockite, Lhasa terrane, southern Tibet[J]. Journal of Asian Earth Sciences, 42(3): 515-524.

Zhang Z, Dong X, Xiang H, et al. 2014. Metagabbros of the Gangdese arc root, south Tibet: Implications for the growth of continental crust[J]. Geochimica et Cosmochimica Acta, 143: 268-284.

Zhao W L, Morgan W J. 1987. Injection of Indian crust into Tibetan lower crust: A two-dimensional finite element model study[J]. Tectonics, 6(4): 489-504.

Zhao Z, Mo X, Dilek Y, et al. 2009. Geochemical and Sr-Nd-Pb-O isotopic compositions of the post-collisional ultrapotassic magmatism in SW Tibet: Petrogenesis and implications for India intra-continental subduction beneath southern Tibet[J]. Lithos, 113(1): 190-212.

Zheng W, Tang J, Zhong K, et al. 2016. Geology of the Jiama porphyry copper-polymetallic system, Lhasa Region, China[J]. Ore Geology Reviews, 74: 151-169.

Zhu D C, Zhao Z D, Pan G T, et al. 2009a. Early cretaceous subduction-related adakite-like rocks of the Gangdese Belt, southern Tibet: Products of slab melting and subsequent melt-peridotite interaction?[J]. Journal of Asian Earth Sciences, 34(3): 298-309.

Zhu D C, Mo X X, Niu Y, et al. 2009b. Zircon U-Pb dating and in-situ Hf isotopic analysis of Permian peraluminous granite in the Lhasa terrane, southern Tibet: Implications for Permian collisional orogeny and paleogeography[J]. Tectonophysics, 469(1-4): 48-60.

Zhu D C, Zhao Z D, Niu Y L, et al. 2011a. The Lhasa Terrane: Record of a microcontinent and its histories of drift and growth[J]. Earth and Planetary Science Letters, 301: 241-255.

Zhu D C, Zhao Z D, Niu Y L, et al. 2011b. Lhasa terrane in southern Tibet came from Australia[J]. Geology, 39(8): 727-730.

Zhu D C, Zhao Z D, Niu Y L, et al. 2012. Cambrian bimodal volcanism in the Lhasa Terrane, southern Tibet: Record of an early Paleozoic Andean-type magmatic arc in the Australian proto-Tethyan margin[J]. Chemical Geology, 328: 290-308.

Zhu D C, Zhao Z D, Niu Y, et al. 2013. The origin and pre-Cenozoic evolution of the Tibetan Plateau[J]. Gondwana Research, 23(4): 1429-1454.

Zhu D C, Wang Q, Zhao Z D, et al. 2015. Magmatic record of India-Asia collision[J]. Scientific Reports, 5: 14289.

Zhu D C, Li S M, Cawood P A, et al. 2016. Assembly of the Lhasa and Qiangtang terranes in central Tibet by divergent double subduction[J]. Lithos, 245(15): 7-17.

Zhu D C, Wang Q, Cawood P A, et al. 2017. Raising the Gangdese Mountains in southern Tibet[J]. Journal of Geophysical Research: Solid Earth, 122: 214-223.

Zhu D C, Wang Q, Chung S L, et al. 2019. Gangdese magmatism in southern Tibet and India-Asia convergence since 120 Ma[J]. Geological Society of London, Special Publication, 483: 583-604.

Zhu D C, Wang Q, Weinberg R F, et al. 2023. Continental crustal growth processes recorded in the Gangdese Batholith, southern Tibet[J]. Annual Review of Earth and Planetary Sciences, 51: 155-188.

Zhu Z C, Zhai Q G, Hu P Y, et al. 2022. Resolving the timing of Lhasa-Qiangtang block collision: Evidence from the Lower Cretaceous Duoni Formation in the Baingoin foreland basin[J]. Palaeogeography, Palaeoclimatology, Palaeoecology, 595: 110956.

Zong K, Klemd R, Yuan Y, et al. 2017. The assembly of Rodinia: The correlation of early Neoproterozoic (ca.900Ma) high-grade metamorphism and continental arc formation in the southern Beishan Orogen, southern Central Asian Orogenic Belt (CAOB)[J]. Precambrian Research, 290: 32-48.

Zi J W, Rasmussen B, Muhling J R, et al. 2022. In situ U-Pb and geochemical evidence for ancient Pb-loss during hydrothermal alteration producing apparent young concordant zircon dates in older tuffs[J]. Geochimica et Cosmochimica Acta, 320(1): 324-338.